Die Mönchsgrasmücke

Sylvia atricapilla

von Prof. Dr. Peter Berthold, Ulrich Querner
und Rolf Schlenker, Radolfzell

Mit 89 Abbildungen und 4 Farbtafeln

Die Neue Brehm-Bücherei

A. Ziemsen Verlag · Wittenberg Lutherstadt · 1990

Den ehrenamtlichen Mitarbeitern der Vogelwarte gewidmet, die durch ihre Tätigkeit im „Grasmückenprogramm" und in vielen anderen Untersuchungen sehr zum Gelingen des vorliegenden Bandes beigetragen haben.

Berthold, Peter:
Die Mönchsgrasmücke: Sylvia atricapilla / von Peter Berthold, Ulrich Querner u. Rolf Schlenker. – 1. Aufl. – Wittenberg Lutherstadt : Ziemsen, 1990. – 180 S. : 108 Ill. (z. T. farb.) (Die neue Brehm-Bücherei; 603)
ISBN 3-7403-0237-2

ISSN 0138-1423

Die Neue Brehm-Bücherei 603

Herstellung: Elbe-Druckerei Wittenberg IV-28-1-324
Printed in GDR
Bestellnummer 800 197 7

Vorwort

„Es gibt wenige Frühjahrskünder wie den Gesang der Mönchsgrasmücke; seine besondere Lieblichkeit genügt, den Winter ins Frühjahr zu verwandeln"

H. Eliot Howard (1909) (Übersetzung)

Die Mönchsgrasmücke ist unter den Singvögeln mit eurasisch-afrikanischer Verbreitung aufgrund einer Reihe von Eigenschaften eine ausgesprochen auffallende Erscheinung. Sie kommt von den Tropen bis in subarktische Bereiche in einem weiten Verbreitungsgebiet vor, gehört in großen Teilen dieses Gebietes zu den häufigsten Vogelarten, wird zu den allerbesten Sängern gezählt und gehörte deshalb, und auch weil sie gut zu halten ist, zu den beliebtesten Käfigvögeln. Sie hat zudem eine ungemein breite Palette von Verhaltensstrategien und ökologischen Beziehungen, vor allem in der jahreszeitlichen Wahl ihrer Lebensräume und in der Ernährung. Sie ist überdies eine sehr erfolgreiche Art mit bis in die Gegenwart im Bestand steigenden Populationen, und ihre Anpassungen sind teilweise bis in unsere Tage in rascher Entwicklung begriffen, vor allem im Zug- und Überwinterungsverhalten. Kein Wunder, daß sie seit altersher immer wieder die Aufmerksamkeit von Wissenschaftlern und Liebhabern auf sich zog und von beiden mit Abhandlungen verschiedenster Art so zahlreich bedacht wurde, daß sie kaum überschaubar sind.

Als die Vogelwarte Radolfzell 1967 nach einer Gruppe von Singvögeln Ausschau hielt, die sich aufgrund ökologischer Vielfalt und anderer günstiger Eigenschaften zu Modellstudien an Vögeln im Bereich der Ökophysiologie, der Populationsbiologie und der Steuerungsmechanismen eignen würde und dabei die Grasmücken wählte (Vogelwarte 24, 1968: 320), war vorgegeben, daß die Mönchsgrasmücke dabei eine wichtige Rolle spielen würde. Sie ist durch das „Grasmückenprogramm" des Instituts, durch das nachfolgende „Mettnau-Reit-Illmitz-Programm", durch eine Reihe spezieller Studien und in den letzten Jahren vor allem durch die umfangreichen populationsgenetischen Erhebungen der Vogelwarte zu der am umfassendsten untersuchten Art unseres Instituts geworden.

Die vielfältigen Beobachtungen an freilebenden und an gehaltenen Individuen machten ein immer breiteres Studium des Schrifttums erforderlich, und beides, die Fülle der neugewonnenen Ergebnisse wie das Aufspüren ungezählter Befunde zurück bis in die Zeit des Aristoteles, ließen es mehr und mehr reizvoll erscheinen, unsere heutigen Kenntnisse über die Mönchsgrasmücke in einer zeitgemäßen Übersicht zusammenzustellen. Die Neue Brehm-Bücherei ist dafür aus unserer Sicht das beste Forum. Möge der vorliegende Band viele Interessenten informieren, zu weiterführenden Untersuchungen an der Mönchsgrasmücke anregen und auch zum Austausch von Daten und Gedanken mit uns. – Das Manuskript wurde im Januar 1988 abgeschlossen.

Radolfzell, Januar 1988

Peter Berthold, Ulrich Querner und Rolf Schlenker

Inhaltsverzeichnis

1. Geschichte der Erforschung

Die Mönchsgrasmücke war bereits Aristoteles gut bekannt. In seiner „Historia Animalium“ (s. Smith u. Ross 1910) schreibt er über die Umfärbung der Jungvögel ins männliche Adultkleid: „Das gleiche gilt für den Beccafico und den Schwarzkopf; sie gehen ineinander über. Der Beccafico erscheint gegen Herbst und der Schwarzkopf, sowie der Herbst vorüber ist. Auch diese Vögel unterscheiden sich nur in Farbe und Ruf voneinander; daß diese Vögel, zwei nach Namen, in Wirklichkeit einer sind, ist erwiesen durch die Tatsache, daß zu der Zeit, wenn der Übergang abläuft, beide in unvollständigem Wechsel gesehen worden sind.“ (Zum Namen Beccafico s. 2).

Gessner (1555, 1557) zitiert die Darstellung von Aristoteles und führt über die Umfärbung weiter aus „doch die maennlin allein: dann den weyblinen soellend sy (die koepff) allzeyt rot bleyben“. Gessner wußte auch schon, daß Mönchsgrasmücken „zu Herbstzeyt von treubel und feygen feißt“ werden können, während es mit dem Wissen um die Brutbiologie noch im argen lag. Die Angaben „Der Schwartzkopff nistet in den boeumen so außgehoelt sind als die Meiß“ und (über die Jungen) „farend sy der muter scharweyß nach“ sprechen für Verwechslungen mit Meisen, vor allem mit der Sumpfmeise, obwohl die Gessner bekannt war.

Etwa aus der Zeit von 1750 liegt bereits eine farbige Darstellung der Mönchsgrasmücke vor, die ein ♂ am Nest zeigt (Abb. I). Leider ist der Künstler bislang unbekannt.

Erstaunlicherweise gab es trotz dieser so frühen richtigen Beschreibungen der Färbung und Umfärbung bei der Mönchsgrasmücke noch im 19. Jh. zwei eklatante Fehldeutungen. Landbeck (1834) trennte den „rotscheiteligen Mönch“ oder die „Rostkappe“ als *Curruca rubricapilla* ab, er hatte, wie in Naumann (1897) ausführlich dargestellt, nicht normal umfärbende ♂ der Mönchsgrasmücke irrtümlich als eigene Art angesehen. Alexander (1898) benannte eine auf den Kapverdischen Inseln beobachtete gelbkehlige Variante als eigene Rasse *gularis,* obwohl schon Keulemans (1866) dargelegt hatte, daß diese gelegentlich auftretende Gelbfärbung von anhaftenden Pollen vom Besuch von Aloe-Blüten herrührt (s. auch Berthold 1983 a, Lafferère 1987).

Eine spektakuläre Verkennung der Art widerfuhr – ebenfalls noch im 19. Jh. – keinem geringeren Naturwissenschaftler als Alexander von Humboldt. Er schreibt (v. Humboldt u. Bonpland 1814): „Von allen Vögeln der canarischen Inseln ist derjenige, welcher den angenehmsten Gesang hat, in Europa unbekannt. Es ist der Capirote. Noch nie hat man ihn zähmen können, so sehr hängt er an seiner Freiheit. Ich habe sein süss und melodisch klingendes Lied in einem Garten bei Orotava gehört, ihn selbst aber nicht nahe genug zu Gesicht bekommen, um über die Gattung, zu der er gehört, mich aussprechen zu können“. Dabei handelte es sich bei diesem sagenhaften Capirote um – die Mönchsgrasmücke. Diese amüsante Geschichte legt Bolle (1857) im Einzelnen dar, und er schreibt weiter, daß v. Humboldt die

Mönchsgrasmücke eigentlich „an den Ufern seines heimatlichen Tegeler See's so oft vernommen haben müßte". Dabei singt sie auf den Kanaren ganz ähnlich wie in Mitteleuropa (3.8.1.); daß sie v. Humboldt trotzdem nicht erkannt hat, mag in dem Zauber der für ihn unvergleichbar schönen Landschaft begründet gewesen sein, die jenen Gesang auch einer wundersamen Vogelart zuschreiben ließ.

Die erste umfassende Darstellung der Biologie der Mönchsgrasmücke verdanken wir Naumann u. Naumann (1822), und sie zeigt, wie erstaunlich viel über die Art bereits zu Anfang des 19. Jh. bekannt war. Im weiteren Verlaufe des 19. Jh. kam es dann zu vielfältiger Beschäftigung mit der Mönchsgrasmücke und zu einer rasch anwachsenden Fülle von Veröffentlichungen, so vor allem über die Populationen der atlantischen Inseln (z. B. durch Heineken 1829, Jardine 1830, Harcourt 1851, Bolle 1854, Keulemans 1866, Hartwig 1886, Koenig 1890), über Gesänge, Haltung und erste Zuchten (z. B. Fischer 1863, Anzinger 1900, Emmeram Heindl 1900) sowie zunehmend über Einzelheiten der Verbreitung, der Brutbiologie u. a. Sie finden z. T. ihren Niederschlag in den nächsten beiden großen Übersichten in Naumann (1897) und Howard (1909), aber auch in kleineren Monographien wie z. B. von der Mühle (1856).

Im 20. Jh. stehen zunächst Arbeiten und Miszellen über Fragen der Rassengliederung, der Brutbiologie und der Stimme, besonders des „Leierns" (3.8.1.) im Vordergrund, die allmählich mehr in den Hintergrund treten zugunsten von Untersuchungen des Zug- und Überwinterungsverhaltens, der Jahresperiodik, Ernährung, Siedlungsdichte und verschiedener ökologischer Beziehungen.

In der Vogelwarte in Radolfzell beschäftigen wir uns mit der Mönchsgrasmücke intensiv seit 1968, seit Beginn des Grasmückenprogrammes (im folgenden durch GMP abgekürzt). Das GMP ist auf die modellartige Untersuchung der Biologie einer Vogelgruppe, der Grasmücken, ausgerichtet. Dabei haben wir auf unserer eigens dafür eingerichteten Fangstation auf der Halbinsel Mettnau am Bodensee von 1968–1970 1856 Mönchsgrasmücken eingehend untersucht, im anschließenden „Mettnau-Reit-Illmitz-Programm" (im folgenden durch MRIP abgekürzt) auf drei Fangstationen in Mitteleuropa 7409 Mönchsgrasmücken. Das MRIP ist ein langfristiges Vogelfangprogramm der Vogelwarte Radolfzell mit vielfältiger Fragestellung, in dem von 1974–1983 etwa eine viertel Million Fänglinge untersucht wurden, darunter annähernd 20 000 Grasmücken (näheres s. Berthold u. Schlenker 1975, Berthold et al. 1986 a). Vorwiegend von den ehrenamtlichen Mitarbeitern unseres Instituts wurden seit 1968 etwa 1500 Nestkarten und über 2000 Mauserkarten ausgefüllt. Im Institut wurden für verhaltensphysiologische und genetische Untersuchungen seit 1968 über 1300 Individuen von Hand aufgezogen, über 500 davon wurden seit 1977 in unserer Volierenanlage gezüchtet. In diese Studien werden außer den Mönchsgrasmücken aus Süddeutschland auch solche von den Kanarischen und Kapverdischen Inseln, aus Südfrankreich und aus Finnland mit einbezogen, wobei wir Populationen aus der gesamten Nord-Süd-Ausdehnung des Verbreitungsgebiets kennenlernen und z. T. auch eingehend in der Natur untersuchen konnten.

2. Namen

Unser heute gebräuchlicher Name „Mönchsgrasmücke“ ist erstmals bei Naumann u. Naumann (1822) belegt (Stresemann 1941, Leisering 1984) und geht auf das viel ältere Mönch zurück. Nach der Übersicht in Suolahti (1909) taucht „das Münchlein“ bereits 1531 in Hans Sachs’ „Regiment der Vögel“ auf (wo es das „gracias“ betet). Dieser Name war seinerzeit jedoch nicht nur im bayrisch-fränkischen Dialekt bekannt, sondern nach den Belegen bei Eber u. Peucer (1552, zitiert nach Suolahti 1909) und Schwenckfeld (1603) auch im Sächsischen und Schlesischen. Nach Suolahti (1909) ist dieser ursprüngliche Name Mönch in einer Zeit entstanden, in der die Kirche und das Klosterwesen bei der Benennung von Pflanzen und Tieren eine hervorragende Rolle spielten. So geht denn auch der in Anhalt und Böhmen gebräuchliche Name Plattmönch (Naumann 1897) auf das ursprüngliche „Mönch“ und „Platte-Tonsur der Mönche“ zurück. Den kirchlichen Namensursprung bezeugt eine weitere alte Benennung in Preußen – Klosterwenzel (Klein 1760). Daneben entstanden schon früh die rein beschreibenden Namen Schwartzkopff, Schwarzblattl und ähnliche Formen, die wir erstmals bei Gessner (1555) finden und die sich in einer Reihe verwandter Ausdrücke in vielen Gebieten eingebürgert haben (Übersichten: Naumann 1897, Suolahti 1909). Die elsässischen Bezeichnungen „Jüntele, Rebjüntele“ sind wohl Dunkelnamen geblieben (Suolahti 1909).

In Aristoteles’ Historia Animalium (s. Smith u. Ross 1910) taucht der Name „Beccafico“ auf (der heutige italienische Name für die Gartengrasmücke), der Übersetzern z. T. unklar blieb (z. B. Smith u. Ross 1910). Nach Bucknill (1909) ist er jedoch eindeutig der Mönchsgrasmücke zuzuordnen, und ältere Naturwissenschaftler hatten ihn schon früher so gedeutet (s. hierzu z. B. Gessner 1557). Er wird für die Mönchsgrasmücke mit braunem Kopf verwendet und ist identisch mit dem „Ficedula“ anderer Autoren (z. B. Gessner 1557, Schwenckfeld 1603).

Die heute noch im Englischen und Französischen gebräuchlichen Namen „Black Cap“ und „Fauvette à tête noire“, die wörtlich „Schwarzkappe“ und „Grasmücke mit schwarzem Kopf“ bedeuten, sind nach Leisering (1984) erstmals bei Penannt (1768) und Michelet (1856) belegt. Das heutzutage in zusammengesetzter Form eingebürgerte „Mönchsgrasmücke“ schließt den Namen Grasmücke mit ein. Die schon im Althochdeutschen bekannte „grasmucca“ erklärt sich wahrscheinlich aus dem mittelhochdeutschen „smucken“, das schmiegen bedeutet, und „gras“, vielleicht auch „grâ“ für grau. Es bedeutet demnach soviel wie „Gras-, Grauschlüpferin“, und hat nichts mit Mücke zu tun (s. Leisering 1984).

Der wissenschaftliche Name *atricapilla,* den schon Gessner (1557) verwendet, ist rein beschreibend, bedeutet „Schwarzkäppel“ (Werner 1956) und leitet sich vom lateinischen „ater“, schwarz, und „capillus“, Haupthaar, ab (z. B. Pertsch u. Lange-Kowal 1974). Der Name *Sylvia* schließlich, der der Grasmückengattung, zu der die Mönchsgrasmücke gehört, von Scopoli (1768–1772) gegeben wurde, läßt nach Koenig (1924) zwei Deutungen zu. Er könnte sich von „silva“ für Wald, Gehölz usw. oder von „Silvia“, einem altitalienischen Namen für die Tochter des Königs Numitor und Mutter von Romulus und Remus, herleiten. Die beiden wissen-

Tabelle 1. Fremdsprachige Namen der Mönchsgrasmücke in ihrem Verbreitungsgebiet

Sprache	Name
Arabisch	كَبُّوس اليَهُودِي
Bulgarisch	Chernoglavo koprivarche
Dänisch	Munk
Englisch	Blackcap
Finnisch	Mustapääkerttu
Französisch	Fauvette à tête noire
Griechisch	Sylbia e melanokoryphos
Hebräisch	סִבְכִי שְׁחוֹר־כִּפָּה
Holländisch	Zwartkop
Isländisch	Hettusöngvari
Italienisch	Capinera
Norwegisch	Munk
Polnisch	Pokrzewka czarnoglowa
Portugiesisch	Toutinegra
Rumänisch	Silvie cap negru
Russisch	Slavka-chernogolovka
Schwedisch	Svarthätta
Serbo-Kroatisch	grmusa crnoglava
Spanisch	Curruca capirotada
Tschechisch	Penice cernohlava
Türkisch	Kara bash ötlegen
Ungarisch	Baratposzata

schaftlichen Namen haben dann bei Linné (1758) zum Artnamen *Sylvia atricapilla* geführt.

Die im Anglo-Amerikanischen gebräuchliche Bezeichnung „warbler" für viele grasmückenartige Vögel, zu der auch die Mönchsgrasmücke gehört, leitet sich von „to warble", singen, trillern, ab. In Tabelle 1 sind die heute gebräuchlichsten Namen für das gesamte Verbreitungsgebiet dargestellt (weitere Bezeichnungen aus früherer Zeit oder von mehr lokaler Bedeutung s. vor allem Naumann 1897).

3. Beschreibung

3.1. Feldkennzeichen

Mönchsgrasmücken sind schlank wirkende, behende Kleinvögel von Kohlmeisengröße mit schwarzer Kappe (altes ♂) oder brauner Kappe (♀ und Jungvogel) und unauffälliger Körperfärbung (Oberseite grünlich graubraun, Kopfseiten und Unterseite grau). Sie unterscheiden sich von den einheimischen grauen und schwarzköpfigen (Sumpf- und Weiden-) Meisen vor allem durch fehlendes Schwarz an der Kehle, ferner durch mehr gestreckten Körper, relativ längeren Schwanz und Schnabel, weniger helle Wangen und anderes Verhalten (z. B. „Buschschlüpfen“ statt Anhängen an Zweige). Im Gegensatz zu anderen schwarzköpfigen Grasmücken, mit denen sie vor allem im Mittelmeergebiet verwechselt werden können (Blandford-, Masken-, Orpheus-, Samtkopf-, Schuppen- und Tamariskengrasmücke, *Sylvia leucomelaena, rueppelli, hortensis, melanocephala, melanothorax* und *mystacea*) reicht bei der Mönchsgrasmücke die Kappe nur bis zum Auge (Abb. II/1) und ist scharf begrenzt, die Schwanzfedern sind ohne Weiß, und die Kehle ist wenig hell abgesetzt (Abb. III/1, II/1, III/3). Unverwechselbar ist im gesamten Verbreitungsgebiet zudem der Gesang, während Rufe mit anderen Arten eher verwechselt werden können (3.8.).

3.2. Körperbau

Mönchsgrasmücken sind mittelgroße Grasmücken, die gegenüber der größten Art der Gattung, der Sperbergrasmücke *(Sylvia nisoria)*, aber auch im Vergleich zu der etwas schwereren und mehr rundlich anmutenden Gartengrasmücke deutlich kleiner beziehungsweise schlanker wirken. Gegenüber einer Reihe von mehr zierlichen Arten wie der einheimischen Klappergrasmücke (*Sylvia curruca*) oder den mediterranen kleinen Arten wie Provence- und Sardengrasmücke (*Sylvia undata, sarda*) erscheinen sie hingegen durchaus groß und kräftig. Erscheinungsform und Körperbau stimmen bei ihnen am stärksten mit denen der nur wenig größeren Orpheusgrasmücke überein. Als typischer „Zweigsänger“ (Berndt u. Meise 1962) sind sie eher von gestreckter als von gedrungener Gestalt und wirken häufig ausgesprochen schnittig (Abb. 11). Sie haben mittellange Läufe und verbreiterte Zehensohlen zum Festhalten an dünnen Zweigen. Für den Aufenthalt am Erdboden sind sie wenig angepaßt. Die Flügel sind rundlich, vor allem bei den südlichen Populationen (3.5.), und erlauben Flugmanöver auch in dichterer Vegetation. Die Flügelspitze wird regelmäßig von der 8. Handschwinge (von innen her gezählt) gebildet, und die 10. Handschwinge ist länger als die Karpaldecken (Abb. 1). Der Schnabel ist relativ lang und dünn, aber nicht eigentlich zart, und ist sowohl zum Ablesen von Insekten als auch zum Zerkleinern von Früchten geeignet (9.3.). Mönchsgrasmücken weisen beiderseits 2

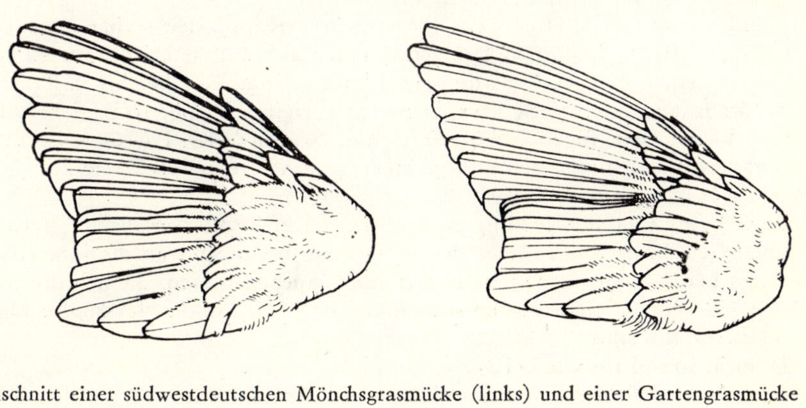

Abb. 1. Flügelschnitt einer südwestdeutschen Mönchsgrasmücke (links) und einer Gartengrasmücke (rechts)

bis 4 Schnabelborsten auf, von denen die längsten etwa 4,5–6,8 mm lang sind. Ähnlichkeiten im Körperbau bestehen vor allem zu den Timalien, Waldsängern, Mückenfängern (s. Wolters 1975–1982) und anderen, die eine klare Abtrennung aufgrund des Körperbaus nur teilweise erlauben. Da bei der Mönchsgrasmücke beide Geschlechter brüten (10. 10.), bilden auch beide einen Brutfleck aus (Efremov u. Paevskii 1973).

3.3. Färbung und Zeichnung

Altes ♂. Hervorragendes Merkmal ist die tiefschwarze, bisweilen blauschwarz glänzende Kopfkappe (auch „Platte" genannt, 2.), die vom Schnabel bis zum Nacken und seitlich bis zum Oberrand des Auges reicht. Die übrigen Kopfpartien sind aschgrau, Kehle, Brust und Bauch weißgrau, und die seitliche Brust und die Flanken gehen allmählich in die olivgraubraune Oberseitenfärbung über. Die Schwingen und Steuerfedern sind oberseits dunkelgrau, unterseits heller, die Unterschwanzdecken sind hell weißgrau mit aschfarbenen Zentren, und die Unterflügelfedern sind hellgrau. Aus der Nähe fallen die weißlichen Federn des unteren Augenlids auf (Abb. II/1). Die Iris ist häufig heller gegen die Pupille abgesetzt als bei den Jungvögeln (Abb. II/3), der Lauf ist glänzend bleigrau.
Altes ♀. Wichtigstes Merkmal ist die rotbraune Kopfkappe. Das übrige Gefieder ist ebenfalls mehr bräunlich und weit weniger grau als beim alten ♂, die Unterseite insgesamt dunkler. Für die Iris gilt Entsprechendes wie beim alten ♂, der Lauf ist braungrau.
Jugendkleid. Bei Jungvögeln ist die Kopfplattenfärbung (Abb. II/2) sehr variabel. Bei jungen ♂ ist sie häufig dunkler (Bechstein 1807, Tscheiner 1821), bei den ♀ vielfach heller, aber mit vielen Überschneidungen. Bei manchen ♀ sind die Kappen so blaß, daß sie sich kaum von der Rückenfärbung abheben. Unter über tausend handaufgezogenen Individuen hatte nur ein ♂ bereits im Jugendkleid eine vollkommen schwarze Kopfplatte (Berthold, Gwinner u. Klein 1970). Die Oberseite ist brauner als bei Altvögeln, die Unterseite meist mit lohgelbem Anflug und dadurch weniger abgesetzt.
1. Jahreskleid. Hier weist die schwarze Kappe der ♂ bisweilen noch einzelne stehengebliebene Federn des Jugendkleides auf und häufig braune Federsäume an den schwarzen Kopffedern, die der Platte – zum Teil bis ins 2. Jahreskleid – ein schwarzbraunes oder geflecktes Aussehen verleihen (Abb. II/2). Sehr selten behalten ♂ auch nach dem Jugendkleid rein braune Kappen (1.). Die Oberseite des 1. Jahreskleides ist mehr olivfarben und weniger grau als in späteren Kleidern („Hemmungskleid", Niethammer 1937).
Nestlinge. Die Nestlinge schlüpfen nackt (Abb. 20), sind fleischfarben und haben fleischrote Sperrachen, deren Färbung beim Sperren oft intensiver wird. Zur Unterscheidung von nestjungen Gartengrasmücken helfen, da sich die Merkmale der Nester beider Arten z. T. überschneiden (10.5.), folgende Merkmale: Die Sperrachen von *atricapilla* sind
(1) nicht so tief rot wie bei *borin,*
(2) nicht so deutlich abgesetzt gelblichweiß gesäumt und
(3) weniger breit wirkend als bei *borin.*

Ausführliche Beschreibungen der Art, auch einzelner Gefiederpartien und Federn sowie für Schnabel, Beine, Füße und Augen, finden sich vor allem in Naumann (1897), Howard (1909) und Berthold u. Schlenker (1988).

3.4. Alters- und Geschlechtsmerkmale

Sichere Altersbestimmung ist nur zeitweilig möglich, da bisher nur befristet zuverlässige Bestimmungsmerkmale bekannt sind. Unvermauserte oder wenig vermauserte Jungvögel sind leicht an weitstrahligen Federn des Nestlingsgefieders zu erkennen, besonders gut an weitstrahligen Unterschwanz- und Ohrdecken (Abb. 6). Bei fortgeschrittener Jugendmauser helfen zunächst Bestimmungen der Schädelverknöcherung weiter (z. B. Winkler 1979, Svensson 1984), die jedoch eine sichere Altersbestimmung nur bis zum Ende des Sommers oder bis in den Herbst hinein ermöglichen. Nach Winkler (1979) dauert die Pneumatisierung des Schädels bei der Mönchsgrasmücke etwa 4–5 Monate. Erste Jungvögel mit vollständig verknöchertem Schädel treten ab Ende September auf, bis Mitte Oktober machen sie jedoch schon 8 % aus. In Durchzugsgebieten können unterschiedliche Pneumatisierungszustände verschiedener Populationen sogenannte Stadiensprünge bewirken (Winkler 1979, Jenni 1984).

Verschiedene Autoren (z. B. Drost 1951, Williamson 1968, Svensson 1984) führen weitere Merkmale an, deren Brauchbarkeit und Zuverlässigkeit bisher jedoch nicht quantitativ untersucht worden sind. Unter anderem werden für Altvögel beschrieben: Steuerfedern breit und wenig zugespitzt (Abb. 2), Handdecken abgerundet, äußere große Decken alle gleich, Abnutzung der Flügel- und Steuerfedern stärker (Schirmfedern s. Abb. 9), Iris heller gegen die Pupille abgesetzt; für Erstjährige: Steuerfedern schmaler und mehr zugespitzt, Handdecken ebenfalls zugespitzt, äußere große Decken bisweilen nicht vollständig vermausert und dann dunkler, Abnutzung der Flügel- und Steuerfedern schwächer, Iris dunkel wie Pupille. Alle diese zuletzt genannten Merkmale sind nach unseren Erfahrungen mit erheblichen Unsicherheiten behaftet und bedürfen vor allgemeiner Verwendung einer quantitativ-statistischen Analyse, wie sie Brensing (1985) erstmals für Rohrsänger durchgeführt hat. Die Abnutzung der Flügel- und Steuerfedern ist z. B. auch beim Altvogel oft nur so gering, daß sie allein zur Altersbestimmung untauglich ist. Leider

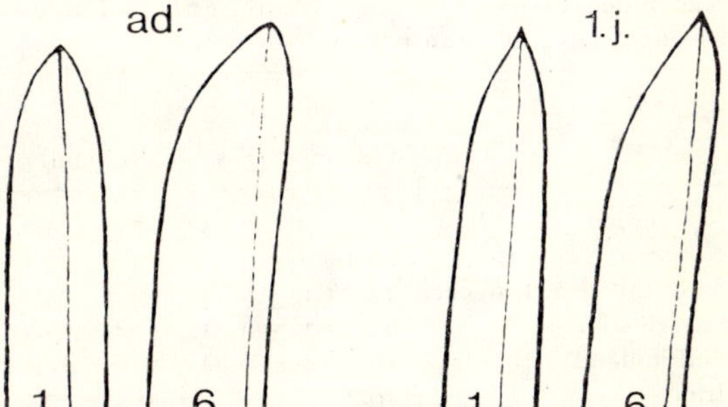

Abb. 2. Steuerfedern (1 u. 6) vom alten und erstjährigen ♂. Nach Svensson 1984

sind auch die Gewichtsunterschiede zwischen Alt- und Jungvögeln in der Regel nicht groß genug, um sichere Unterscheidungen zu ermöglichen (3.5.).

Die Geschlechtsbestimmung bereitet bei Altvögeln und auch bei Jungvögeln nach Einsetzen der Jugendmauser aufgrund der Kopffärbung in der Regel keinerlei Schwierigkeiten. Versagt das Merkmal der Kopffärbung, z. B. bei mehr oder weniger braunköpfigen ♂ im Alterskleid (1.) oder bei Jungvögeln, ist sichere Bestimmung im Feld unmöglich. Der Kloakalzapfen der ♂ ist auch in der Hauptbrutzeit nur schwach ausgebildet und gibt somit wenig Aufschluß. Ist Geschlechtsbestimmung, z. B. für Zuchten, unbedingt erforderlich, kann sie mit Hilfe der Laparotomie durchgeführt werden (z. B. Berthold 1969), die sich bei der Mönchsgrasmücke sehr gut anwenden läßt und die von ihr auch ausgezeichnet vertragen wird (7.1., 10.13., 14.2.).

3.5. Maße und Gewichte

Maße. Mitteleuropäische Mönchsgrasmücken haben eine Gesamtlänge von etwa 14 cm. Sie sind damit etwa gleich groß wie die etwas schwerere Gartengrasmücke und wie die etwas leichtere Dorngrasmücke (s. u.), aber größer als die Klappergrasmücke (z. B. Naumann 1897, Peterson, Mountfort u. Hollom 1985). Im Süden des Verbreitungsgebiets sind die Mönchsgrasmücken kleiner als im Norden und Osten, was vor allem für Flügellänge und Körpergewicht dargelegt ist (Tabelle 2). Von der Vielzahl der untersuchten Maße kommt der Flügellänge besondere Bedeutung zu, weil sie am häufigsten ermittelt und zur innerartlichen Differenzierung verwendet wird. Sie vor allem wird daher hier näher behandelt.

Mönchsgrasmücken schlüpfen in Süddeutschland mit Körperlängen um 3,5 mm (Abb. 20) und mit Flügellängen um 10–12 mm, und sie beenden ihr stetiges Flügellängenwachstum im Mittel am 31. Lebenstag, wobei der durchschnittliche tägliche Zuwachs etwa 2,2 mm beträgt (Abb. 3). Bei Gartengrasmücken verläuft das Flügelwachstum relativ rascher (Berthold, Gwinner u. Klein 1970). Auch vom erstjährigen zum Altvogel kann die Flügellänge nochmals beträchtlich und signifikant zunehmen. Bei je 100 Individuen der beiden Altersgruppen aus Südfrankreich z. B.

Tabelle 2. Flügellängen und Körpergewichte sechs verschiedener Populationen. Körpergewicht Kapverden bis Südfinnland von diesjährigen Vögeln vor der Zugzeit (fettfreies Körpergewicht). Kapverden bis Südfinnland nach Berthold u. Querner 1982a u. Berthold u. Mitarbeitern unveröff. Iran nach Vaurie 1959

Region	Flügellänge		Körpergewicht	
	n $\bar{x}$ (mm) ± s	Vb (mm)	n $\bar{x}$ (mm) ± s	Vb (g)
Kapverden, Sao Tiago	30 71,4 ± 1,75	68,1 – 75,0	30 17,8 ± 0,93	16,1 – 19,5
Kanaren, Teneriffa	20 69,9 ± 1,66	66,2 – 73,0	25 16,0 ± 0,69	14,5 – 17,3
Südfrankreich, Provence	24 71,1 ± 1,59	69,0 – 74,0	15 16,9 ± 0,81	15,5 – 18,6
Süddeutschland	94 73,1 ± 1,81	70,0 – 77,1	94 17,9 ± 0,88	14,7 – 20,3
Südfinnland	26 77,1 ± 1,44	74,2 – 80,0	26 19,2 ± 1,08	16,0 – 21,0
Iran	10 77,5 –	75,0 – 80,0	– – –	– –

Abb. 3. Flügellängenwachstum handaufgezogener Nestlinge, Mittelwerte und mF. Obere Kurve: bei weitgehend animalischer Nahrung, untere Kurve: bei hohem Anteil pflanzlicher Kost. Nach B e r t h o l d 1976b

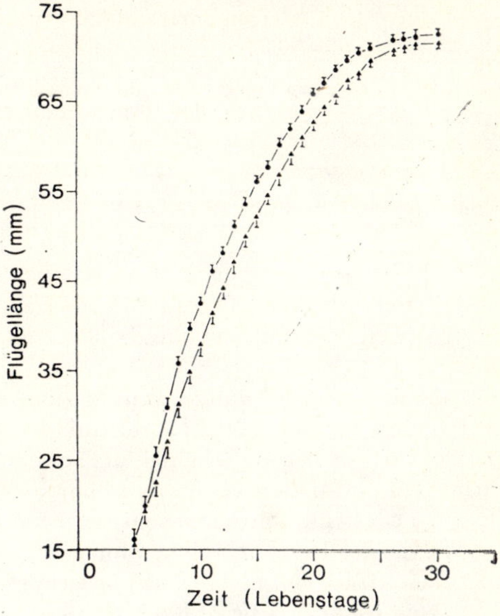

betrug sie 70,7 ± 1,7 bzw. 72,4 ± 1,3 mm (eigene Beobachtungen); die Zunahme machte hier also 1,7 mm aus.

Statistische Vergleiche der Flügellängen von ♂ und ♀ sowie von freilebenden und handaufgezogenen Vögeln ergaben keinerlei systematische Unterschiede, so daß die Flügellängen für diese Gruppen zusammen betrachtet werden können (B e r t h o l d u. S c h l e n k e r 1988). Die Flügellängen der Mönchsgrasmücken lassen von den Kanarischen Inseln nach Norden (Skandinavien) und Osten (Iran) eine beträchtliche klinale Zunahme erkennen (Tab. 2), die insgesamt etwa 7,5 mm ausmacht. Diese Differenz beträgt, bezogen auf die mittlere Flügellänge der kanarischen Population mit den kürzesten Flügeln, etwa 11 %. Eigenartigerweise steigt sie auch nach Süden, nach den Kapverdischen Inseln, wieder deutlich an. Die größten Flügellängen werden von D e m e n t ' e v u. G l a d k o v (1968) für sibirische Vögel mitgeteilt – sie reichen (bei ♂ wie ♀) bis 81,2 mm. Nicht nur die Flügellänge unterliegt erheblicher geographischer Variation, sondern auch die Flügelform. Der Flügelschnitt ist, wie bei anderen Arten (z. B. K i p p 1959), im Süden des Verbreitungsgebiets i. a. runder, im Norden spitzer. F i n l a y s o n (1981) fand z. B. bei der spanischen Brutpopulation auf Gibraltar mehr gerundete Flügel (nach dem G a s t o n - Index) als bei der Nominatform.

Für die Mönchsgrasmücke ließ sich erstmals für eine wildlebende Vogelart nachweisen, daß sowohl Flügellänge als auch Körpergewicht (s. u.) strenger unmittelbarer genetischer Kontrolle unterliegen. Diese Nachweise gelangen durch Kreuzungsversuche (7.2., 14.1.). Wurden Vögel der kanarischen und der süddeutschen Population gekreuzt, wiesen die Hybriden ganz deutlich und signifikant intermediäre Werte auf (im Fall der Flügellänge etwa 71 mm, im Gegensatz zu 70 bzw. 73 mm bei den Vögeln der beiden Elternpopulationen, B e r t h o l d u. Q u e r n e r 1982 a). Ne-

Tabelle 3. Körpermaße von Mönchsgrasmücken aus Süddeutschland (n = 26). Nach B e r t h o l d u. S c h l e n k e r 1988

Schwanzlänge $\bar{x}$ (mm) ± s	Lauflänge	Fußspanne	Schnabellänge	Schnabelbreite	Vibrissenlänge
59,6 ± 1,91	20,0 ± 0,72	23,3 ± 0,61	15,3 ± 0,49	7,2 ± 0,50	5,4 ± 0,55

ben dieser starken genetischen Kontrolle können äußere Faktoren eine zeitweise modifizierende Wirkung auf die Geschwindigkeit der Flügellängenentwicklung haben, soweit bekannt sowohl die Photoperiode (7.3.) als auch die Nestlingsnahrung (12.1.).

In Tabelle 3 sind einige weitere ausgewählte Maße, die häufig zu Untersuchungen verwendet werden, aufgeführt. Auf die Angabe von Maßen der gesamten Körperlänge wird verzichtet, da sie im Vergleich zu anderen Maßen nur wenig genau zu ermitteln und daher wenig brauchbar sind. Die Spannweite beträgt rund 25 cm.

G e w i c h t. Die mitteleuropäische Mönchsgrasmücke liegt mit ihrem normalen Gewicht (gegen Ende der Jugendmauser, vor dem Wegzug ermittelt, also im wesentlichen fettfrei) von etwa 17–18 g reichlich 1 g unter dem entsprechenden Gewicht der Gartengrasmücke (B e r t h o l d, G w i n n e r u. K l e i n 1970), aber etwa 2 bzw. 5 g über dem von Dorn- und Klappergrasmücke (B e r t h o l d et al. 1990).

Das Schlüpfgewicht beträgt in Süddeutschland durchschnittlich 2,6 ± 0,43 g (n = 17, 4 Nester, H e i m 1988). Diese Mönchsgrasmücken schließen ihre stetige Gewichtsentwicklung durchschnittlich am 25. Lebenstag ab (Abb. 4), Gartengrasmücken hingegen schon am 23. Lebenstag. Während dieser raschen Jugendentwicklung beträgt die tägliche Gewichtszunahme etwa 0,4 g je Tag (B e r t h o l d, G w i n n e r u. K l e i n 1970).

Das Gewicht unterliegt drei wesentlichen zeitlichen Veränderungen: einer Zunahme

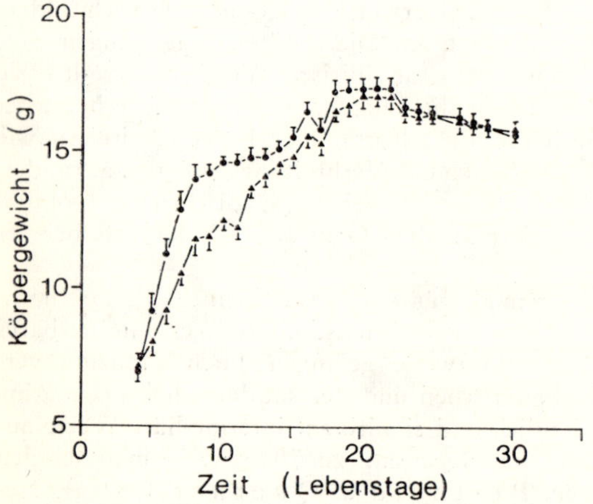

Abb. 4. Körpergewichtsentwicklung handaufgezogener Nestlinge, Mittelwerte und mF. Obere Kurve: bei weitgehend animalischer Nahrung, untere Kurve: bei hohem Anteil pflanzlicher Kost. Nach B e r t h o l d 1976b

vom Jungvogel zum Altvogel (entsprechend der Flügellänge, 3.5.), Schwankungen in der Tageszeit und verschiedenen Änderungen in der Jahreszeit.

Die alterabhängige Variation läßt sich z. B. für Süddeutschland zeigen. Diesjährige Mönchsgrasmücken wogen auf unserer Fangstation auf der Mettnau-Halbinsel vor dem Wegzug (im Juli, n = 100) 17,2 ± 0,98 g, Altvögel waren zur selben Zeit mit 17,6 ± 1,22 g hingegen signifikant schwerer (eigene Beobachtungen); s. auch Gardiazabal (1986) für Spanien.

Die tageszeitliche Variation beträgt etwa 1,5–2,5 g (z. B. Klein, Berthold u. Gwinner 1971, Gardiazabal 1986). Das Gewicht steigt dabei, wie bei vielen anderen Vogelarten, vormittags an, erreicht am späteren Vormittag einen ersten Gipfel, fällt danach etwas ab, erreicht gegen Abend sein Maximum, und von da aus fällt es dann über Nacht auf das morgendliche Minimum ab (Näheres s. 8.2.). Die tagesperiodischen Gewichtsschwankungen sind somit bei der Mönchsgrasmücke erheblich. Sie müssen bei Untersuchungen des Körpergewichts natürlich berücksichtigt werden, wenn die Daten repräsentativ sein sollen. Leider wird diese wichtige Voraussetzung längst nicht immer erfüllt, und noch weniger werden Altersunterschiede im Gewicht berücksichtigt.

Wie von den Unterschieden in der Körpergröße zu erwarten (s. o.), gibt es auch erhebliche geographische Variationen des Körpergewichts. Da sich in größeren Meßserien in der Regel keine signifikanten Gewichtsunterschiede zwischen ♂ und ♀ finden lassen (z. B. Berthold, Gwinner u. Klein 1970), können die Gewichte beider Geschlechter grundsätzlich gemeinsam behandelt werden. Wie Tabelle 2 zeigt, besteht bei der Mönchsgrasmücke eine klinale Zunahme der (standardisierten Nachmittags-) Gewichte von den Kanarischen Inseln bis nach Skandinavien, die mit der Flügellängenzunahme einhergeht. Die Süd-Nord-Gewichtsdifferenz beträgt reichlich 3 g oder knapp 20 % des mittleren Gewichts der leichtesten Vögel (der Kanaren). Wie die Flügellänge (s. o.), so nimmt auch das Körpergewicht eigenartigerweise zum Süden, also zu den Kapverdischen Inseln, wieder zu – die Mönchsgrasmücken der Kapverden sind fast so schwer wie ihre Artgenossen in Süddeutschland.

Jahreszeitliche Veränderungen des Körpergewichts werden vor allem bedingt durch die Ausbildung von Fettdepots für drei wichtige jahresperiodische Prozesse: in erster Linie für die Wanderungen (Abb. II/5), daneben aber bei manchen Populationen auch für die Überwinterung, und zumindest bei einer Population für die Brutzeit. Die jahreszeitliche Gewichtsvariation kann ganz erheblich sein und im Extrem mehr als die Hälfte des Ausgangsgewichts betragen (s. u.). Die am deutlichsten ausgeprägten Gewichtsänderungen treten in Bezug auf die Wanderungen auf. Im Norden Großbritanniens erhöhen Mönchsgrasmücken ihr Körpergewicht vor dem Wegzug durch Fettdepots auf rund 24 g und damit um etwa 45 % des fettfreien Ausgangsgewichts (Langslow 1976). Diese nordischen Mönchsgrasmücken liegen mit ihrem starken Gewichtsanstieg im Bereich der Werte von typischen Weitstreckenziehern (z. B. Berthold 1975). Bei mitteleuropäischen Vögeln beläuft sich der Gewichtsanstieg beim Wegzug nur auf etwa 20 % des Ausgangsgewichts, und bei den teilziehenden Vögeln Südfrankreichs (7.2., 13.7.) fehlt er nahezu völlig (Langslow 1976, Berthold et al. 1990, eigene Beobachtungen). In Südspanien werden nach Rodriguez (1985) auf dem Wegzug 17,5 % der Durchzügler über 21 (22–27) g schwer

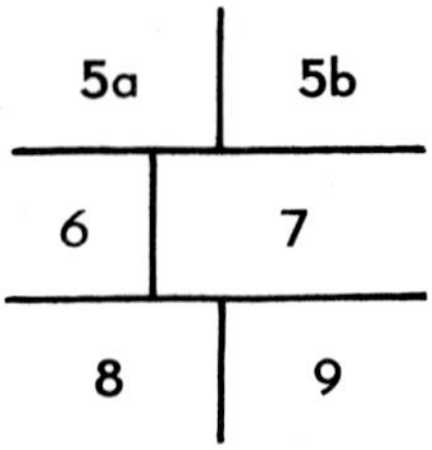

Abb. 5. Bei guter Pflege sind gekäfigte Vögel (a mehrjähriges handaufgezogenes Männchen, b entsprechendes Weibchen) in tadellosem Gefiederzustand und von freilebenden Individuen nicht zu unterscheiden

Abb. 6. Unterschwanzdecken, links dunig, vom Jungvogel, rechts mit geschlossener Fahne im oberen Teil und dunigem Basalteil vom Altvogel

Abb. 7. Federn der zweiten Federgarnitur wachsen am Rand der Rücken- und Brustflur (Pfeile)

Abb. 8. Mönchsgrasmücke in stark geplusterter Haltung. Aufn. H. H a u t a l a

Abb. 9. Schirmfedern, links Jungvogel, rechts Altvogel vor der Sommermauser

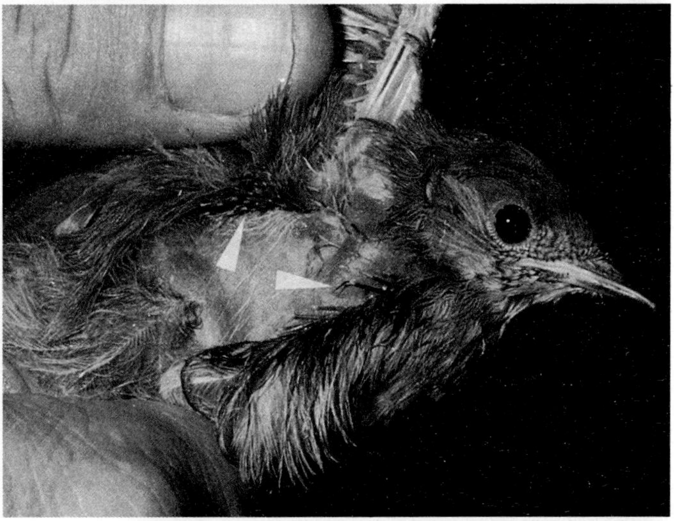

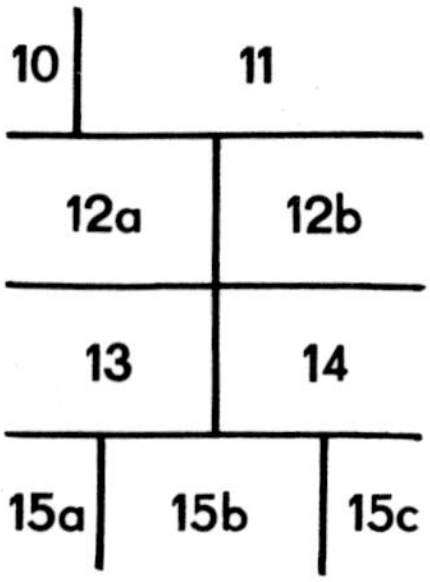

Abb. 10. Mönchsgrasmücke und Blaumeise an einer Futterampel. Zeichnung von D. I. M. Wallace. Nach Simms 1985

Abb. 11 Weibchen mit eng anliegendem Gefieder in „schnittiger" Gestalt. Aufn. K.-H. Löhr

Abb. 12. Baden, a Männchen im Wasser sitzend, Gefieder schüttelnd, b Kopfeintauchen und Flügelschlagen. Aufn. M. Rebmann

Abb. 13. Männchen am Erdboden. Aufn. B. Breife

Abb. 14. Flugbild. Zeichnung nach Langslow 1978

Abb. 15. a Haltung bei sehr starker Erregung, Körper hängt nach unten, Kopf mit geöffnetem Schnabel vorgestreckt, Schwanzfedern gespreizt, Kopffedern gestellt, Flügel seitlich abgespreizt, b Männchen in Kampfstellung, c Haltung bei Erregung, Schwanz hoch, Kopffedern gestellt, Flügel leicht abwärts gerichtet. Nach Grönvold in Howard 1909

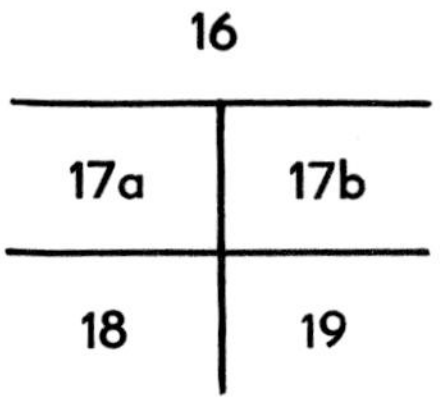

Abb. 16. Weibchen auf Nest, hudernd. Aufn. D. H a r m s

Abb. 17. Schlüpfvorgang, a Ei zur Hälfte mit dem Eizahn geöffnet, im oberen Teil des Spaltes ist die Schnabelspitze zu sehen, b schlüpfender Jungvogel drückt die Eischalenteile auseinander

Abb. 18. Kopf eines frisch geschlüpften Jungvogels mit Eizahn

Abb. 19. Eintägiger Jungvogel beim Sperren; der Körper ist bereits vollständig aufgerichtet

20 a	20 g
20 b	20 h
20 c	20 i
20 d	20 j
20 e	20 k
20 f	

Abb. 20. Jugendentwicklung vom Schlupf bis zum achten Lebenstag. Links: frisch geschlüpft, erster, zweiter, dritter, vierter, vierter bis fünfter Tag, rechts: fünfter, fünfter bis sechster, sechster, sechster bis siebenter und achter Tag (Abbildungen in Originalgröße)

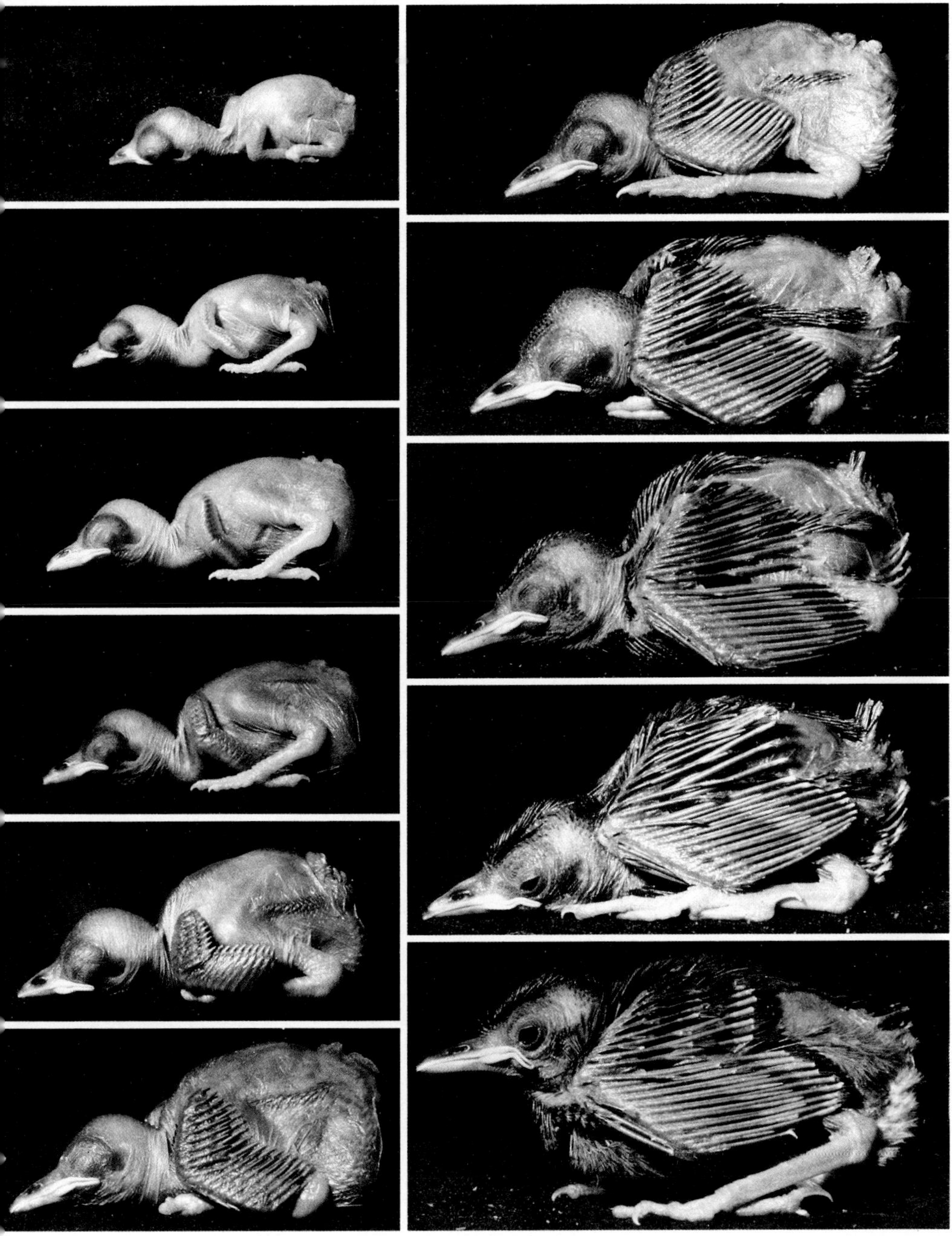

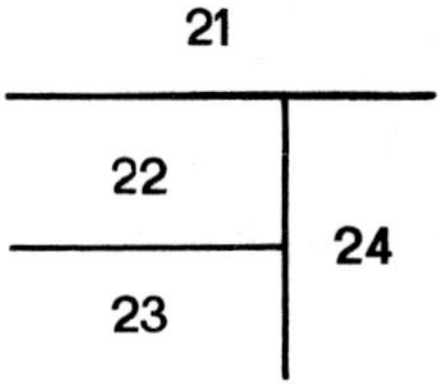

Abb. 21. Volierenanlagen der Vogelwarte Radolfzell mit 45 Einzelvolieren zur Zucht von Mönchsgrasmücken

Abb. 22. Jungvögel bei der Fütterung (mit Ameisenpuppen) in Sozialkontakt

Abb. 23. Ästlinge. Aufn. A. Saunier

Abb. 24. Hungriger Jungvogel in maximal gestreckter Körperhaltung sperrend

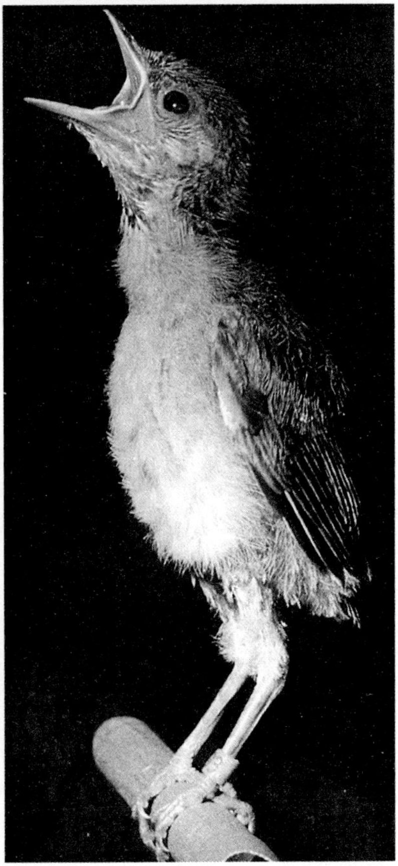

25

26a | 26 b

Abb. 25. Auwaldrand am westlichen Bodensee mit Sträuchern und „Vorhängen" der Waldrebe – ein ideales Brutgebiet. Zur Zeit der Aufnahme befanden sich im dargestellten Ausschnitt am Waldrand und unweit dahinter insgesamt fünf Mönchsgrasmückennester

Abb. 26. Neststandorte. a in den hängenden Ästen einer Randfichte (Pfeil, nach B e r t h o l d 1978a), b im toten Geäst einer umgestürzten Fichte im Mischwald (Pfeil)

27 a	27 b
27 c	27 d
27 e	27 f

Abb. 27. Neststandorte. a Nest im toten Geäst im Innern einer Fichtenschonung (nach Berthold 1978a), b aufgehängt an der Gabelung eines Fichtenzweiges, c in die Astgabel einer kleinen Weide „gesteckt", d in einer kleinen Fichte auf Seitenzweige gesetzt, e an Brennesselstengeln aufgehängt, f in Frauenfarn „gesteckt" (nach Berthold 1978a)

– bei ihnen handelt es sich wohl (ausschließlich?) um Transsaharazieher, die auch bei der Mönchsgrasmücke in gewissem Umfang vorkommen (5.2., 13.6.).

Auch in Verbindung mit dem Heimzug werden starke Gewichtserhöhungen beschrieben: für Südnigeria Maximalgewichte bis 30 g, für Südspanien durchschnittliche Gewichte von 22–24 g, max. bis 29 g, wobei die Zunahmen vom Ausgangsgewicht ganz erheblich schwanken können, von 5–53 % (Ludlow 1966, Langslow 1976).

Vergleicht man die Gewichtsveränderungen für Weg- und Heimzug, so zeigt sich, daß die Gewichte in Südspanien zur Zeit des Heimzugs höher liegen (Rodriguez 1985, Gardiazabal 1986, Hilgerloh 1986 b). Größere Fettdepots in der Heimzugsperiode können eine Anpassung an den relativ schneller ablaufenden Heimzug sein (13.5.2.), sie könnten aber auch der relativ früh heimziehenden Mönchsgrasmücke zusätzliche Reserven für anfängliche unwirtliche Bedingungen im Brutgebiet bereitstellen. Wohl für die Überbrückung von Notzeiten nach der Ankunft im Brutgebiet bilden viele Kurzstreckenzieher und Wanderer in nordische Gebiete für den Heimzug besonders umfangreiche Fettdepots aus (z. B. Berthold 1975).

In Verbindung mit dem Zug treten jedoch nicht nur überdurchschnittliche Gewichtszunahmen, sondern bisweilen auch außergewöhnliche Gewichtsabfälle auf. Sie werden verursacht durch zunächst völligen Verbrauch der Fettreserven, darüberhinaus aber auch durch Entwässerung des Körpers und außerdem durch beträchtlichen Abbau von Muskulatur. So ermittelten Moreau (1969) und Ash (1969) im Frühjahr während des Heimzugs auf Zypern und in Marokko Durchschnittsgewichte von nur 13,9 bzw. 14,1 g (n 315 bzw. 181), die im ersten Fall von 8,5 (!)–20,9 g und im zweiten Fall von 11,3–19,0 g reichten. Es ist fraglich, ob eine auf reichlich 8 g abgehungerte Mönchsgrasmücke noch regenerationsfähig ist, da Vögel mit weit höher liegendem Untergewicht in der Regel schon sehr geschwächt sind (z. B. Berthold 1976 a).

Die Mönchsgrasmücke kann ihr Körpergewicht auch für die Überwinterung durch Fettdepots erhöhen, wie das viele in höheren geographischen Breiten überwinternde Vogelarten tun (z. B. Biebach 1977). Ähnlich wie bei den Fettdepots für den Zug gibt es auch hier große Unterschiede zwischen verschiedenen Populationen. Die höchsten Wintergewichte sind aus England und Irland bekannt. Sie liegen im Durchschnitt zwischen 19,8 und 21,2 g und erreichen ihre Höchstwerte im Januar (Langslow 1976, Leach 1981). Wintergewichte aus Spanien liegen im Mittel mit etwa 17 bis 19,5 g rund 3 g niedriger, und dabei weisen die einheimischen mediterranen Vögel signifikant niedrigere Gewichte auf als die Zuzügler (Jordano u. Herrera 1981, Rodriguez 1985). Im Dezember und Januar in Südfrankreich untersuchte Überwinterer, und zwar sowohl einheimische Brutvögel als auch nordische Zuzügler, wogen im Mittel 18,9 ± 1,38 (15,9–22,9) g (n 168, eigene Beobachtungen). Die winterliche Fettdeposition erreicht somit im Maximum etwa 20 % des Ausgangsgewichts und liegt damit deutlich unter der der Zugzeiten.

Bei der Population der Kapverdischen Inseln wurden erhebliche Fettdepots unmittelbar vor der Brutzeit gefunden (Berthold u. Querner, i. Vorb.). Da die Mönchsgrasmücken der Kapverden ausschließlich Standvögel sind (Übersicht: Berthold 1988 a), können die beobachteten Fettanlagerungen, die bis 40 % des Ausgangsgewichts betragen, nicht mit dem Zug zusammenhängen. Die Mönchsgrasmükken brüten auf den Kapverden jedoch in der oft nur schwach ausgeprägten Regenzeit (vor allem im Herbst, 10.8.) mit sehr unterschiedlichem Nahrungsangebot. Nicht selten fällt nach Regenfällen zur Zeit der Eiablage die Jungenaufzucht in Trockenperioden, in denen die Futterbeschaffung vielfach schwierig sein dürfte. Die brutzeitlichen Fettdepots der kapverdischen Mönchsgrasmücken könnten in solchen Fällen eine zumindest zeitweise wichtige Energiereserve für erfolgreiches Brüten darstellen.

Der Aufbau von Fettreserven kann, vor allem während der Zugzeit, wie bei vielen anderen Vogelarten auch (z.B. Berthold 1975), sehr rasch vor sich gehen. Genauere Untersuchungen hierzu liegen vor allem aus England vor (Langslow 1976). Danach können maximale Fettreserven (von 30–50 % des Ausgangsgewichts) in etwa 7–10 Tagen gebildet werden, wobei die Fettanlagerung mehr als 1 g am Tag betragen kann (Abb. 28). Weitere interessante Erscheinungen beim Fettaufbau, die jedoch noch näherer Untersuchung bedürfen, sind nach verschiedenen Untersuchungen folgende: fette und damit weniger bewegliche Individuen nehmen möglicherweise rascher zu als magere. Leichtere Vögel neigen u. U. zu etwas längerer Rast und können dadurch Verzögerungen im Fettaufbau nachholen, und die Lipogenese setzt in Rastperioden möglicherweise nicht unmittelbar nach einer vorangegangenen Zugetappe ein, sondern erst nach etwa 48 Stunden (s. auch Abb. 28).

Auch bei der Mönchsgrasmücke wurden, wie bei vielen anderen Arten, zwischen Gewichtsdaten und der visuellen Bestimmung der Depotfettmenge nach sogenannten Fettklassen z. T. enge Korrelationen gefunden, über die z. B. Rodriguez (1985), Gardiazabal (1986) und Hilgerloh (1986 b) berichten. Für die Mönchsgrasmücke fehlt bisher eine genaue Beschreibung der Fettkörper unter der Haut und im Leibesinneren, in denen die Fettdeposition hauptsächlich stattfindet, wie sie z. B. für die Dachsammer (*Zonotrichia leucophrys*) vorliegt (King u. Farner 1965).

Die Steuerung des Körpergewichts unterliegt bei der Mönchsgrasmücke, wie wir aus einer Reihe von Untersuchungen wissen, zwei wesentlichen Faktorengruppen. Zum einen wird es, wie ein Kreuzungsversuch zeigte, unmittelbar durch genetische Faktoren bestimmt. Hybriden zwischen Vögeln der kanarischen und süddeutschen Population zeigten deutlich intermediäre Gewichte (von im Mittel 16,9 g im Vergleich zu durchschnittlich 16,0 bzw. 17,9 g bei den beiden Elternpopulationen, Berthold u. Querner 1982 a). Zum anderen können Umweltfaktoren die Aus-

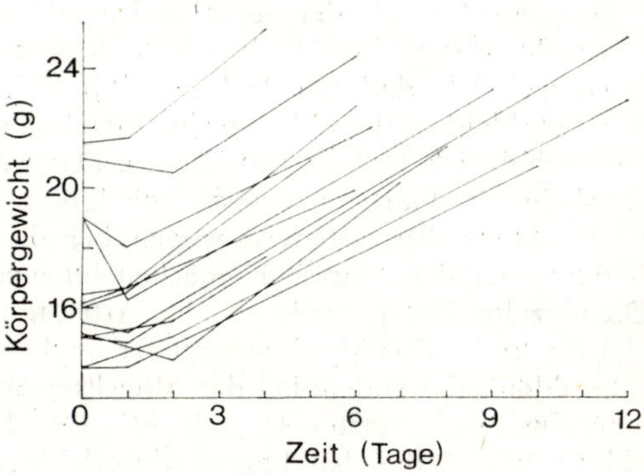

Abb. 28. Körpergewichtsentwicklung von Wiederfängen auf der Station Spurn, England, im Oktober. o: Tag des Erstfangs. Nach Langslow 1976

bildung des Körpergewichts modifizieren. Die Geschwindigkeit der Gewichtszunahme beim Jungvogel kann zunächst erheblich von der Art und Menge der Nestlingsnahrung abhängen. Durch unzureichende Nahrung bedingte Verzögerungen in der Gewichtsentwicklung während der Nestlingszeit brauchen jedoch keine Folgen für das später zu erreichende Sollgewicht zu haben, sie können vielmehr in Zeitabständen mit besserer Nährstoffversorgung rasch nachgeholt werden (Abb. 4, 12.2., Berthold 1976 b). Weiterhin hängt die Gewichtsentwicklung während der Zugzeit, wie Versuche in konstanten Versuchsbedingungen zeigen, von den photoperiodischen Bedingungen ab, in denen die Vögel leben. In der Wegzugperiode bewirken Kurztage eine beschleunigende, Langtage hingegen eine verzögernde Wirkung auf die Fettdeposition (Berthold, Gwinner u. Klein 1970, s. auch 7.3.).

3.6. Gefiederformen und Mauser

Gefiederformen. Die Mönchsgrasmücke bildet insgesamt fünf verschiedene Gefiederformen aus, die durch erstes Federwachstum, durch Wachstum zusätzlicher Federn zu vorangegangener Befiederung und durch Mauser bereits vorhandenen Gefieders entstehen. Die Gefiederformen sind:
(1) das Nestlingsgefieder,
(2) und (3) die sogenannte zweite und dritte Federgarnitur, von denen die erste zusammen mit dem Nestlingskleid das Jugendgefieder ergibt, sowie
(4) das erste Alterskleid und
(5) die nachfolgenden Alterskleider (Abb. 7, 24, 29, 47).

Nestlingsgefieder. Die fleischfarbenen Jungvögel schlüpfen gänzlich nackt, ohne Nestlingsdunen (Abb. 20). Genaue Untersuchungen der Jugendentwicklung süddeutscher Mönchsgrasmücken (Berthold, Gwinner u. Klein 1970), die zu Beginn der Hauptbrutzeit geschlüpft waren, brachten folgende Ergebnisse. Bereits beim frisch geschlüpften Jungvogel sieht man dunkle Kleingefiederkeime des Nestlingsgefieders in der Haut schimmern (Abb. 20). Am 2. Lebenstag durchstoßen die ersten Federn in etwa 6 (von insgesamt 27 untersuchten) Gefiederpartien die Haut (an Nacken, Flanken, Schultern, Vorder-, Mittel- und Hinterrücken, Abb. 20). Am 4. Lebenstag wachsen bereits in 16 dieser 27 Partien Federn, und schon mit durchschnittlich 23–24 Tagen ist die Entwicklung des Nestlingsgefieders beendet (Abb. 29).

Das Nestlingsgefieder der Mönchsgrasmücke ist, wie bei vielen anderen Vogelarten, recht dürftig entwickelt: die Federn sind dunig-weitstrahlig (Abb. 6), und der Jungvogel sieht dadurch flockig-wollig, bisweilen „wie gerupft“ aus (Abb. 24). Das Nestlingskleid enthielt bei sechs Vögeln der süddeutschen Population am Rumpf durchschnittlich 1109 ± 93,8 Federn. Das waren etwas (aber nicht signifikant) weniger als bei der Gartengrasmücke (mit 1260 ± 131,0 Federn, Berthold u. Berthold 1971). Diese Rumpffedern wogen bei den Mönchsgrasmücken im Mittel 370 ± 38,6 mg, bei den Gartengrasmücken hingegen mit 426 ± 24,9 mg signifikant mehr. Die einzelne Feder war bei beiden Arten mit durchschnittlich 0,33 bzw. 0,34 mg etwa gleich schwer. Das Nestlingsgefieder ist damit erheblich leichter als das spätere erste Jahreskleid, das zudem bei der Mönchsgrasmücke schwerer ausfällt als bei der Gartengrasmücke (s. erstes Jahreskleid). Das Nestlingsgefieder ist gleichsam eine Art „Morgenrock“, das den Jungvögeln erlaubt, ihre Nester möglichst frühzeitig zu ver-

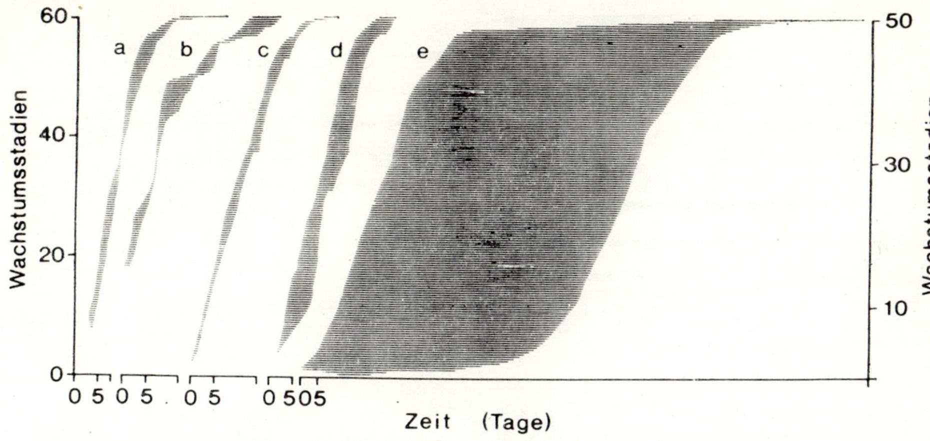

Abb. 29. Wachstum von (a) Jugendgefieder, (b) Großgefieder, (c) 2. Federgarnitur, (d) 3. Federgarnitur und (e) Adultgefieder von handaufgezogenen Individuen. Die schraffierten Flächen stellen die jeweilige Zeitdifferenz zwischen der langsameren Entwicklung bei der Mönchs- und der schnelleren bei der Gartengrasmücke dar. Nach B e r t h o l d , G w i n n e r u. K l e i n 1970

lassen, wodurch sich die hohen Nestverluste (11.2.) verringern. Sein rasches Wachstum bringt jedoch nur geringe Isolationswirkung und Haltbarkeit mit sich, so daß es bald ergänzt und ersetzt werden muß.

Z w e i t e u n d d r i t t e F e d e r g a r n i t u r. Wie bei Laubsängern, anderen Grasmückenarten und einer Reihe von Vogelarten anderer Familien kommt es vor Beginn der Jugendmauser zunächst zur Entwicklung einer sogenannten zweiten Federgarnitur (G w i n n e r 1969). Vor allem an den Rändern von etwa 15 Gefiederpartien wachsen vom 7.–16. bis zum 32.–49. Lebenstag zusätzliche Federn, die in erster Linie bis dahin nackt gebliebene Hautstellen bedecken (Abb. 7, B e r t h o l d , G w i n n e r u. K l e i n 1970). Diese zweite Federgarnitur darf nicht mit der Mauser verwechselt werden – vor ihrem Wachstum fallen keine alten Federn aus! Die Federn dieser zweiten Federgarnitur bilden zusammen mit dem ursprünglichen Nestlingsgefieder das Jugendkleid. Die Entwicklung dieser zweiten Federgarnitur verläuft auch bei unzureichender Ernährung ohne ersichtliche Verzögerung ab (B e r t h o l d 1976 b).

Nach Beginn der Jugendmauser und nach Abschluß des Wachstums der zweiten Federgarnitur entsteht schließlich noch eine dritte Federgarnitur, die weitere bisher nackt gebliebene Stellen bedeckt (Abb. 29, B e r t h o l d , G w i n n e r u. K l e i n 1970). Über ganz entsprechende Befunde an russischen Mönchsgrasmücken berichtet S t o l b o v a (1985).

G r o ß g e f i e d e r. Die Kiele des Großgefieders durchstoßen vom 2.–3. Lebenstag an die Haut (Abb. 20), und etwa mit dem 32. Lebenstag ist ihr Wachstum bei Vögeln der süddeutschen Population beendet (Abb. 29). Damit kommt die Entwicklung der Flügel- und Schwanzfedern ungefähr zum Beginn der Jugendmauser zum Abschluß.

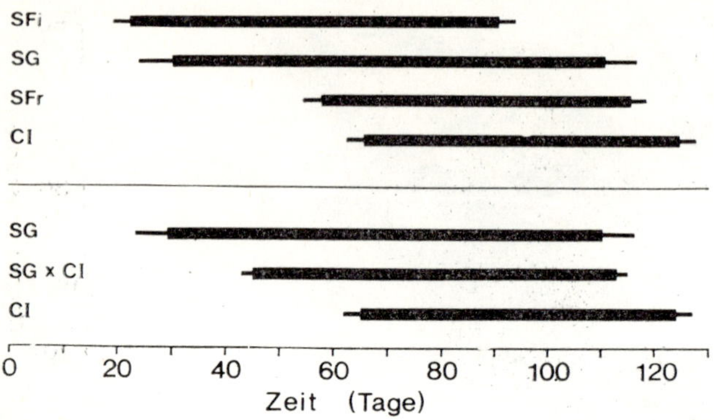

Abb. 30. Jugendmauser von Vögeln vier verschiedener Populationen (oben) sowie von zwei Populationen und deren Hybriden; Mittelwerte und mF. SFi: Südfinnland, SG: Süddeutschland, SFr: Südfrankreich, CI: Kanarische Inseln. Nach Berthold u. Querner 1982a

Jugendmauser, erstes Alterskleid. Die Jugendmauser ist eine Teilmauser, in der das meiste Kleingefieder, aber nur geringe Teile des Großgefieders erneuert werden. Sie beginnt bei der süddeutschen Population im Mittel um den 30. Lebenstag und dauert knapp drei Monate (Abb. 30). Zeitraum und Dauer der Jugendmauser sind bei anderen Populationen sehr verschieden. So setzt die Jugendmauser, wie Abb. 30 weiter zeigt, z. B. bei den früh und weit wegziehenden Vögeln Finnlands etwa 10 Tage früher, bereits am 21. Lebenstag ein und dauert etwa zwei Wochen weniger als bei süddeutschen Vögeln. Bei weniger ausgeprägten Zugvögeln beginnt sie sehr viel später: bei Versuchsvögeln der nur zum Teil ziehenden Mönchsgrasmücken Südfrankreichs erst etwa einen Monat später (am 57. Lebenstag), und bei Vögeln der kaum ziehenden Population der Kanarischen Inseln noch später, erst am 65. Lebenstag. (Daß die Mauserdauer der beiden letztgenannten Populationen in Abb. 30 kürzer ist als die der süddeutschen Population ist ein versuchsbedingter Artefakt, denn die Versuchsvögel wurden während ihrer Jugendmauser in einen relativ kurzen konstanten Tag übergeführt, wodurch sich ihre Mauser beschleunigt hat, Berthold 1988 a, s. auch 7.3.). Ungeachtet dieser Abweichung gilt für die Mönchsgrasmücken, wie auch für andere Arten nachgewiesen ist, daß Mauserbeginn und Zeitdauer populationsspezifisch an das Zugverhalten angepaßt sind.

Eine große Ausnahme bilden wiederum die Mönchsgrasmücken der Kapverdischen Inseln. Bei ihnen beobachteten wir den frühesten und raschesten Ablauf der Jugendmauser, der bei der Art überhaupt bekannt geworden ist, und das, obwohl es sich bei ihnen um nichtziehende Vögel handelt (13.1.). Bei im Oktober geschlüpften Versuchsvögeln begann die Jugendmauser bereits am 21. Lebenstag und dauerte ganze 44 Tage. Diese beschleunigte Jugendmauser dürfte in erster Linie eine spezielle Anpassung an die winterliche Trockenzeit sein, die unmittelbar auf die Jugendentwicklung folgt, und möglicherweise außerdem an die extrem früh eintretende Brutreife dieser Vögel (10.1., Berthold 1988 a, Berthold u. Querner, in Vorb.).

Eingehende Vergleiche mit der Gartengrasmücke ließen eine ganze Reihe von Unterschieden in der Jugendmauser erkennen, die sich am ehesten als Anpassungen an das weniger ausgeprägte Zugverhalten bei der Mönchsgrasmücke und an das stärker ausgeprägte Zugverhalten bei der Gartengrasmücke deuten lassen (Berthold, Gwinner u. Klein 1970). Die wichtigsten Unterschiede sind:

(1) Mönchsgrasmücken beginnen mit der Jugendmauser in späterem Lebensalter (Abb. 29),
(2) sie mausern länger und beenden die Mauser somit auch in wesentlich späterem Lebensalter (Abb. 29),
(3) sie vermausern die einzelnen Gefiederpartien mehr nacheinander (Abb. 31),
(4) sie mausern weniger Federn gleichzeitig und haben damit eine geringere maximale Mauserintensität und
(5) sie verschachteln die Mauser weniger mit anderen Vorgängen der Jugendentwicklung einerseits und mit bereits einsetzenden Vorgängen des Wegzugs andererseits (Abb. 47). Die Mönchsgrasmücke kann sich diesen vergleichsweise gemächlicheren Mauserablauf als eine relativ spät wegziehende Art leisten (13.3.2.). Auffallend ist ferner, daß süddeutsche Mönchsgrasmücken ihre Jugendmauser mehr in Gefiederpartien der hinteren Körperregion beginnen als Gartengrasmücken. Die Bedeutung hierfür ist unklar. An eingefärbten Individuen (14. 2.) ließ sich nachweisen, daß bei der Mönchsgrasmücke die Federn der zweiten Federgarnitur, obwohl gerade erst herangewachsen (s. o.), in der Jugendmauser bereits wieder mit gemausert werden, zumindest größtenteils, vielleicht sogar vollständig. Gartengrasmücken erneuern die Federn der zweiten Federgarnitur hingegen in der Jugendmauser nicht oder fast nicht. Der Sinn dieser umfassenden Mauser selbst der Federn der zweiten Federgarnitur liegt wohl in der Ausbildung eines besonders gut schützenden Gefieders, das die Mönchsgrasmücke in ihren relativ ungünstigeren Winterquartieren benötigt.

Näheren Aufschluß über dieses Winterkleid der Mönchsgrasmücke gibt die Untersuchung von Anzahl und Gewicht der Kleingefiederfedern. Das erste Jahreskleid hatte bei einer Stichprobe von 6 süddeutschen Mönchsgrasmücken mit durchschnitt-

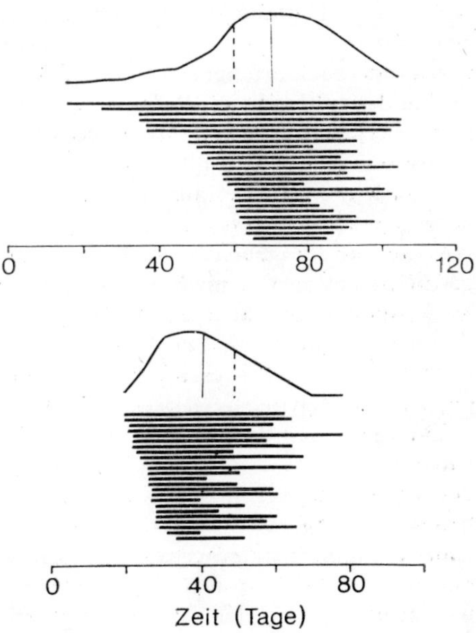

Abb. 31. Jugendmauser handaufgezogener Mönchs- (oben) und Gartengrasmücken (unten). Balken: Verlauf der Mauser in 26 verschiedenen Gefiederpartien, Kurven: Anzahl gleichzeitig mausernder Partien, gestrichelte Linien: Mitte der Mauserdauer, durchgezogene Linien: Median der Mauserintensität. Nach Berthold, Gwinner u. Klein 1970

lich 1279 ±118,0 Rumpffedern etwa gleich viele Federn wie das von 6 Gartengrasmücken mit 1218 ± 91,9 Federn. Das Gewicht dieses Rumpfgefieders war jedoch bei den Mönchsgrasmücken mit durchschnittlich 673 ± 44,0 mg um etwa 20 % signifikant höher als bei den Gartengrasmücken mit 555 ± 31,2 mg. Damit war auch die durchschnittliche Einzelfeder bei der Mönchsgrasmücke mit im Mittel 0,53 ± 0,500 mg signifikant schwerer als bei der Gartengrasmücke mit 0,45 ± 0,035 mg. Bei der Mönchsgrasmücke machte das Rumpfgefieder außerdem durchschnittlich 19,4 ± 1,36 % des fettfreien Trockengewichts aus, bei der Gartengrasmücke hingegen mit 15,9 ± 2,90 % signifikant weniger. Somit hat bei der Mönchsgrasmücke im Gegensatz zur Gartengrasmücke vom Jugendkleid zum ersten Jahreskleid die Anzahl der Federn des Rumpfes zugenommen, und zudem hat sich auch das Gewicht dieser Federn stärker erhöht. Die Mönchsgrasmücke legt sich demnach in der Jugendmauser als erstes Alterskleid für ihre relativ kälteren Winterquartiere (5.2.) mehr einen „Wintermantel" an, die Gartengrasmücke für ihre vergleichsweise weit wärmeren Winterquartiere eher einen leichteren „Umhänger" (B e r t h o l d u. B e r t h o l d 1971).

Ähnliche Unterschiede sind z. T. auch von anderen Kleinvogelarten bekannt (z. B. K o r e l u s 1947). Bisher nicht untersucht ist, inwieweit zwischen diesen verschiedenartigen ersten Alterskleidern zusätzliche Unterschiede in der Feinstruktur der Federn bestehen, die die Wärmedämmung bei in kälteren Gebieten überwinternden Arten noch zusätzlich erhöhen könnten. Trotz vielfältiger Unterschiede im Ablauf der Jugendmauser bei beiden Arten ist die Wachstumsgeschwindigkeit einzelner Federn des Kleingefieders sehr ähnlich. Der gemächlichere Mauserablauf bei der Mönchsgrasmücke wird also offenbar nicht durch ein langsameres Federwachstum, sondern vor allem durch eine relativ stärkere zeitliche Trennung der wachsenden Federn bewirkt.

Was den Umfang der Jugendmauser anbelangt, so gibt es Unterschiede sowohl zwischen früh und spät in der Brutperiode geschlüpften Mönchsgrasmücken als auch wiederum zu Gartengrasmücken. Die Auswertung von rund 2000 von 1968–1970 in Süddeutschland im Rahmen des GMP der Vogelwarte ausgefüllten Mauserkarten ergab folgendes. Mindestens 6 % der untersuchten Mönchsgrasmücken vermauserten in der Jugendmauser auch die innersten Armschwingen (Tertiären) und 2 % auch die nächste, auf die Tertiären folgende Armschwinge, Gartengrasmücken hingegen kaum Armschwingen, und wenn, dann nur die innersten 1–2 Tertiären. An handaufgezogenen Vögeln ließ sich beobachten, daß nur früh in der Brutzeit geschlüpfte Vögel Armschwingen mit vermauserten. Und schließlich vermausert die Mönchsgrasmücke häufig alle großen Flügeldecken, die Gartengrasmücke in der Regel nur einen Teil (z. B. B e r t h o l d, G w i n n e r u. K l e i n 1970, G i n n u. M e l v i l l e 1983, eigene Beobachtungen). Über bisweilen stehengebliebene Kopffedern des Nestlingsgefieders nach Abschluß der Jugendmauser s. 3.3.

Die S t e u e r u n g d e r J u g e n d m a u s e r unterliegt sowohl inneren wie äußeren Faktoren. In einem Kreuzungsexperiment mit Mönchsgrasmücken aus Süddeutschland und von den Kanarischen Inseln ließ sich – erstmals für Vögel überhaupt – nachweisen, daß der populationsspezifische zeitliche Ablauf der Jugendmauser unmittelbar genetisch gesteuert wird. Wie Abb. 30 zeigt, waren bei Hybriden der beiden Populationen Beginn, Ende und Dauer der Jugendmauser intermediär und belegen damit den direkten Einfluß des elterlichen Erbgutes (Näheres s. B e r t -

hold u. Querner 1982 a). Trotz dieser ausgeprägten unmittelbaren genetischen Steuerung kann der Verlauf der Jugendmauser aber ganz erheblich von äußeren Faktoren modifiziert werden. Mangelhafte Ernährung während der Nestlingszeit hatte auf den Beginn der Jugendmauser praktisch keinen Einfluß (Berthold 1976 b). Bei süddeutschen Mönchsgrasmücken, die erst gegen Ende der Brutperiode, also Anfang August geschlüpft waren, wird jedoch gegenüber zu Beginn der Brutzeit geschlüpften Vögeln ein stark abweichender Mauserablauf beobachtet. Und zwar beginnen die spät geschlüpften Vögel in erheblich früherem Lebensalter zu mausern, und ihre Mauserdauer ist um etwa ein Drittel kürzer. Dabei wird nicht etwa der Umfang der Kleingefiedermauser verringert, sondern die gesamte Mauser läuft sehr viel schneller ab (Abb. 47). Dieser „Kalendereffekt“, der spät geschlüpften Jungvögeln hilft, sich noch rechtzeitig auf den Wegzug vorzubereiten, ist in erster Linie ein photoperiodischer Effekt, ein Kurztageffekt der fortgeschrittenen Jahreszeit (7.3.).

Spätere Mauser, weitere Alterskleider. Bei der Mönchsgrasmücke folgt auf die Jugendmauser von etwa Januar bis März eine weitere Teilmauser – die Wintermauser (praenuptiale Mauser, Ruhemauser). Sie erfaßt wohl in den meisten Fällen im Gegensatz zur Jugendmauser nur mehr oder weniger große Teile des Kleingefieders und dürfte, zumindest in den mehr nördlichen Überwinterungsgebieten, längst nicht bei allen Individuen auftreten (eigene Beobachtungen). In Ostafrika wird nach Pearson (1978) bei der Wintermauser möglicherweise das gesamte Kleingefieder einschließlich der meisten Flügeldecken erneuert. Daß diese winterliche Teilmauser nicht selten nur Teile des Kleingefieders erfaßt, geht u. a. auch daraus hervor, daß erstjährige ♂ während ihrer ersten eigenen Brutzeit bisweilen noch restliche braune Kopffedern des Nestlingsgefieders tragen (3.3.).

Die winterliche Teilmauser ist im Hinblick auf Zeitraum, Umfang, umweltbedingte Variabilität, Steuerung usw. noch ganz unzureichend untersucht und bedarf dringend weiterer Bearbeitung. Nach Ginn u. Melville (1983) u. a. fällt sie in die Zeit von Januar bis März.

Die postnuptiale oder Sommermauser der Brutvögel ist eine Vollmauser – die einzige, die bei der Mönchsgrasmücke auftritt. Sie fällt bei mitteleuropäischen Vögeln in die Zeit von Juli bis September. Die dabei ablaufende Großgefiedermauser erfolgt nach dem typischen Schema der Singvögel: die zehn Handschwingen werden in einfachdescendenter Folge (von innen nach außen) erneuert. Die neun Armschwingen werden von zwei Mauserzentren aus vermausert, und zwar von Armschwinge (AS) 8 aus (von außen her gezählt), wonach entweder AS 7 oder 9 folgen, sowie von AS 1 aus in ascendenter Folge (Stresemann u. Stresemann 1966). Die Steuerfedern werden, unter Wahrung der Symmetrie, in zentrifugalem Verlauf erneuert (Stresemann 1934).

Die Großgefiedermauser nimmt in Mittel- und Westeuropa etwa 50 Tage in Anspruch (Abb. 32) und wird stets vor Beginn des Wegzugs abgeschlossen. Da vor der Zugzeit kaum außerhalb der Brutgebiete umherstreifende Mönchsgrasmücken mit Großgefiedermauser gefangen werden (Abb. 83, Berthold et al. 1990), wird die Großgefiedermauser wohl regelmäßig im Brutgebiet oder in dessen Nähe beendet. Dafür spricht auch, daß Brutvögel ihr Brutgebiet großenteils erst recht spät verlassen (13.2.). Relativ spät im Jahr mit der Großgefiedermauser beginnende Indi-

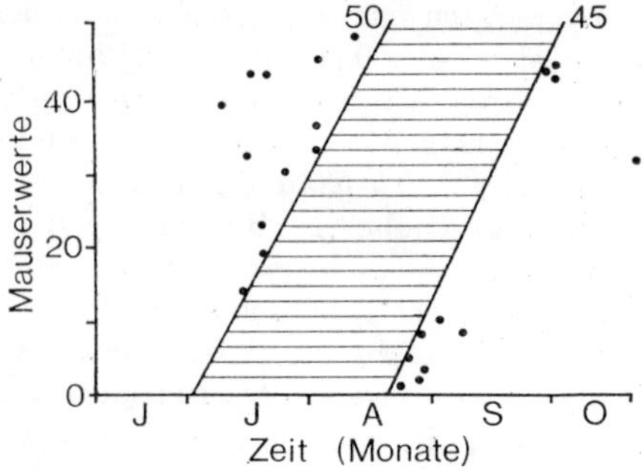

Abb. 32. Verlauf der Großgefiedermauser britischer Vögel (in standardisierten Mauserwerten). Die beiden schrägen Linien geben den Verlauf für früh und spät mausernde Individuen wieder, die für die Mauser etwa 50 bzw. 45 Tage benötigen. Die Punkte stellen sehr frühe bzw. späte Mauserbeobachtungen dar. Nach Ginn u. Melville 1983; Näheres über die Ermittlung der Mauserwerte (0–50) s. dort

viduen durchlaufen die Mauser wahrscheinlich rascher als früher mausernde Vögel (Abb. 32), und ♀ beginnen sie möglicherweise im Mittel früher als ♂ (Ginn u. Melville 1983). Ob die ♀ ihr Großgefieder dabei allgemein rascher mausern als die ♂, ist noch offen.

Die Kleingefiedermauser der postnuptialen Vollmauser erstreckt sich bei den in Mitteleuropa durchziehenden Populationen bis zum Ende der Wegzugperiode; dadurch kommt es bei vielen Individuen zu einer beträchtlichen Überschneidung von Kleingefiedermauser und Zug. Schon zu Beginn der Wegzugperiode wird der Höhepunkt der Kleingefiedermauser jedoch deutlich überschritten (Abb. 83). Verlorengegangenes Großgefieder kann nach Heinroth u. Heinroth (1926) nur in der Mauserzeit erneuert werden. Ausgezogene Schwung- und Steuerfedern wuchsen erst beim nächsten Federwechsel, dann allerdings auch bei der nächsten Teilmauser nach.

Die verschiedenen auf das erste Alterskleid folgenden Kleider sind bisher nicht näher auf Unterschiede untersucht worden. Ob Unterschiede bestehen, z. B. in der Struktur, ist wie bei den meisten Kleinvögeln offen.

3.7. Aberrationen

Auffällige Abweichungen in der Gefiederfärbung und -zeichnung sowie im Körperbau treten bei der Mönchsgrasmücke relativ selten auf. Dies geht sowohl aus den recht spärlichen diesbezüglichen Veröffentlichungen hervor als auch aus umfangreichen Untersuchungen vieler Tausender Vögel, bei denen auf Aberrationen geachtet wurde (z. B. Fouarge in Lambrechts 1980, Berthold et al. 1990).

Voll- und Teilalbinismus (Abb. II/4) kommen sehr selten vor. Über vollalbinotische Vögel haben in jüngster Zeit nur Weber (1950) und Lambrechts (1980) berichtet, über partiellen Albinismus Jenn (1981); im letzten Fall handelte es sich um ein ♀ mit weißem Vorderkopf. Einen weiteren der seltenen Fälle von Farbaberrationen, eine ungewöhnliche fahlgelbe Färbung an der Brust eines alten ♂, die an die des Zilpzalps *(Phylloscopus collybita)* erinnert, beschreibt Trüb (1961/1962). Über einige Beobachtungen aus früherer Zeit, u. a. über Graufärbung des Kopfes und weißliche Flügelflecke s. Koenig (1890).

Auf den Azoren und auf Madeira kommt regelmäßig eine variable melanistische Varietät vor, die wenige Prozent der Population ausmacht. Sie wurde zuerst von

Heineken (1829, 1835) und Jardine (1830) beschrieben. Bei ihr dehnt sich bei den ♂ das Schwarz der Kopfplatte bis zu den Schultern sowie auf Kehle und Oberbrust aus, und sie ist insgesamt dunkler (Abb. II/4), bei den ♀ ist nur die Unterseite dunkler (Schmitz 1897, Hartert 1901). Im deutschen Sprachgebrauch wurde die „Toutenegro de Capello" als „Schleiergrasmücke" bezeichnet (Wilcke 1883). Sie kam früher auch auf Palma auf den Kanaren vor (Koenig 1890) und ist dort möglicherweise verschwunden. Diese melanistischen Vögel verpaaren sich offenbar regelmäßig mit normal gefärbten, und der Melanismus soll dabei als rezessives Merkmal vererbt werden (Bolle 1857, Hartwig 1886, 1887, 1891, Koenig 1890, Kleinschmidt 1898, Southern 1951, Vaurie 1954, 1955, 1959, Bannerman 1963, Williamson 1968). Weitere Einzelheiten über das gelegentliche Vorkommen anderer melanistischer Individuen s. Southern (1951), über vereinzelte schwarze Kopfplattenfärbung im Jugendkleid s. 3.3. Nach Müller (1904) sollen Mönchsgrasmücken schwarz werden, wenn sie nur mit Hanf gefüttert werden. Lindner (1900) berichtet von betrügerischen Händlern, die früher ♀ mit „Höllstein" schwarz gefärbt haben sollen.

Auch Abweichungen im Körperbau sind bei der Mönchsgrasmücke selten. Unter mehr als Tausend handaufgezogenen Individuen (14.1.) beobachteten wir nur einen Fall von starker Schnabelanomalie, einen Kreuzschnabel, mit dem sich der Vogel nicht selbständig ernähren konnte, sowie nur einige wenige Fälle von abnormem Fuß- und Beinwachstum. Bei Käfighaltung kommt es bisweilen zu verstärktem Krallenwachstum, aber kaum zu übermäßiger Schnabelverlängerung (wie z. B. regelmäßig bei der Orpheusgrasmücke, eigene Beobachtungen). Häufiger treten hingegen, wie bei anderen Kleinvogelarten auch, Geschwüre und Schwellungen, vor allem an Kopf und Gliedmaßen, auf. Einer der vielen handaufgezogenen Vögel hatte riesige Augen, die fast doppelt so groß waren wie normalerweise. Über besondere Anfälligkeit gegen Kokzidiose s. 6. 4. 2., über abweichende Gelege 10.6.

3.8. Lautäußerungen

3.8.1. *Gesänge*

Normaler Gesang des ♂. Der Gesang der Mönchsgrasmücke gilt als einer der schönsten Gesänge der Singvögel der Paläarktis, und er wird von vielen Liebhabern sogar dem Gesang der Nachtigall gleichgestellt oder vorgezogen. Simms (1985) u. a. sprechen ihres Gesanges wegen von der „nordischen Nachtigall".

Die normale Gesangsstrophe des ♂ zur Brutzeit besteht aus zwei Teilen: dem schwätzenden, zwitschernden Vorgesang und der flötenden Schlußstrophe (Abb. 33). Der Vorgesang, der viele harte und schmatzende Elemente enthält, wird relativ leise vorgetragen, daher auch „Piano", „Kleiner Gesang", „Geplauder" usw. genannt, die Schlußstrophe hingegen ist laut und besteht aus rein flötenden Tönen, weswegen sie auch „Überschlag", „Forte", „Motivgesangsteil", „Waldschalle" usw. heißt (z. B. Naumann 1897, Anzinger 1900, Knecht 1955, Stadler 1956, Bergmann u. Helb 1982).

Der Vorgesang überwiegt häufig nach der Ankunft im Brutgebiet und ist dann wohl, wenn fortpflanzungsbezügliches Verhalten erst einsetzt, typischer subsong (z. B. Landsborough Thomson 1964). Dafür spricht, daß er meist verhalten,

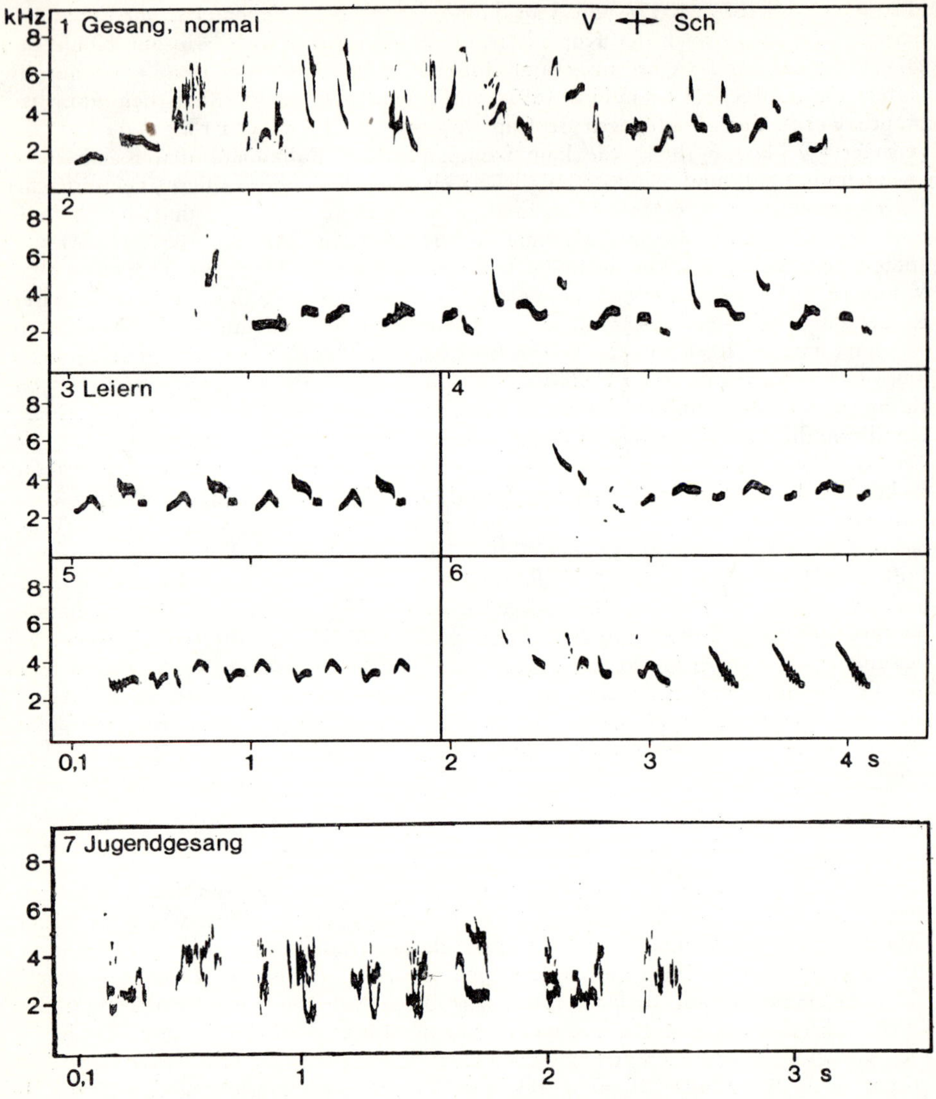

Abb. 33. Gesang. 1, 2: normaler Gesang, V: Vorgesang, Sch: Schlußstrophe, 3–6: Leierstrophen, 7: Jugendgesang. Nach Originalvorlagen von H.-H. Bergmann u. H.-W. Helb

vielfach auch beim Umherhüpfen „nebenher" oder in Ruhestellung (9.2.) vorgetragen wird. Später kann der Vorgesang lange Zeit (im Extrem über mehr als drei Stunden, Nicholson u. Koch 1937) von ♂-Nestern aus vorgetragen werden. In dieser Zeit hat er möglicherweise wichtige Balzfunktion.

Die sehr laut gesungene Schlußstrophe, die besonders in der Form des „Leierns" (s. u.) sehr markant ist, dürfte in erster Linie der Revierabgrenzung und -verteidigung dienen (Mörike 1953). Sie wird meist im Sitzen bei hoch aufgerichtetem Körper (Abb. III/1) und oft von exponierten Stellen aus vorgetragen. Sie überwiegt in der Hauptbrutzeit, in der der Vorgesang fast ganz verschwinden kann.

Die durchschnittliche normale Strophe dauert nach Simms (1985) u. a. 5 (3–7) s, wobei etwa 2 s auf die Schlußstrophe entfallen. Sie kann aber auch bis auf 30 s ausgedehnt werden, die Schlußstrophe allein auf mindestens 5 s (vor allem bei sogenannten Repetier- und Doppelüberschlägern, die die Schlußstrophe wiederholen oder umkehren können, z. B. Naumann 1897). Solche ausgeprägten Sänger waren früher beliebte Käfigvögel (14.1.). Zumindest in der Hauptbrutzeit ist die Gesangstätigkeit der Mönchsgrasmücke stark ausgeprägt – sie singt von der Morgen- bis in die Abenddämmerung. Dabei trägt sie regelmäßig 5–6 Strophen je min. vor, zwischen denen meist Pausen von wenigstens etwa 5 s liegen. Bei starker Erregung können viele Strophen unmittelbar aneinandergereiht werden. Jedes ♂ singt in der Regel mehrere Motivformen in seiner Schlußstrophe. Lundborg (1943) führt 15 verschiedene Beispiele in Notenschrift auf. Der Gesang der Mönchsgrasmücke liegt – einschließlich des Leierns (s. u.) – im Bereich einer mittleren Tonhöhe um 3 kHz (Abb. 33). Er wird weniger kraftvoll vorgetragen als der Gesang der Nachtigall, aber lauter als der der Gartengrasmücke. Im Vergleich zu dieser ist der Gesang weniger uniform, wirkt weniger hastig, hat kürzere Strophen, und der Vorgesang wirkt weniger weich. Weitere interessante Einzelheiten über Beziehungen zwischen Körpergröße, Vorzugsfrequenzen, Gesangstempo und Eigenschaften von Rufen hat für Grasmückenarten Bergmann (1976 a) zusammengetragen.
Dialekte sind, mit Ausnahme des nachfolgend behandelten Leierns, nicht stark ausgeprägt (z. B. Bergmann 1976 a), so daß der Gesang der Art von den Kapverdischen Inseln bis nach Skandinavien und von Irland bis Sibirien sehr einheitlich klingt und in allen Populationen sogleich als typischer Gesang der Art zu erkennen ist (z. B. Hartwig 1886, Athen 1925).

Häufig singt die Mönchsgrasmücke einen stark vereinfachten, meist zweisilbigen Hauptteil, den man als „Leiern" bezeichnet (Abb. 33). Im deutschsprachigen Raum wird dieses Leiern (oder die Leier, Mörike 1953) vor allem mit *„bile bile"*, *„widel widel"* usw. beschrieben. Die leiernden Vögel selbst werden als „Wiedler" usw. bezeichnet (z. B. Emmeram Heindl 1900, Bairlein, Diesselhorst u. Wüst 1986). Neben zweisilbigem kommt auch drei- und einsilbiges Leiern vor (Abb. 33). Das Leiern ist mindestens seit 1868 (Gabl 1900) oder vielleicht schon seit 1863 (Fischer 1863, Heyder 1953) beschrieben und nicht erst, wie gelegentlich behauptet, in jüngerer Zeit entstanden. Es ist ein Dialekt (z. B. Wickler 1986), der im gesamten Verbreitungsgebiet von den Kapverdischen Inseln zumindest bis Kleinasien, vielleicht sogar bis Sibirien, vorkommt. Charakteristisch für das Leiern ist, daß die Anteile leiernder Individuen gebietsweise sehr verschieden groß sein und sich kurz- und langfristig sehr stark ändern können. Das ist nicht verwunderlich, nachdem bekannt ist, daß Leierstrophen wie andere Motive erlernt und überliefert werden (Bergmann 1977 a; Bergmann u. Helb 1982). In manchen Populationen leiern praktisch alle Individuen, und man hat in solchen Fällen vom „fatalen Geleier" oder der „Verleierung" ganzer Gebiete gesprochen und nicht selten den völligen „Verfall" des schönen Gesangs der Mönchsgrasmücke befürchtet (Übersicht Mörike 1953). In anderen Populationen findet man, zumindest zeitweilig, überhaupt kein Leiern. Einzelne ♂ können zudem zwischen normalen Schlußstrophen ihres Gesanges und Leierstrophen abwechseln oder gemischte Strophen singen. Bergmann (1977 b) beobachtete, daß die Anteile der Leierstrophen bei 22 ♂ einer kleinen westfranzösischen Population 8,2–66,8 % der Gesangsstrophen ausmachten.

Die Bedeutung des Leierns und die Ursachen, die in der einen Population zu rascher Ausbreitung, in einer anderen zum Abklingen des Leierns führen, sind unbekannt. Es ist ganz unwahrscheinlich, daß es sich ursprünglich aus Imitation von Heidelerchenmotiven abgeleitet hat, wie z. B. Anzinger (1900) spekuliert: „Als allgemeine Annahme steht fest, daß ein gefangen gehaltener, nachahmungssüchtiger Schwarzkopf eine dem Wirrler sehr ähnlich Strofe aus dem Gesange der hier sehr gern gehaltenen Heidelerche (*Alauda arborea*) erborgt, zum Ueberschlag erhoben, mit demselben die Freiheit erlangt und dort, wie Lessing's Bär, ‚der sich der Kett' entrissen' sein Kunststück in einer mehr als zuvorkommenden Weise zum besten gab." Viel eher stellt das Leiern eine progressive Gesangsentwicklung dar in Richtung auf eine Gesangsvereinfachung mit höherer Signalwirkung (Mörike 1953, Schwarz 1953). In dieser Beziehung könnte es eine Parallele zum Klappern der Klappergrasmücke sein.

In der Tat ist das Leiern über Hunderte von Metern gut zu hören, u. E. besser als der normale Hauptteil einer Gesangsstrophe. Es erinnert auf große Entfernung in gewisser Weise an die markanten Töne von Martinshörnern, z. B. von Feuerwehrautos. Es wäre sicher lohnend, das Leiern auf Eigenschaften des Schalldrucks und der Schallausbreitung (z. B. Heuwinkel 1982) näher zu untersuchen. Für starke Signalfunktionen des Leierns spricht auch, daß es im Herbst sehr viel weniger häufig zu hören ist. Von der Gartengrasmücke hat es bisher wohl nur Sauer (1955) beschrieben.

Viele weitere Einzelheiten über das Leiern, das kräftigen Niederschlag in der Literatur gefunden hat, sind vor allem den Arbeiten von Emmeram Heindl (1900, 1910), Kayser (1924), Hertzog (1946, 1951), Ferry (1952), Schumann (1952), Geroudet (1953), Mörike (1953), Schwarz (1953, 1954), Malan (1954), Sauer (1955), Bernis (1956), Rosenberger (1956), Stadler (1956), Brochwitz (1957), Emeis (1957), Bergmann (1977 b), Cochet (1981) und Bergmann u. Helb (1987) zu entnehmen.

Imitationen. Die Mönchsgrasmücke ist zwar kein regelmäßiger, aber ein durchaus verbreiteter „Spötter". Imitationen von Gesängen, meist Gesangsteilen, sowie von Rufen werden in der Literatur von über 30 verschiedenen Arten beschrieben. Folgende Arten werden, der Häufigkeit nach aufgeführt, am meisten genannt: Amsel, Nachtigall, Singdrossel, Gartengrasmücke, Sumpf-, Teichrohrsänger, Kohlmeise, Star, Gelbspötter, Fitis, Rotkehlchen und Pirol (Übersichten in Naumann 1897 und Howard 1909, ferner z. B. Horst 1949, Knecht 1953, Rosenberger 1953, Hirschfeld 1956, Meersmann 1971, Fouarge 1972, 1974, Elkins 1978, Numme 1982, Lhoest 1984, Reitan 1984). Bolle (1857) berichtet von einer Mönchsgrasmücke, die einer Nonne auf den Kanarischen Inseln gehörte und sprechen konnte. Leiermotive der Mönchsgrasmücke können auch wieder von anderen Arten, z. B. dem Steinrötel, imitiert werden (S c h m i d t u. F a r k a s 1988).

G e s a n g d e s ♀. Über den Gesang von ♀ liegen nur wenige Angaben vor, so z. B. von B e c h s t e i n (1807) und von R i c h a r d s (1952). Danach kann der Gesang recht reichhaltig sein, wird aber sehr verhalten vorgetragen. Wir hören bei Versuchsvögeln bisweilen einen „erzählenden" Gesang, der sehr an den Vorgesang der ♂ erinnert.

J u g e n d g e s a n g. Der Jugendgesang (Abb. 33), der sich schon früh entwickelt (9.8.), ist die tonal reichste Gesangsform (S a u e r 1955). Er wird verhalten und „erzählend" vorgetragen und erinnert weitgehend an den späteren Vorgesang des Altvogels. Wenn Jungvögel im Alter von etwa einem Monat die ersten flötenden Motive singen, geht der Jugendgesang allmählich in den normalen Gesang über. Handaufgezogene Vögel ähneln in der Klangfarbe ihres Gesanges wildlebenden, und zwar so, daß sie stets am Gesang als Mönchsgrasmücke zu erkennen sind. Aber ihre Motive zeigen vielfach so starke Abweichungen, daß daraus klar hervorgeht, daß sie ihren Gesang zu wesentlichen Teilen von Vorsängern erlernen müssen (eigene Beobachtungen). Gesangslernen hat B e r g m a n n (1977 a) durch Vorspielen von Leierstrophen experimentell nachgewiesen.

J a h r e s p e r i o d i k. Betrachtet man das gesamte Verbreitungsgebiet der Art, so kann man singende Mönchsgrasmücken in allen Monaten des Jahres antreffen. Bei den einzelnen Populationen gibt es jedoch beträchtliche Unterschiede in den Gesangsperioden. Die eurasischen ziehenden Populationen singen, wenn es die Umweltbedingungen erlauben, regelmäßig sofort vom Eintreffen im Brutgebiet an bis gegen Ende der Brutzeit. Die Hauptgesangsperiode liegt nach N a n k i n o w , N i n o w u. K j u t s c h u k o w (1986) in der Zeit von Anfang Mai bis gegen Mitte Juni. Während der postnuptialen Vollmauser (3.6.) singen die Altvögel nicht, danach kommt es aber regelmäßig zu ausgeprägtem Herbstgesang. Dieser Herbstgesang ist in Mitteleuropa vor allem im September zu hören; er kann jedoch bis gegen Mitte Oktober, also bis gegen Ende des Wegzugs, auftreten (z. B. H o r s t 1949, G n i e l k a 1969).

Ziehende Populationen singen auch im Winterquartier regelmäßig, wenn auch mit örtlich und zeitlich wechselnder Intensität. Über Wintergesang auf den Britischen Inseln (dem zunehmenden Winterquartier kontinentaler Zugvögel, 5.4.) berichten z. B. W i t h e r b y et al. (1938), S t a f f o r d (1956) und B r o w n (1976). Auch in Uganda und Kenia singen die Mönchsgrasmücken im Winterquartier, ab Januar mit steigender Intensität (P e a r s o n 1978). In Südfrankreich sind im Dezember und Januar bei sonnigem Wetter täglich Gesangsstrophen zu hören (eigene Beobachtungen), wobei offen ist, ob sie mehr von seßhaften Brutvögeln des Gebiets (13.1.) oder von Wintergästen stammen.

Ob die nicht ziehenden Mönchsgrasmücken der Kapverdischen Inseln, die zweimal im Jahr brüten (10.8., 8.1.), ganzjährig singen, ist nicht bekannt (z. B. B a n n e r m a n u. B a n n e r m a n 1968). Schließlich tritt Jugendgesang bei Jungvögeln schon sehr früh auf (9.8.) und ist daher in Mitteleuropa bereits von Juni bis in den Herbst zu hören.

3.8.2. *Rufe und Instrumentallaute*

Stimmfühlungslaut. Der am häufigsten zu hörende Ruf ist das *„tack"* oder *„teck"* (Abb. 34), das an das Zusammenschlagen zweier Kieselsteine erinnert. Dieser Ruf ist dem *„teck"* der Klappergrasmücke täuschend ähnlich. Ein geübtes Ohr kann ihn jedoch daran unterscheiden, daß er bei der Mönchsgrasmücke nicht (leicht) schmatzend klingt. Mit dem *„teck"*-Ruf nehmen Brutpartner Verbindung auf oder stellen sie zu Jungvögeln her, so daß er sicher als Kontaktruf verwendet wird (z. B. Bechstein 1807).

Warn- und Angstlaute. Bei Erregung wird das beschriebene *„teck"* oft rasch gereiht, bis hin zu schnellen, energisch vorgetragenen Rufreihen. Aus entsprechenden Situationen geht klar hervor, daß diese *„teck"*-Rufe dann Erregungs- und Warnlaute sind. Bei sehr starker Erregung können zu den *„teck"*-Rufen weitere Warn- und Angstlaute kommen, die rauh und zätschend klingen und mit *„schräit"* (Abb. 34), *„rree"*, *„schäed"*, *„rarr"* (Abb. 34), *„rahr"* usw. umschrieben worden sind. Auch ein

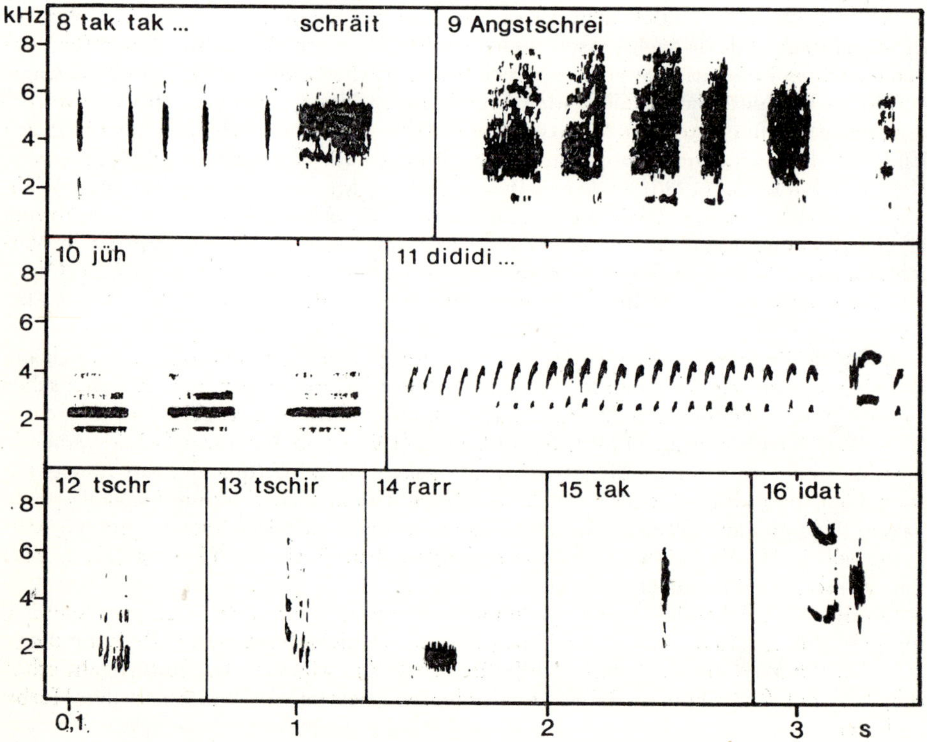

Abb. 34. Rufe. Näheres s. Text, Quelle wie Abb. 33

häherartiger *„kuh-e“*-Ruf ist u. a. bekannt (Simms 1985). Vom Sperber ergriffene oder auch nur in der Hand gehaltene Mönchsgrasmücken klagen z. T. mit anhaltenden, gedehnten, zätschenden Lauten (Abb. 34). Alle Erregungslaute klingen härter und rauher als das relativ weiche *„wet wet wet“* der Gartengrasmücke.

Rufe zur Brutzeit. Brutpartner, vor allem in Nestnähe, rufen sich häufig sehr leise *„bit bit“, „dididitt“* zu (Géroudet 1963). Diese Rufe sind allerdings nur auf wenige Meter Entfernung zu hören. Sie verraten jedoch, vor allem in der Kombination *„bit bit scharr“*, besonders bei in Volieren gehaltenen Brutpaaren, aber auch im Freiland, daß die Rufer im Brutgeschäft sind, und zwar mindestens beim Nestbau (eigene Beobachtungen). Daneben treten in der Brutzeit weitere leise „Zärtlichkeitslaute“ auf, die mit *„pibü“, „tiü“* usw. umschrieben werden (z. B. Naumann 1897, Géroudet 1963, z. B. Abb. 34). Wie viele andere Vogelarten, so verwenden auch adulte Mönchsgrasmücken vor allem in der Brutzeit immer wieder Rufe von Jungvögeln als sogenannte „Infantillaute“ (Heinroth u. Heinroth 1926). Vor allem das *„zi-quick“* der Jungen (s. u.) ist häufig zu hören, auch schon zu Beginn der Brutperiode, wenn noch keine Jungen geschlüpft sind (eigene Beobachtungen). Vereinzelt kann es auch außerhalb der Brutzeit gerufen werden.

Feindruf. Der klagend klingende, getragene und recht leise Feindruf *„jüb“* (Abb. 34) ist beim Auftauchen von Luft- und Bodenfeinden und bisweilen allgemein in ungewöhnlichen Situationen zu hören. Pfeift man ihn gekäfigten Vögeln vor, so können sie sofort „erstarren“ und sind hinterher sehr erregt. Seine Kenntnis ist, wie wir von handaufgezogenen Vögeln wissen, angeboren (eigene Beobachtungen).

Aufforderungsrufe. Vor allem flügge Jungvögel, die noch im Geschwisterverband leben, kündigen ihre Abflugbereitschaft mit *„di di di“*-Rufen an (Abb. 34). Ob ihn auch Altvögel verwenden, ist unbekannt.

Rufe der Jungvögel. Jungvögel melden sich ab dem fünften Lebenstag zunächst mit sehr leisen, dann lauter werdenden Bettelrufen, die wie *„sieb“* und *„igack“* klingen. Dieses *„igack“* ähnelt dem späteren leicht nasalen Standortlaut *„idat“* oder *„zi-quick“* (Abb. 34), mit dem Jungvögel ihre Altvögel auf ihre in der Vegetation versteckten Sitzplätze aufmerksam machen (Abb. 23). Mit Rufen wie *„tititt tititt tschititt“* rufen sich flügge Junge zum Aneinanderrücken auf Zweigen zusammen, wobei sie die Augen mehr oder weniger schließen und Ankuschelbewegungen machen.

Instrumentallaute. Bei Erregung können Mönchsgrasmücken rasch mit dem Schnabel knappen, wodurch Laute entstehen, die wie *„spet“* klingen. Am besten sind sie beim in der Hand gehaltenen Vogel zu hören, der häufig knappt, wenn er nach den Fingern pickt. Ferner kommen schnurrende Fluggeräusche vor (Bergmann u. Helb 1982), die auch nachts von Vögeln zu hören sind, die Zugunruhe entwickeln (13.7.).

Insgesamt ist die Kenntnis und Darstellung der Lautäußerungen trotz vieler Einzelstudien noch unvollständig; eine umfassende Untersuchung mit modernen Aufzeichnungs- und Analysemethoden wäre sicher lohnend.

4. Systematik

4.1. Stellung im System

Die systematische Zuordnung der Mönchsgrasmücke hat offenbar nie Schwierigkeiten bereitet. Bereits Gessner (1557) behandelt die „Graßmucken so Schwartzkopff genennt wirt" zusammen mit Gartengrasmücke und Klappergrasmücke. In der modernen Systematik gehört die Mönchsgrasmücke zusammen mit anderen Grasmückenarten zur Familie der *Sylviidae,* Grasmücken, auch Zweigsänger genannt, die zur Unterordnung der *Passeres,* Singvögel, und zur Ordnung der *Passeriformes,* Sperlingsvögel, gehört (Wolters 1975–1982). Stresemann (1934) stellte die *Sylviidae* zwischen die *Timaliidae,* Timalien, und die *Muscicapidae,* Fliegenschnäpper, Wolters (1975–1982) ordnet sie zwischen den *Vireonidae,* Vireos, und den *Illadopseidae,* Maustimalien, ein. Vaurie (1959) hat die Grasmückenarten als Unterfamilie *Sylviinae* zusammen mit den *Muscicapinae, Turdinae* und *Timaliinae* in einer großen Familie der *Muscicapidae* geführt. Bisweilen wurden die Grasmückenartigen auch als „eigentliche Grasmücken" in die Unterfamilie der *Sylviinae* gefaßt (z. B. Berndt u. Meise 1962). Nach Untersuchungen mit Hilfe der DNA-Hybridisierung von Sibley u. Ahlquist (1985) gliedert sich innerhalb der Superfamilie der *Sylviodea* die Familie der *Sylviidae,* die den *Zosteropidae* nahesteht, in die Unterfamilien der *Phylloscopinae, Megalusinae* und *Sylviinae* mit den Triben *Sylviini* und *Timaliini,* und die Gattung *Sylvia* steht *Turdoides* und *Chamaea* nahe.

Aber alle diese Unterschiede berühren die Zuordnung unserer Art zumindest zu ihrer näheren Verwandtschaft wenig. Nach Wolters (1975–1982) gehören zu den *Sylviidae* zusammen mit der Gattung *Sylvia,* den Grasmücken, über 90 weitere Gattungen, von denen in unseren Breiten die bekanntesten *Regulus, Phylloscopus, Cettia, Acrocephalus, Hippolais, Locustella* und *Cisticola* sind. Wichtig für die folgende Erörterung ist ferner die neue Gattung *Melizophilus* Leach 1816, in der jetzt *Melizophilus sarda,* Sardengrasmücke, *M. undatus,* Provencegrasmücke, und *M. deserticola,* Atlasgrasmücke, geführt werden.

Die Gattung *Sylvia* vereinigt nach Wolters (1975–1982) in sieben Subgenera insgesamt 14 verschiedene weitgehend gesicherte Arten:

Subgenus *Philydra* Billb. 1828
- *Sylvia communis,* Dorngrasmücke
- *Sylvia conspicillata,* Brillengrasmücke

Subgenus *Alsoecus* Kaup 1829
- *Sylvia cantillans,* Weißbartgrasmücke
- *Sylvia mystacea,* Tamariskengrasmücke
- *Sylvia melanocephala,* Samtkopfgrasmücke
- *Sylvia melanothorax,* Schuppengrasmücke
- *Sylvia rueppelli,* Maskengrasmücke

Subgenus *Atraphornis* Severtz. 1873
- *Sylvia nana,* Wüstengrasmücke

Subgenus *Curruca* Bechst. 1802
- *Sylvia curruca,* Klappergrasmücke

Subgenus *Adophoneus* Kaup 1829

Sylvia leucomelaena, Blanfordgrasmücke

Sylvia hortensis, Orpheusgrasmücke

Sylvia nisoria, Sperbergrasmücke

Subgenus *Epilais* Kaup 1829

Sylvia borin, Gartengrasmücke

Subgenus *Sylvia* Scop. 1768

Sylvia atricapilla.

Der Subgenus *Sylvia* Scop. 1768, in dem unsere Mönchsgrasmücke heute geführt wird, ist synonym mit *Philomela* Link 1806, und *Monachus* Kaup 1829. Für die Art existiert u. a. das Synonym *Motacilla Atricapilla* (L.).

Wie nahe die Mönchsgrasmücke mit anderen Arten der Gattung *Sylvia* verwandt sein mag, ist schwer zu beurteilen. W o l t e r s (1975–1982) schreibt hierzu: „Die hier angenommenen Subgenera der Gattung *Sylvia* (s. o.) sind untereinander weit verschiedener als viele allgemein anerkannte ‚gute' Gattungen und wären richtiger zum Rang selbständiger Genera zu erheben; nur *Philydra* und *Alsoecus* könnten vielleicht unter ersterem Namen generisch vereinigt werden; sie stehen wahrscheinlich *Melizophilus* näher als den weiteren Subgenera von *Sylvia* s. l. Die Beibehaltung einer weitgefaßten, möglicherweise sogar polyphyletischen Gattung *Sylvia* ist als eine vorläufige Konzession an die gebräuchliche Bündelung der Arten und Untergattungen zu betrachten." (s. a. W o l t e r s 1983.)

4.2. U n t e r a r t e n

Die Art *Sylvia atricapilla* Linnaeus 1758 wird in der moderneren Systematik in 5 bis 7 Unterarten aufgeteilt, von denen z. B. V a u r i e (1959) 5, W i l l i a m s o n (1968) 6 und W o l t e r s (1975–1982) ebenfalls 6 aufführt. Die von der Nominatform *atricapilla atricapilla* abgetrennten Unterarten sind

dammholzi Stresemann 1928. Diese Unterart ist vom Kaukasus über Transkaspien, Nordiran bis Kleinasien verbreitet. Sie ist in der Färbung blasser, mehr grau und weniger olivbraun sowie unterseits mehr weiß als die Nominatform. In der Färbung wie in den Maßen (z. B. V a u r i e 1959, W i l l i a m s o n 1968) bestehen breite Übergänge zur Nominatform.

paulucii Arrigoni 1902. Ihr Vorkommen ist auf Sardinien, Korsika und die Balearen beschränkt. Ihre Färbung ist teilweise mehr grau und dunkler mit weniger Weiß an der Unterseite, aber sie ist vielfach nicht von der Nominatform zu unterscheiden. Diese Unterart ist im Mittel kleiner als die Nominatform (z. B. V a u r i e 1959, über klinale Änderungen der Maße s. 3.5.).

koenigi von Jordans 1923. Diese Unterart, die v o n J o r d a n s für die Balearen beschrieb, ist nach V a u r i e (1959) synonym mit *pauluccii.* Nach W i l l i a m s o n (1968), der diese Unterart neben *pauluccii* aufführt, ist *koenigi* deutlich grauer als die Nominatform und damit vielleicht auch grauer als die Mönchsgrasmücke der Unterart *pauluccii* von Korsika.

heineken Jardine 1830. Diese Form ist auf Madeira und den Kanarischen Inseln verbreitet. Sie ist in der Färbung insgesamt dunkler als die Nominatform, weniger olivfarben, mehr grau, und im Mittel ebenfalls kleiner, in den Maßen *pauluccii*

ähnlich (Hartwig 1886, Vaurie 1959). Über melanistische Vögel dieser Unterart s. 3.7.
atlantis Williamson 1964. Nach Williamson (1964) ist *atlantis* die Unterart, die auf den Azoren vorkommt. Er fügt hinzu, daß Vögel der Kapverdischen Inseln *atlantis* im allgemeinen Ton der Gefiederfärbung näher zu stehen scheinen als der Nominatform. Bannerman u. Bannerman (1968) führen *atlantis* als Synonym für *gularis* auf (s. u.). Auch *atlantis* wird als mehr grau als die Nominatform beschrieben, ähnlich *heineken,* aber nicht so dunkel wie letztere, und ebenfalls kleiner. Auch bei dieser Form kommen regelmäßig melanistische Individuen vor (3.7.).
riphaea Snigirewski 1931. Diese in Westsibirien vom Ural bis zum Irtysch verbreitete Form soll dunkler sein als die Nominatform. Die Berechtigung zur Abtrennung dieser Unterart wird von Johansen (1954) angezweifelt.

Von weiteren, in der Literatur behandelten Synonymen sei abschließend noch *obscura* Tschusi 1901 genannt. Damit wurde die Unterart von Madeira und den Kanaren benannt (s. auch Hartert 1910), die folglich mit *heineken* identisch ist. *obscura* wird in jüngerer Zeit noch von Bannerman u. Bannerman (1965) verwendet.

Eigenartigerweise haben die auf den Kapverdischen Inseln vorkommenden Mönchsgrasmücken keine allgemein gültige Abtrennung erfahren, obwohl sie sich in Größe, Brutverhalten u. a. deutlich von denen der benachbarten Kanaren unterscheiden (3.5., 10.8., 13.1.). Bannerman u. Bannerman (1968) haben für sie *gularis* Alexander 1898 vorgeschlagen, wenngleich auch diese Namensgebung auf einem Irrtum beruhte (1.).

Selbst die gegenwärtig allgemein mehr oder weniger anerkannten Unterarten sind sich in Färbung und Maßen z. T. so ähnlich, daß ihre Abtrennung kaum erfolgt wäre oder beibehalten würde, wenn sie nicht teilweise isoliet auf Inseln leben würden. Es wäre sicher angebracht, die derzeit insgesamt mehr oder weniger fraglichen Unterarten zu überarbeiten. Dabei müßten zum einen größere Serien von Meßwerten statistisch bearbeitet und zum anderen beschriebene Färbungsunterschiede mit modernen Methoden kritisch überprüft werden.

5. Verbreitung

5.1. Brutgebiete

Die Brutverbreitung ist westpaläarktisch. Sie reicht, wie Abb. 35 zeigt, von den Britischen Inseln im Westen bis zum nordwestlichen Altai in Westsibirien und von Nordnorwegen im Norden bis zu den Kapverdischen Inseln im Süden. Mitteleuropa und seine unmittelbar angrenzenden Gebiete sind nahezu flächendeckend besiedelt mit Ausnahme weniger Gebiete, in denen geeignete Lebensräume (Wälder, Gebüsche usw.) fehlen, wie z. B. in Küstenbereichen von Atlantik, Nord- und Ostsee, in zentralen Bereichen von Hoch- und Mittelgebirgen, in ausgedehnten Feldfluren, Sumpflandschaften, Steppen und Wüsten.

Die Verbreitungsgrenzen in den Randzonen der Brutverbreitung verlaufen derzeit etwa folgendermaßen: England ist nahezu flächendeckend besiedelt. In Irland und

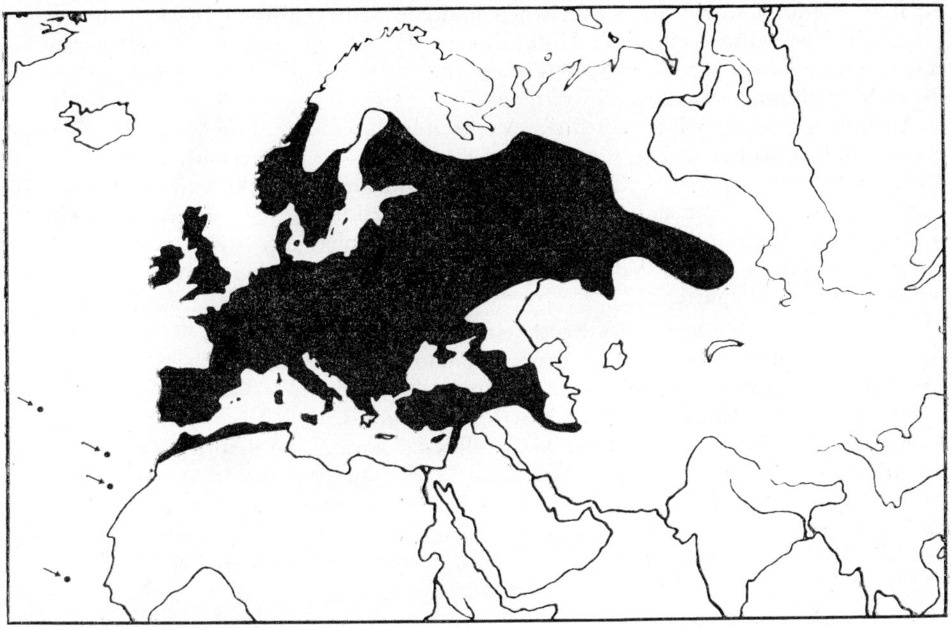

Abb. 35. Brutverbreitung. Nach Voous 1960, Etchécopar u. Hüe 1964, Dement'ev u. Gladkov 1968, Benson 1970, Hüe u. Etchécopar 1970, Portenko u. v. Vietinghoff-Scheel in Stresemann, Portenko u. Mauersberger 1971, Sharrock 1976, Järvinen u. Väisänen 1977, Mead 1983, Flint et al. 1984, Peterson, Mountfort u. Hollom 1985, Simms 1985 u. a.

Schottland fehlt die Art als regelmäßiger Brutvogel in den nördlichen Landesteilen sowie auf den Shetland- und Orkneyinseln (über kürzliches Brüten auf den Färöern s. Boertman, Sørensen u. Pihl 1986). An der norwegischen Westküste brütet die Mönchsgrasmücke bis etwa 67–69° N, im Innern Norwegens und Schwedens bis etwa 62° N und an der Ostküste Schwedens bis etwa 64° N. In Finnland verläuft die nördliche Grenze des Brutgebiets von etwa 63° N an der Westküste und im Landesinnern (mit vereinzelten Bruten bis zur Nordküste des Bottnischen Meerbusens) nach etwa 62° N im Westen des Landes. In der UdSSR pendelt sie zwischen etwa 62° und 63° N bis etwa 60° E, und von dort fällt sie bis auf etwa 48° N im südöstlichen Zipfel des Verbreitungsgebiets im Bereich des oberen Ob und Irtysch bei etwa 85° E. Danach steigt sie bis ungefähr zum 70. Längengrad auf etwa 52° N an, und fällt dann westlich des Kaspischen Meeres auf etwa 35° N ab. Sie verläuft von dort über den Iran und Anatolien bis Libanon und Israel bei etwa 33° N und weiter über Zypern, Mittelgriechenland, über die Mittelmeerküsten von Jugoslawien, Italien, Südfrankreich und Spanien, wobei auch Korsika, Sardinien, Sizilien und die Balearen besiedelt sind, nicht jedoch Kreta und Malta.

In Nordafrika liegen Brutgebiete in Marokko, Algerien und Tunesien, und zwar in einem mittelmeernahen Streifen nördlich von etwa 30° N. Im Atlantik sind die

Azoren, Madeira sowie die Kanarischen und die Kapverdischen Inseln Brutgebiete. Über die Verbreitung einzelner Unterarten s. 4.2. Das Brutgebiet der Mönchsgrasmücke erstreckt sich somit in Ost-Westrichtung über etwa 110 Längengrade und in Nord-Südrichtung über etwa 55 Breitengrade.

Auffallend ist, daß ihre nördliche Verbreitungsgrenze in Finnland etwa 500 km weiter südlich als bei Dorn-, Garten- und Klappergrasmücke verläuft (z. B. V o o u s 1960). Die Ursache liegt u. U. darin, daß die Mönchsgrasmücke bereits in Südfinnland die Grenze ihrer derzeit möglichen brutphysiologischen Anpassungsfähigkeit an nordische Verhältnisse erreicht hat. Für diese Annahme sprechen folgende drei „Schwachpunkte“: die Mönchsgrasmücke erfährt nach Norden von allen vier genannten Grasmückenarten:

(1) die stärkste Verspätung des Brutbeginns,
(2) die größte Einengung ihrer Brutperiode und
(3) erhöht als einzige Art nach Nordeuropa hin nicht ihre Gelegegröße (B a i r l e i n et al. 1980, Näheres s. 10.). Wir folgern daraus, daß sie mit ihrer derzeitigen Konstitution nicht in der Lage ist, in größerem Umfang das kontinentale nördliche Skandinavien als Brutgebiet zu besiedeln. Trotz dieser Einschränkung brütet die Mönchsgrasmücke mit ihren verschiedenen Populationen von den Kapverden bis nach Nordwestnorwegen erfolgreich von den Tropen bis in die Subarktis – darin kommt ihr keine andere Grasmückenart auch nur annähernd gleich.

5.2. W i n t e r q u a r t i e r e u n d D u r c h z u g s g e b i e t e

W i n t e r q u a r t i e r e. Das regelmäßig bezogene Winterquartier erstreckt sich, wie Abb. 36 zeigt, in Europa von England und Irland im Nordwesten über den mitteleuropäischen Atlantikbereich, den westlichen und zentralen Mittelmeerraum ostwärts bis Griechenland und Tripolitanien, bisweilen Zypern (B a n n e r m a n u. B a n n e r m a n 1958).

In Afrika werden von den eurasischen Zugvögeln verschiedene Winterquartiere aufgesucht. Sie ziehen sich zum einen als Gürtel von stark wechselnder Breite von Mauretanien, Senegal und Mali im Westen über Elfenbeinküste, Südnigeria bis Sudan und Äthiopien im nördlichen Ostafrika und von dort bis Nordsambia und Malawi im Süden hin. Zum anderen sind im westlichen Nordafrika die Brutgebiete von Marokko bis Tunesien (Abb. 35) und daran angrenzende Streifen wichtige Winterquartiere, und zwar sowohl für dort brütende Vögel als auch für Zuzügler. Die benachbarten Gebiete des östlichen Mittelmeerraumes – Ägypten, Israel – spielen als Winterquartiere eine weniger bedeutende Rolle, da die in den östlichen Mittelmeerraum ziehenden Mönchsgrasmücken allgemein mehr im Süden überwintern (Z i n k 1973). Außerdem sind die Kapverdischen Inseln im Winter von ihren nichtziehenden Mönchsgrasmücken (13.1.) besiedelt. Entsprechendes oder ähnliches gilt auch für andere Inseln wie die Kanaren, Madeira, Azoren, Balearen usw., wobei hier weitgehend unklar ist, wie groß die Anteile von überwinternden Brutvögeln und von Zugvögeln sind (13.1., W i l l i a m s o n 1968). Fernerhin kommt es zu Winteraufenthalt in Oasen der Sahara, wobei die Herkunft der Überwinterer ebenfalls fraglich ist (z. B. B a n n e r m a n u. B a n n e r m a n 1958, E t c h é c o p a r u.

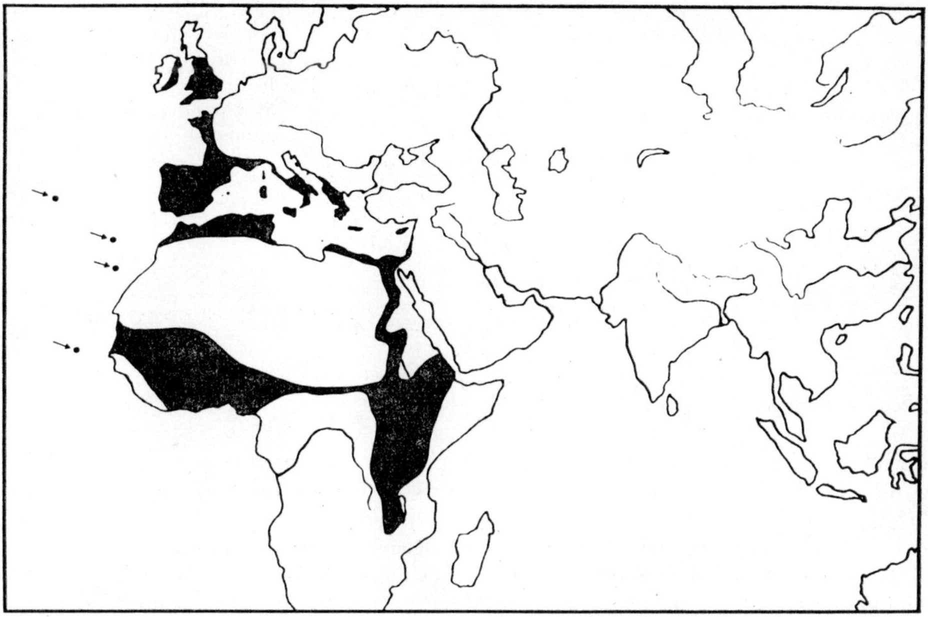

Abb. 36. Winterverbreitung. Nach D a c h y u. D e l m e e 1965, D u p u y 1966, F r y 1969, M o r e a u 1972, Z i n k 1973, P e a r s o n 1978, L e a c h 1981, R i d d i f o r d u. F i n d l e y 1981, B r o w n e 1982, H o g g , D a r e u. R i n t o u l 1984 u. a.

H ü e 1964, C u r r y - L i n d a h l 1981). Über populationsspezifische Winterquartiere s. auch 13.4.

Somit erstreckt sich das regelmäßig bezogene Winterquartier der Mönchsgrasmücke in Ost-West-Richtung über etwa 65 Längengrade und in Nord-Süd-Richtung über etwa 70 Breitengrade. Nördlich des Mittelmeerraumes verlassen die meisten Mönchsgrasmücken die Brutgebiete, um vor allem in südliche und westliche Winterquartiere zu ziehen. Viele überwintern jedoch auch nördlich dieses Raumes, z. T. bis nach Fennoskandien, gebietsweise in zunehmendem Maße; Näheres hierzu s. 5.4.

D u r c h z u g s g e b i e t e. Bei der weiten Nord-Süd-Ausdehnung der Brutverbreitung, von subarktischen Gebieten bis in die Tropen, der weitgehend flächendeckenden Verbreitung von Westeuropa bis Westsibirien und den relativ kurzen Zugstrecken vieler Populationen (13.3.1.) gibt es nur wenige reine Durchzugsgebiete. Es sind dies in Europa der Peloponnes, Kreta und Malta, soweit sie nicht auch als Winterquartier dienen (z. B. S t r e s e m a n n 1943, S u l t a n a u. G a u c i 1982, B a u e r et al. 1969), Israel (P a z 1987), dann vor allem in Afrika die nördlichen Gebiete besonders der Sahara zwischen den ganzjährig besiedelten Gebieten im westlichen Nordafrika und dem Gürtel der Überwinterungsgebiete südlich der Wüste (Abb. 36) und in Asien die arabische Halbinsel (G a l l a g h e r u. W o o d c o c k 1980, S u p p 1986). Auf dem Zug werden auch abgelegene Inseln erreicht, so regelmäßig die Färöer und Island (z. B. W i l l i a m s o n 1968, T i m m e r m a n n 1949).

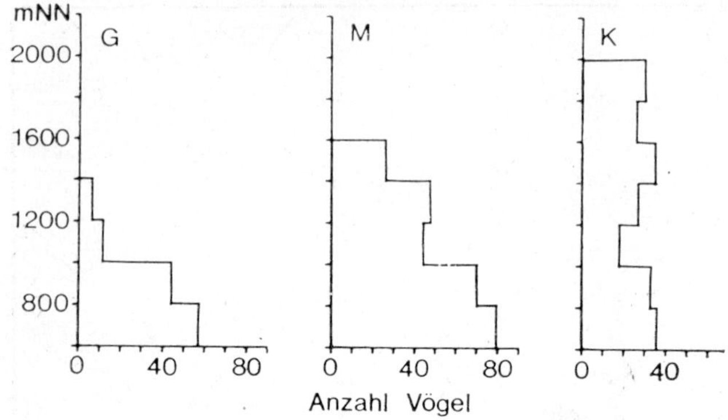

Abb. 37. Höhenverbreitung von drei Grasmückenarten zur Brutzeit im Werdenfelser Land, Bayern. G: Garten-, M: Mönchs-, K: Klappergrasmücke. Nach Bezzel u. Lechner 1978

5.3. Höhenverbreitung

Brutgebiet. Die Mönchsgrasmücke besiedelt im gesamten Brutgebiet von Nordeuropa bis in die Tropen geeignete Habitate von den Küsten und tiefsten Tallagen bis in hohe Regionen der Gebirge. Der höchstgelegene Brutnachweis stammt aus der Schweiz und lag bei 2000 m. In der Regel bleibt sie jedoch unter 2000 m (Hoffmann in Glutz 1962, Schifferli, Géroudet u. Winkler 1980, Makatsch 1950). In den deutschen Alpen brütet die Mönchsgrasmücke z. B. bis etwa 1600–1720 m, während die Gartengrasmücke in demselben Gebiet als Brutvogel nur bis etwa 1400 m vorkommt, die Klappergrasmücke hingegen bis 2000 m (Abb. 37, Bezzel u. Lechner 1978, Nitsche u. Plachter 1987). In Norwegen wird die Mönchsgrasmücke bis 1250 m brütend angetroffen (Haftorn 1971). Aus dem Süden des Verbreitungsgebiets liegen Nestfunde bis 1800 m vor von Fogo, Kapverden (Bannerman u. Bannerman 1968) sowie bei etwa 1200 m (Teneriffa, eigene Beobachtungen, s. auch Bannerman 1963, Volsøe 1951).

Winterquartier. Im Winterquartier werden im Süden z. T. größere Höhen besiedelt als zur Brutzeit, so im Sudan bis etwa 2200 m, im Kongo bis 2700 m (Moreau 1972) und in Uganda/Zaire bis etwa 3500 m (Bannerman u. Bannerman 1958, Curry-Lindahl 1981, Pearson u. Turner 1986). In England werden Überwinterer hingegen vorwiegend in niedrigen Höhen angetroffen, nach der Übersicht in Leach (1981) zu fast 90 % in Höhen unter 100 m. Nähere Untersuchungen über die Höhenverbreitung im Winterquartier sind sehr erwünscht. Über Vertikalzug s. 13.4.

5.4. Rezente Entwicklungen

Seit 1959 wird bei der Mönchsgrasmücke eine neue Zugrichtung in ein neues Winterquartier beobachtet. Vögel vor allem aus dem westlichen Mitteleuropa wandern in zunehmendem Maße in nordwestlicher Richtung in ein Überwinterungsgebiet, das hauptsächlich in Südengland und Irland liegt (Abb. 38 u. 39). Dieses säkulare Ereignis hat sich rasch ausgeweitet. Von wenigen anfänglichen

Ringfunden in NW-Richtung stieg ihre Anzahl so rasch an, daß sie etwa 20 Jahre später bereits knapp 30 % aller Funde der in der BRD und in Österreich beringten Mönchsgrasmücken ausmachten und über 30 % der in Belgien beringten Vögel (Zink 1962, 1973, Schlenker 1981, Fouarge 1981). Parallel zu der Zunahme der Ringfunde in NW-Richtung stieg die Anzahl der Winterbeobachtungen vor allem in England und Irland rasch an.

In England beobachtete man vor 1945 im Winter nur vereinzelte Mönchsgrasmücken, von 1945–1954 immerhin 183, im Winter 1969/1970 bereits 244, von 1970–1977 1903, und allein im Winter 1978/1979 1341 (Abb. 38, Andrew 1964, Stafford 1956, Gladwin 1970, Batten 1972, Rice 1970, Anonymus 1977, Langslow 1979, Übersicht: Leach 1981). Inzwischen ist, vor allem durch Ringfunde, geklärt, daß die sich im Winter auf den Britischen Inseln aufhaltenden Mönchsgrasmücken durchweg vom Kontinent zugezogene Vögel und keine einheimischen Brutvögel sind; die Brutvögel der Britischen Inseln ziehen im Winter nach wie vor weg (13.3.1., Simms 1985). Zudem ist die Anzahl der Überwinterer streng mit der jeweils in der vorangehenden Wegzugperiode auftretenden Anzahl von Durchzüglern korreliert (Leach 1981). Wie Abb. 39 zeigt, weisen Funde dieser jetzt nach Norden wegziehenden Mönchsgrasmücken außer in Richtung England und Irland auch nach dem nördlichen Mittel- und nach Nordeuropa.

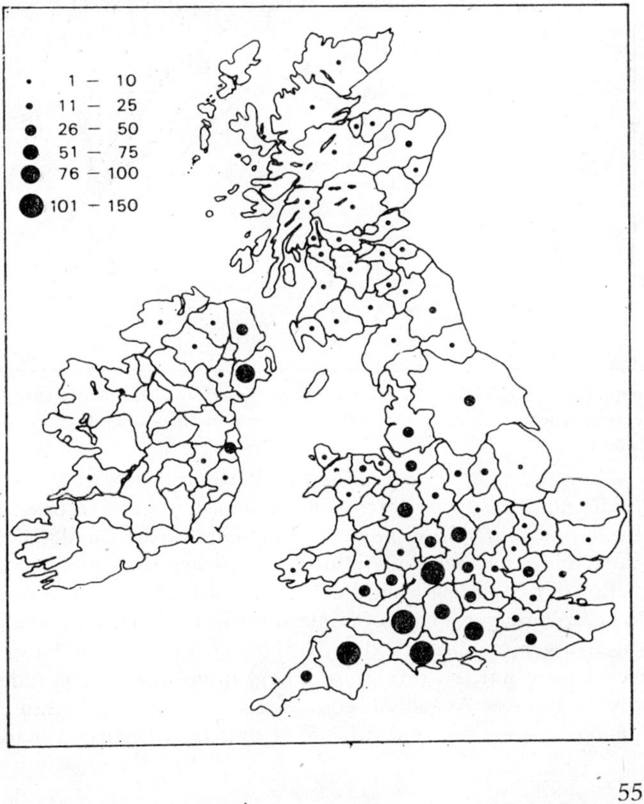

Abb. 38. Winterverbreitung auf den Britischen Inseln 1978/1979. Nach Leach 1981

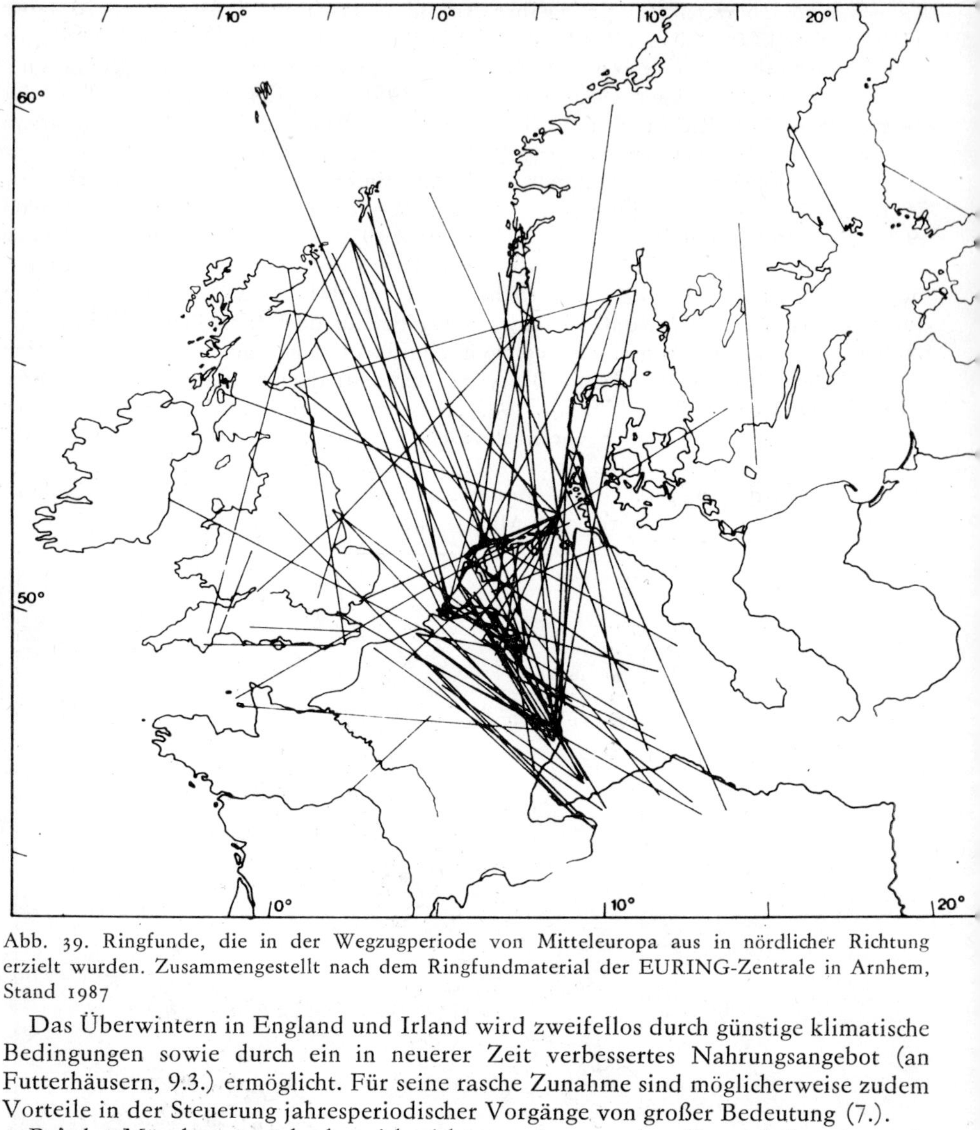

Abb. 39. Ringfunde, die in der Wegzugperiode von Mitteleuropa aus in nördlicher Richtung erzielt wurden. Zusammengestellt nach dem Ringfundmaterial der EURING-Zentrale in Arnhem, Stand 1987

Das Überwintern in England und Irland wird zweifellos durch günstige klimatische Bedingungen sowie durch ein in neuerer Zeit verbessertes Nahrungsangebot (an Futterhäusern, 9.3.) ermöglicht. Für seine rasche Zunahme sind möglicherweise zudem Vorteile in der Steuerung jahresperiodischer Vorgänge von großer Bedeutung (7.).

Bei der Mönchsgrasmücke hat sich nicht nur ein neuartiges Zugverhalten in nördliche Richtungen in neue Winterquartiere entwickelt, sondern auch das Überwintern im Brutgebiet nördlich des Mittelmeerraumes lokal ausgeweitet. Dabei handelt es sich häufig nur um erfolglose Überwinterungsversuche oder um einzelne Individuen sowie geringe Anzahlen von Vögeln. Winterbeobachtungen sind jedoch bis nach Fennoskandien bis reichlich 63° N und bis Osteuropa belegt (z. B. Williamson

1968, Zink 1973, Owczarek 1974, Leach 1981) und kommen in klimatisch günstigen Gebieten, wie z. B. im Tessin, am Genfer See, in Belgien und den Niederlanden in neuerer Zeit auch häufiger und z. T. mit steigender Tendenz vor (z. B. Hoffmann in Glutz 1962, Jørgensen 1970, de Jong 1970, Fouarge 1980, Teixeira 1979).

Es ist unmöglich, hier all die publizierten Winterbeobachtungen von Mönchsgrasmücken aus Mittel-, Ost- und Nordeuropa aufzuführen, aber es wäre sicher eine lohnende Aufgabe, sie einmal zusammenzustellen und nach Regionen, zeitlichen Trends u. a. zu analysieren. Wenn das Überwintern in mehr nördlichen Regionen erhebliche Selektionsvorteile hat, wofür eine Reihe von Faktoren sprechen (13.7.), dann dürfte es in Zukunft in klimatisch günstigen Gebieten mit ausreichendem Nahrungsangebot weiter ansteigen. In Verbindung damit wäre auch zunehmender Besuch von menschlichen Futterstellen für Vögel zu erwarten (9.3., Berthold 1987).

Einbürgerungsversuche der Mönchsgrasmücke in Neuseeland waren nicht erfolgreich (Niethammer 1971). Es ist offen, ob sich die ausgesetzten Vögel nicht gegen andere Arten durchsetzen konnten, durch ihr Zugverhalten zu stark verstreut wurden oder durch andere Umstände erfolglos blieben.

6. Lebensraum und ökologische Beziehungen

6.1. Bruthabitate

In der Wahl ihres Lebensraumes ist die Mönchsgrasmücke die vielseitigste aller Grasmückenarten. In Mitteleuropa besiedelt sie neben den von ihr bevorzugten feuchten Auwäldern in den Überschwemmungszonen von Flüssen, Seen und Sumpfgebieten (s. u.) nahezu alle Waldtypen und höheren Gebüschformationen, wenn auch in sehr unterschiedlicher Dichte (11. 6.). Man findet sie außer in Auwäldern häufig in Laubwäldern bis in mittlere Lagen und in geringem Umfang selbst in extrem trockenen Laubwäldern wie Flaumeichenbeständen an Berghängen. Auch alle Arten von Nadelwäldern werden von ihr bezogen. Sie kommt in sämtlichen Formationen des Fichtenwaldes vor, vom niedrigen Anflug über das nahezu stockdunkle Innere von älteren Schonungen bis zum Hochwald (Berthold 1978 a, Abb. 40), ferner in den verschiedenartigsten Nadelmischwäldern, aber auch in trockenen Kiefern-, Lärchen- und Zedernwäldern im Bergland oder im Süden des Verbreitungsgebiets, und bisweilen sogar in Moor- und Bergkiefernbeständen am Rande von Mooren und in Hochlagen der Gebirge. Daraus ergibt sich von selbst, daß praktisch auch alle möglichen Laub-Nadel-Mischwälder bewohnt werden.

Die Mönchsgrasmücke besiedelt als Brutvogel auch regelmäßig reine Gebüschzonen, wenn die Gebüsche wenigstens z. T. mehrere Meter Höhe erreichen oder, noch besser, mit Bäumen durchsetzt sind. Aber selbst in niedrigen Gebüschen der offenen Feldflur, z. B. in Schlehengebüschen auf trockenen Steinriegeln, wo normalerweise die Dorngrasmücke siedelt, kann sie gelegentlich brüten. Andererseits dringt sie bisweilen auch in Feuchtgebieten bis in Schilfbestände vor, die im Wasser stehen, und erreicht dort die Lebensräume der Rohrsänger (z. B. Huber 1966, eigene Beobachtungen). Diese Vielseitigkeit der Mönchsgrasmücke bedingt, daß sie geradezu für die heutzutage vielfach mosaikartig aus Wäldern, Feldfluren, Heckengürteln, Gärten, Parks u. a. zusammengesetzte Kulturlandschaft weiter Teile ihres Brutgebiets geschaffen ist und daß sie sich bei Bestandserhebungen in solchen Gebieten selbst bei feinem Raster vielfach als „flächendeckend“ verbreitet erweist (z. B. Dybbro 1976, Sharrock 1976, Yeatman 1976 u. a., s. auch 11.6., 11.7.).

In den Randzonen der Brutverbreitung brütet sie häufig in verschiedenen zusätzlichen Vegetationstypen. So kann sie in Großbritannien Heidegebiete bewohnen (Witherby et al. 1938), in Skandinavien lichte Birkenwälder und im Schärenhof Wacholderheiden mit eingestreuten Bäumen (eigene Beobachtungen), auf den Kanarischen Inseln Tamariskengebüschzonen unmittelbar an der Meeresküste und Tomatenfelder (Bannerman 1963, eigene Beobachtungen), auf den Kapverdischen Inseln montane Wolfsmilchgebüschzonen (von *Euphorbia tukeyana,* Bannerman u. Bannerman 1968) u. a. m.

Trotz dieser großen Vielfalt in der Habitatwahl dieser geradezu mustergültig euryöken Vogelart lassen sich klare Biotoppräferenzen erkennen. Nach der Zusammenstellung in Berthold u. Schlenker (1988) gelten folgende Regeln:

(1) Die Mönchsgrasmücke bevorzugt mehr feuchte Gebiete, extrem trockene meidet sie. So siedelt sie in Trockengebieten wie Steppen, Wüsten regelmäßig nur in Flußtälern (z. B. Sibirien: Voous 1960, Afrika: Bannerman 1963, Spanien: eigene Beobachtungen), in landwirtschaftlich genutzten Trockengebieten vielfach vor allem in künstlich bewässerten Plantagen, Windschutzgürteln, Hotelparks usw. (z. B. Bolle 1854, Bannerman 1963, eigene Beobachtungen). Auch im mitteleuropäischen Bergland werden bevorzugt feuchte Tallagen bewohnt (z. B. Neubauer 1975).

(2) Sie bevorzugt schattige Lagen vor sehr offenen sonnigen Gebieten, die sie, vor allem im Süden des Verbreitungsgebiets, eher meidet. Hierbei mögen in erster Linie die Feuchtigkeitsverhältnisse eine Rolle spielen, vielleicht aber auch die unmittelbare Sonneneinstrahlung oder das Nahrungsangebot.

(3) Zumindest in Mitteleuropa bevorzugt sie im allgemeinen Laubholzformationen vor Nadelwäldern. In Mischwäldern wählt sie zudem laubtragende Gehölze vor Nadelhölzern als Nestträger (10.4., Bairlein et al. 1980). Jahreszeitlich, zu Beginn der Brutperiode und gebietsweise, z. B. in Höhenlagen der Mittelgebirge (z. B. Heine et al. 1983), können jedoch Nadelgehölze bevorzugt werden.

(4) Die Mönchsgrasmücke hat eine ausgeprägte Vorliebe für immergrüne Vegetation. So bewohnt sie in hoher Dichte z. B. mit Efeu bewachsene Baumbestände in Mittel-, West- und Südeuropa, Buchswälder in den Pyrenäen und in Süddeutschland, Lorbeerwaldtypen im Mittelmeerraum und auf den atlantischen Inseln und Rhododendronpflanzungen in Irland und Schottland (z. B. Hoffmann in Glutz 1962, Sharrock 1976, eigene Beobachtungen).

(5) Aus den in (1)–(3) genannten Präferenzen leitet sich ab, daß für die Mönchsgrasmücke in Mitteleuropa die beliebtesten Habitate Auwälder und feuchtere Laub- oder Mischwälder sind, wie sie vor allem in tieferen Lagen und bis in mittlere Höhen vorkommen (z. B. Abb. 25).

(6) In den in (5) genannten Waldtypen bevorzugt sie in erster Linie randständige Gebüschzonen und im Innern Gebiete mit reichhaltiger Strauch- und Krautschicht. Besonders beliebt sind daher auch vom Wald umgebene Schonungen, die mit Stau-

Abb. 40. Verteilung von Grasmückennestern in einem Mischwaldgebiet im Neckarbecken, Süddeutschland, 1970. M: Mönchs-, G: Gartengrasmücke, H: Hochwald, verschiedene Raster: niedrigere Formationen. Nach S e n k in B a i r l e i n 1988

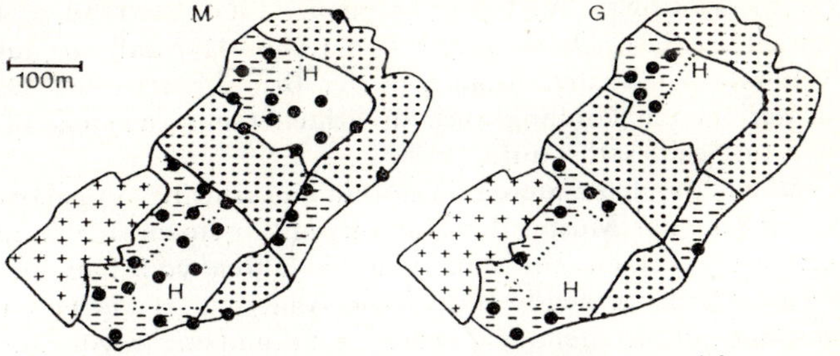

den und Gebüsch durchsetzt sind (z. B. W i t h e r b y et al. 1938, H o f f m a n n in G l u t z 1962).

In der Habitatwahl kommt es zu vielfältigen Überschneidungen mit anderen Grasmückenarten. In Mitteleuropa treten sie am stärksten mit der Gartengrasmücke auf, von der sich die Habitate nur graduell unterscheiden lassen. Im Extrem betrug der Nestabstand zwischen beiden Arten nur 2,1 m (B e r t h o l d u. Q u e r n e r 1984). Nach der Zusammenstellung in B e r t h o l d u. S c h l e n k e r (1988) gelten folgende fünf Regeln:

(1) Die Mönchsgrasmücke siedelt mehr in Baumbeständen, die Gartengrasmücke mehr in Gebüschzonen (ausführliche Darstellungen in G a r c i a 1983, N i j s s e n, N i e b o e r u. H o l s t 1983 und B a i r l e i n 1988, Abb. 40),

(2) die Mönchsgrasmücke bevorzugt eher lichteren, die Gartengrasmücke dichteren Unterwuchs (z. B. M o r e a u 1972, 10.4.),

(3) die Mönchsgrasmücke bewohnt vergleichsweise mehr trockene, die Gartengrasmücke in stärkerem Maße feuchte Habitate (z. B. Ornithologische Arbeitsgruppe Berlin West 1984),

(4) die Mönchsgrasmücke lebt mehr in immergrüner Vegetation, die die Gartengrasmücke eher meidet (W i t h e r b y et al. 1938, S i m m s 1985),

(5) in demselben Habitat hält sich die Mönchsgrasmücke mehr in höheren Vegetationszonen auf als die Gartengrasmücke (z. B. B e z z e l 1982, s. auch 6.2.).

Diese starke Überschneidung der Bruthabitate der beiden einander sehr ähnlichen Arten läßt auf zwischenartliche Konkurrenz schließen, die inzwischen auch nachgewiesen wurde (6.4.1.).

Am geringsten sind Überlappungen mit der Dorngrasmücke, die vor allem in Feldhecken u. ä. brütet, und relativ gering auch mit der Klappergrasmücke, die in unteren Lagen mehr Koniferen in lichten Wäldern, Wacholderheiden, Parks, Friedhöfe und Hausgärten bevorzugt (10.4.) und in Hochlagen Bergkiefernbestände. Im Mittelmeerraum gibt es Überschneidungen vor allem mit der Samtkopf- und Weißbartgrasmücke, hier besonders im Bereich von Schluchten, Tälern usw., z. T. auch mit der Sardengrasmücke, auf den Kanarischen Inseln auch mit der Brillengrasmücke in Windschutzgürteln (eigene Beobachtungen, d e F i l i p p o 1986).

6.2. Durchzugs- und Überwinterungshabitate

Die Habitatwahl während des Zuges ist am besten auf der Mettnauhalbinsel am Bodensee untersucht. Hier wird die Verteilung rastender Mönchsgrasmücken seit 1972, seit Beginn des MRIP der Vogelwarte systematisch registriert und analysiert

(z. B. Berthold, Bairlein u. Querner 1976, Bairlein 1981, Berthold 1988 a). Dabei zeigte sich (Abb. 41), daß sie auf dem Zug in erster Linie Habitate wählt, die sie auch in der Brutzeit bewohnt. Daneben hält sie sich jedoch in geringerem Umfang auch in lichten Gebüschzonen, in Gebüschstreifen im Schilf und im Schilf selbst auf.

Wie bei vielen anderen daraufhin untersuchten Vogelarten ist auch bei der Mönchsgrasmücke das Muster der Habitatwahl in einem sich kaum verändernden Rastgebiet selbst über einen Zeitraum von 15 Jahren von Jahr zu Jahr weitgehend konstant (Abb. 42). Eingehende statistische Analysen (Bairlein 1981) zeigten ferner, daß sie mit fortschreitender Zugzeit mehr und mehr von aufgelockerten Gebüschzonen in dichtere beerentragende Gebüschbereiche (auf der Mettnauhalbinsel vor allem des Faulbaums) wechselt. Diese Habitatumstellung ist bei ihr stärker ausgeprägt als bei der Gartengrasmücke und hat ihre Hauptursache sicher in der stark ausgeprägten Nutzung von Beeren (12.1.).

Betrachtet man die Habitatwahl der Mönchsgrasmücke auf dem Zug auf Vielseitigkeit, so findet man bei ihr unter den vier häufigsten mitteleuropäischen Grasmückenarten die größte Nischenbreite: sie nutzt die verschiedenartigen Habitate – wie auch zur Brutzeit – am stärksten aus. Anders verhält es sich mit der Höhenverteilung innerhalb der Vegetation. Hier bevorzugt die Mönchsgrasmücke am stärksten von allen Arten die oberen Zonen (wie auch zur Brutzeit, Erdelen 1978, eigene Beobachtungen, Abb. 43, und wie auch im Winterquartier, Gardiazabal 1986) und gehört in dieser Hinsicht zu den stenöken Arten (Bairlein 1981).

In Norditalien beobachteten Spina, Piacentini u. Frugis (1985), daß sich die Mönchsgrasmücke während des Heimzugs in tieferen Bereichen der Vegetation aufhält als auf dem Wegzug und daß sie im Frühjahr mit fortschreitender Jahreszeit in höhere Vegetationsbereiche aufsteigt (Abb. 43). Diese Unterschiede sind im Zusammenhang mit jahreszeitlichen Änderungen in der Beblätterung der Vegetation, dem damit zusammenhängenden Nahrungsangebot, vielleicht auch mit der Deckung und dem Mikroklima zu sehen.

Über weitere Einzelheiten der Habitatwahl auf dem Zug, auch in anderen Gebie-

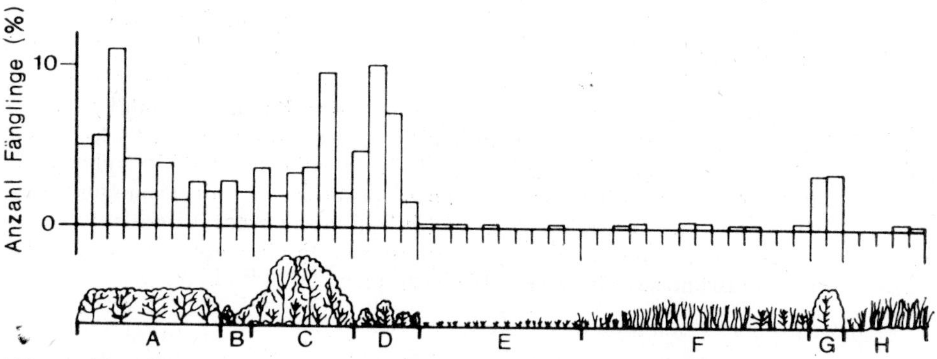

Abb. 41. Verteilung von Fänglingen des MRIP während der Wegzugperiode von Juni bis November auf der Mettnau-Halbinsel am Bodensee in acht Habitaten (1972, n = 676). A, B, D, G: Gebüsch, C: Wald, E, F, H: Feuchtwiese und Schilf. Nach Bairlein 1981

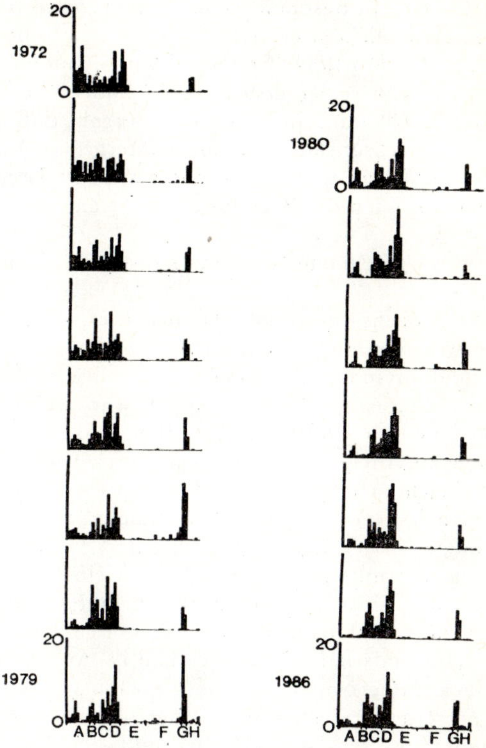

Abb. 42. Verteilung von Fänglingen aus dem MRIP in 15 aufeinanderfolgenden Jahren (1972–1986), sonst wie Abb. 41. Nach B e r t h o l d 1988a

ten, über Nischenbreite, Vergleiche mit anderen Arten usw. s. die ausführliche Studie von B a i r l e i n (1981).

Die Habitatwahl im Winterquartier ist weit weniger gut untersucht. Sie scheint ähnlich wie in der Brutzeit sehr vielgestaltig zu sein, ist aber möglicherweise mehr auf immergrüne Vegetation ausgerichtet (z. B. W i t h e r b y et al. 1938, M o r e a u 1972, M e s c h i n i u. L a m b e r t i n i 1986). Nach C u r r y - L i n d a h l (1981) kommt die überwinternde Mönchsgrasmücke in Afrika in einem weiten Habitatbereich von der trockenen Strauchsavanne bis zum tropischen Regenwald vor. In Spanien überwintert sie vor allem im südlichen Teil der Halbinsel, wo die frugivore

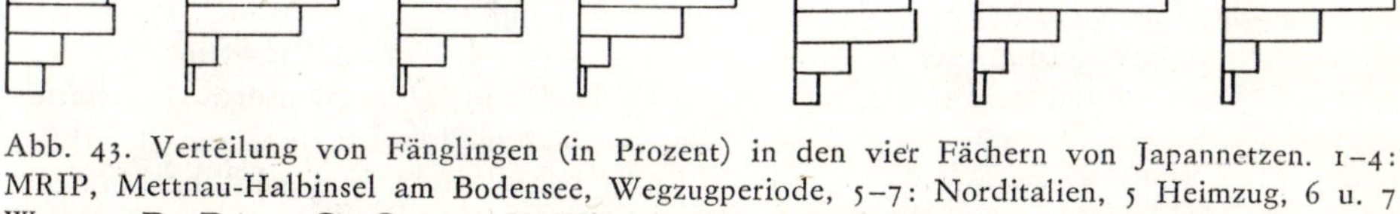

Abb. 43. Verteilung von Fänglingen (in Prozent) in den vier Fächern von Japannetzen. 1–4: MRIP, Mettnau-Halbinsel am Bodensee, Wegzugperiode, 5–7: Norditalien, 5 Heimzug, 6 u. 7 Wegzug. D: Dorn-, G: Garten-, K: Klapper-, M: Mönchsgrasmücke. Nach B a i r l e i n 1981 u. S p i n a , P i a c e n t i n i u. F r u g i s 1985

Art (14.1.) in Beständen von *Olea, Arbutus, Pistazia* sowie in Olivenpflanzungen ihre höchsten Dichten erreicht (Munoz-Cobo u. Purroy 1980, Suarez u. Munoz-Cobo 1984, Telleria u. Santoz 1986).

Eine nähere Untersuchung in Südfrankreich im Dezember und Januar (Berthold u. Mitarbeiter, in Vorb.) ergab, daß die Hauptmenge der dort überwinternden Mönchsgrasmücken auf wintergrüne Wälder mit Koniferen, immergrünen Eichen, Lorbeer u. a. sowie auf stark mit Efeu bewachsene Baumbestände fixiert ist. Dabei spielen die Beeren des Efeus eine große Rolle für die Ernährung (12.1.).

6.3. Beziehungen zu menschlichen Siedlungen

Die Mönchsgrasmücke ist ein ausgesprochener Kulturfolger, der dem Menschen in großem Umfang in seine Pflanzungen um Ortschaften, aber auch in die Parks und Friedhöfe in den Siedlungen und selbst zahlreich in die Hausgärten und z. T. bis auf die Balkone gefolgt ist, und zwar weit mehr als die Gartengrasmücke (z. B. Schierholz 1965). Vor allem in südlichen Ländern sind die oft dicht z. B. mit Bougainvillea überwachsenen Terrassen und Balkone beliebte Nistplätze (eigene Beobachtungen).

Nach Southern (1951) besteht auf den Atlantischen Inseln eine enge Beziehung zwischen der Verbreitung der Art und dem Umfang der menschlichen Besiedlung, die auf den Kanarischen Inseln besonders deutlich wird. Auf Gran Canaria und Teneriffa, den am stärksten kultivierten Inseln, erreicht die Mönchsgrasmücke die höchste Dichte in dem genannten Raum und ist gerade in der siedlungsnahen Kulturlandschaft erstaunlich häufig. Auf Palma und besonders auf Gomera mit weniger kultivierten Flächen und mehr ursprünglichem Lorbeerwald ist sie weit weniger verbreitet, und auf Hierro, der am wenigsten besiedelten Insel, fehlt sie. Auch auf anderen Inseln wie Madeira und den Kapverden erreicht sie höchste Dichten im Bereich menschlicher Siedlungen (Southern 1951, eigene Beobachtungen). Es ist deshalb anzunehmen, daß die Mönchsgrasmücke auf einer ganzen Reihe von Inseln im Zug der zunehmenden menschlichen Landnahme vor allem in den letzten 200 Jahren ihren Bestand stark erhöht hat.

Entsprechendes könnte für relativ trockene Gebiete auf dem Festland gelten. So fehlt die Mönchsgrasmücke weitgehend in den trockenen Garriguen des Mittelmeerraumes (z.B. Blondel 1970), in den in sie vordringenden bewässerten Pflanzungen ist sie wesentlich häufiger (eigene Beobachtungen). In Mitteleuropa mag sie durch das Zurückdrängen der ehemals weit verbreiteten Auwälder, in denen sie heute ihre höchste Dichte überhaupt (11.6.) und zudem den besten Bruterfolg (11.2.) erreicht, im Bestand eher negativ beeinflußt worden sein.

Ihre derzeitige Bestandszunahme in weiten Teilen Mittel- und Nordeuropas kann verschiedene Ursachen haben (11.7.). Vor allem in England ist die Mönchsgrasmücke inzwischen auch regelmäßiger Besucher der vom Menschen im Winter für Vögel angelegten Futterplätze geworden, wodurch ihr Zug- und Überwinterungsverhalten stark beeinflußt wird (5.2., 7.3., 13.3., 13.4.). Nach der Übersicht in Leach (1981) wurden von den Überwinterern in England und Irland 76 % in städtischen Gärten, 19 % in ländlichen Gärten und nur 5 % in Obstplantagen und Waldgebieten beobachtet.

6.4. Beziehungen zu anderen Arten

6.4.1. *Konkurrierende Arten*

Die starke Überschneidung der Bruthabitate von Mönchsgrasmücke und Gartengrasmücke (7.1.) läßt Konkurrenz zwischen beiden Arten vermuten. Garcia (1983) konnte sie durch Freilandexperimente nachweisen. Erstaunlicherweise fand er, daß nicht etwa die Mönchsgrasmücke unter dem Druck der etwas schwereren Gartengrasmücke zu leiden hat, sondern daß umgekehrt die Gartengrasmücke sich in der Einrichtung ihrer Reviere an die Mönchsgrasmücke anpassen muß. In einem Untersuchungsgebiet bei Oxford, das von beiden Arten besiedelt wird, verfolgte Garcia (1983) zunächst die Reviergründung der Mönchsgrasmücken (Abb. 44 a). Abb. 44 b zeigt, daß sich später im Jahr nur wenige Gartengrasmücken zusätzlich in dem Gebiet zwischen den Revieren der Mönchsgrasmücken ansiedelten. Wurden jedoch letztere während der Zeit ihrer Reviergründung weggefangen, dann gründeten in demselben Gebiet fast dreimal so viele Gartengrasmückenpaare Reviere (Abb. 44 c). Wurde das Wegfangen der Mönchsgrasmücken eingestellt, so gründeten diese alsbald noch fast so viele Reviere wie zu Beginn ihrer Reviergründungszeit, und die Anzahl der Territorien der Gartengrasmücke ging zurück. Diese Untersuchung zeigt, daß zwischen Mönchs- und Gartengrasmücke erhebliche Konkurrenz um Reviere besteht und daß die Mönchs- der Gartengrasmücke darin stark überlegen ist. Diese Überlegenheit kommt zum einen durch die frühere Ankunft der Mönchsgrasmücke zustande, wie der Versuch Garcias (1983) belegt, zum anderen aber auch durch ausgesprochen aggressives Verhalten der Mönchs- gegenüber der Gartengrasmücke (und vielen anderen Vogelarten, 9.6.).

In der Studie von Garcia (l.c.) wurde jedoch auch beobachtet, daß Teile des Untersuchungsgebiets entweder nur von Mönchs- oder Gartengrasmücke besiedelt wurden. Das spricht dafür, daß trotz der großen Habitatüberschneidungen in gewissem Umfang artspezifische Habitatansprüche bestehen, wie sie in 6.1. näher definiert sind.

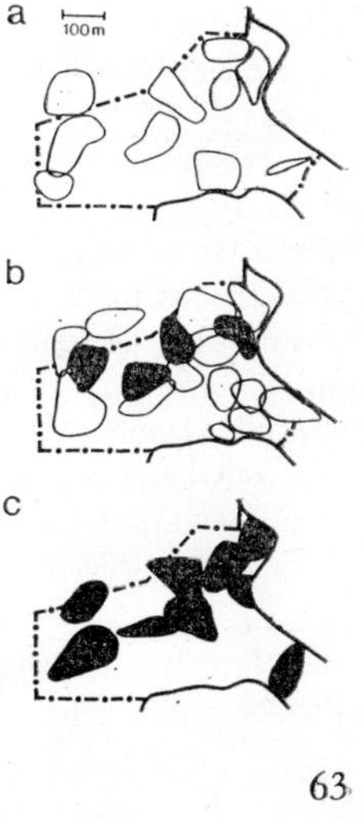

Abb. 44. Verteilung der Reviere von Mönchs- (weiße Flächen) und Gartengrasmücken (schwarze Flächen) in einem Waldgebiet bei Oxford. a: vor der Ankunft von Gartengrasmücken, b: von beiden Arten unter normalen Umständen, c: nach Wegfang der Mönchsgrasmücken. Nach Garcia 1983

Über die Konkurrenz mit anderen Vogelarten ist wenig bekannt, sie sollte näher untersucht werden. Solange wir darüber wenig wissen, muß u. a. offenbleiben, ob die Bestandszunahme der Mönchsgrasmücke, wie sie in einer Reihe von Populationen in letzter Zeit beobachtet wird (11.7.), mit dem derzeitigen Rückgang vieler anderer Vogelarten zusammenhängt oder andere Ursachen hat. Eine Vogelart, die der Mönchsgrasmücke in ähnlicher Weise Konkurrenz macht wie die Mönchsgrasmücke der Gartengrasmücke, ist nicht bekannt geworden und dürfte es wohl derzeit nirgendwo in ihrem Verbreitungsgebiet geben.

6.4.2. *Feinde, Parasiten, Kommensalen*

Feinde. Mönchsgrasmücken haben, wie Kleinvögel allgemein, viele Feinde. Es sind jedoch keine spezifischen Feinde bekannt geworden, so daß zu diesem Kapitel einige allgemeine Gesichtspunkte genügen. Wie bei anderen Freibrütern sind die Nestverluste sehr hoch. Sie betragen rund 50 % (11.2.) und stellen somit den größten „Aderlaß" für die Art dar. Bei brutbiologischen Untersuchungen zeigt sich, daß die weitaus meisten Nestverluste auf Nesträuber und nicht auf Wetterunbilden oder andere Faktoren zurückgehen. Wurden Nester mit Maschendrahtkäfigen geschützt, ging die Nestverlustrate praktisch nicht zurück (eigene Beobachtungen). Das bedeutet, daß Nestfeinde wie Mäuse, Mauswiesel usw. eine große Rolle spielen, da die entsprechend geschützten Nester nicht von Hähern, Elstern und Krähen beraubt werden konnten. Über zeitliche Aspekte der Nestverluste s. 11.2., über außergewöhnliche Faktoren 11.7. Peters (1958) berichtet von Nacktschnecken, die junge Mönchsgrasmücken im Nest angefressen haben.

Nach dem Ausfliegen fallen sie vielerlei Feinden zum Opfer. Uttendörfer (1952) listet 421 Mönchsgrasmücken als Beutetiere auf, und zwar in folgender Anzahl: bei Sperber 371, Habicht 1, Waldkauz 4, Schleiereule 1, unbekannte Beutegreifer 44. Aus der Tatsache, daß vom Sperber vergleichsweise 1249 erbeutete Gartengrasmücken festgestellt wurden, schließt Uttendörfer (1939), daß die Mönchsgrasmücke vom Sperber wohl wegen ihrer versteckten Lebensweise seltener erbeutet wird als andere Grasmückenarten. Über Verluste durch Katzen s. 11.6.

Parasiten, Kommensalen. Systematische Untersuchungen fehlen weitgehend. Niethammer (1937) z. B. führt verschiedene Gefiederfliegen, Vogelblutfliegen, Zecken, Milben, Saug-, Band-, Fadenwürmer und Kratzer auf, wie sie in dieser oder ähnlicher Form bei Kleinvögeln häufig auftreten. Heim et al. (1987), Heim (1988) haben sich eingehend mit der aeroben Darmflora freilebender und gekäfigter Mönchsgrasmücken beschäftigt. Dabei zeigte sich, daß regelmäßig Streptokokken, Staphylokokken, Mikrokokken, Bazillen, Lactobazillen, *Escherichia coli, Klebsiella* und *Enterobacter* vorkommen, bei Nestlingen Streptokokken, Staphylokokken, *Enterobacter* und *Escherichia* bereits ab dem 2.–7. Lebenstag. Die Gefangenschaftshaltung führt bei demselben Bakterienspektrum zu einem „negativen Hospitalismus" und verlangt daher besondere Hygienemaßnahmen (z. B. täglichen Wechsel der Käfig-

---

Tafel I
Abb. I. Erste farbige Darstellung der Mönchsgrasmücke im deutschsprachigen Raum um 1750 aus dem „Kärntner Vogelbuch". Herausgabe: Schlenker in Vorbereitung

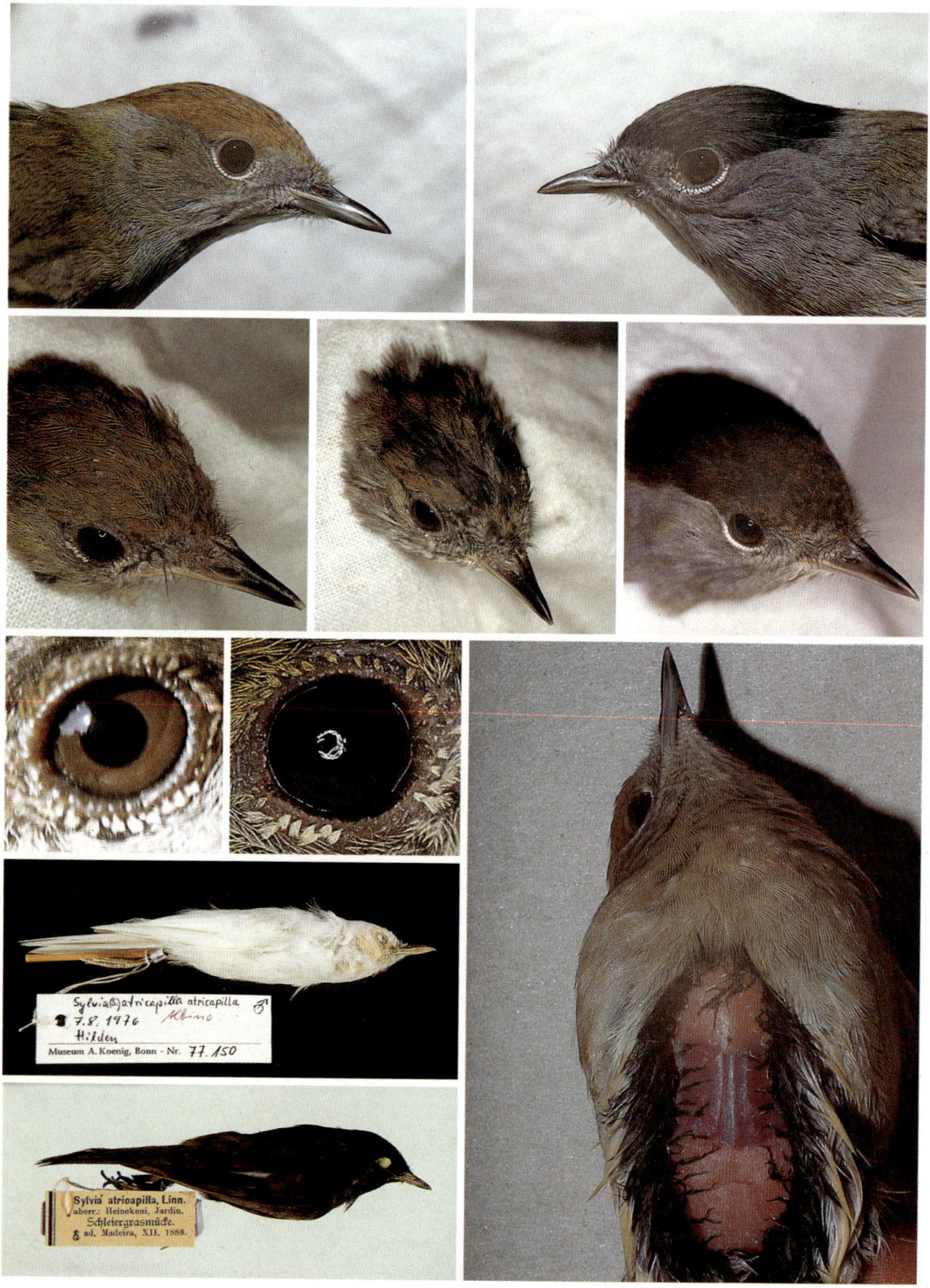
Sylvia(S.)atricapilla atricapilla ♂
7.8.1976 Albino
Hilden
Museum A. Koenig, Bonn - Nr. 77.150
Sylvia atricapilla, Linn.
aberr.: Heinekeni, Jardin.
Schleiergrasmücke.
♂ ad. Madeira, XII. 1888.

boden-Einlegepapiere, regelmäßige Säuberung der Käfige und Futter- und Wasserbehälter, Befestigung der Behälter an den Käfigseiten, so daß Verkoten von Futter und Wasser verhindert werden, regelmäßige Bademöglichkeiten u. a. m.).

Mönchsgrasmücken sind nach unseren Erfahrungen weit mehr als andere Grasmückenarten und viele andere Kleinvogelarten gegen Kokzidiose anfällig. Bei der Haltung empfiehlt es sich, regelmäßig Kotproben auf Kokzidienbefall zu untersuchen und bei Verdacht prophylaktische Mittel zu verabreichen, da erkrankte Tiere kaum gesund zu bekommen sind.

7. Physiologische und genetische Steuerungsgrundlagen

7.1. Innere Jahreskalender

Bei der Mönchsgrasmücke gelangen mit die ersten sicheren Nachweise sogenannter „innerer Jahreskalender“ oder „circannualer Rhythmen“ bei Vögeln überhaupt (Berthold, Gwinner u. Klein 1971). Dabei handelt es sich um endogene biologische Rhythmen, die der Vogel selbst produziert und die grundlegende jahresperiodische Vorgänge steuern. Ihr Nachweis erfolgt in konstant gehaltenen Versuchsbedingungen, die periodisch auftretende Umweltfaktoren als mögliche Verursacher dieser Rhythmen ausschließen lassen. Die physiologischen Grundlagen dieser endogenen Rhythmen sind allgemein, nicht nur bei der Mönchsgrasmücke, noch weitgehend unbekannt (z. B. Gwinner 1986 a). Bei der Mönchsgrasmücke sind solche endogenen Jahresrhythmen für die Mauser und die Zugaktivität sowie für den Gonadenzyklus nachgewiesen (Abb. 45, 46 u. 71). Wahrscheinlich spielen sie auch bei der jahresperiodischen Kontrolle des Körpergewichts eine Rolle; der Jahresgang des Körpergewichts ist bei in konstanten Bedingungen gehaltenen Vögeln jedoch wenig ausgeprägt (z. B. Berthold, Gwinner u. Klein 1972 a).

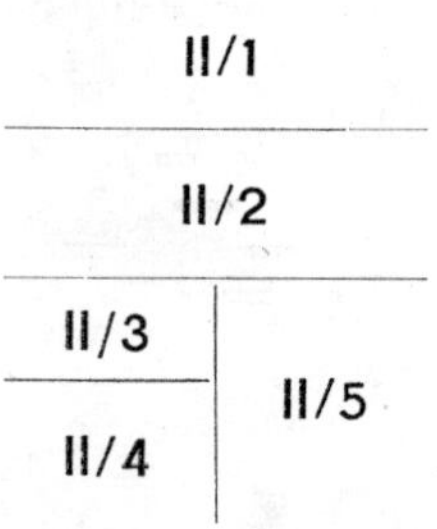

Tafel II

Abb. II/1. Links altes Weibchen, rechts altes Männchen

Abb. II/2. Von links nach rechts unterschiedliche Färbung des Kopfgefieders: Jungvogel vor der Jugendmauser, diesjähriges Männchen in der Jugendmauser, junges Männchen im ersten Winter

Abb. II/3. Links Iris eines Altvogels, rechts Iris eines Jungvogels

Abb. II/4. Oberer Teil: Albino (Hilden, Rheinland), unterer Teil: melanistischer Vogel „Schleiergrasmücke“ (von Madeira). Nach Bälgen des Museums Alexander Koenig

Abb. II/5. Fettdepots zur Zugzeit, und zwar hier im vorderen Teil der großen Brustmuskeln und im Bereich der Leibeshöhle hell hervortretend

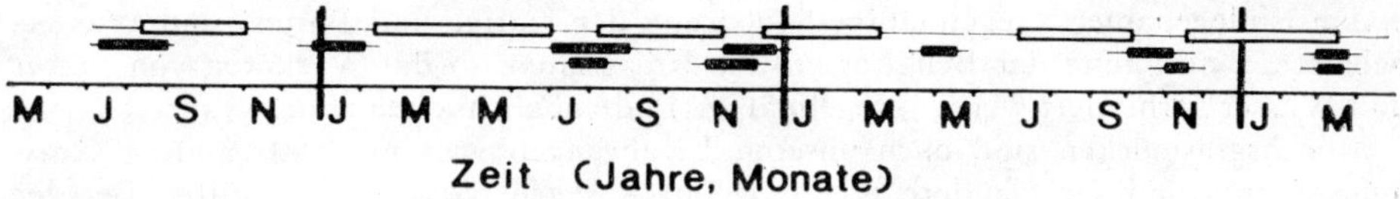

Abb. 45. Circannuale Rhythmik der Mauser (schwarze Balken, obere Klein-, untere Großgefieder) und der Zugunruhe (weiße Balken). Mittelwerte (u. mF) von sieben Vögeln, die etwa drei Jahre lang im konstanten 12-Stunden-Tag gehalten wurden. Nach Berthold, Gwinner u. Klein 1972a

Abb. 46 zeigt das typische sogenannte „Freilaufen" der circannualen Periodik am Beispiel der Mauser. Trägt man die aufeinanderfolgenden Abläufe der „Sommer"- und „Winter"-Mauser einer fast 10 Jahre lang in konstanten Versuchsbedingungen gehaltenen Mönchsgrasmücke untereinander auf, so zeigt sich, daß die Beginne und Zeitabschnitte der Mauservorgänge nacheinander durch das ganze Kalenderjahr hindurch laufen – „freilaufen", wie der Biorhythmiker sagt. Das Freilaufen kommt daher, daß die Abstände zwischen sich entsprechenden Mauservorgängen nicht 12, sondern nur etwa 9,5 Monate betragen. Die zugrundeliegende Periodik ist also nur ungefähr jährlich – in der Fachsprache „circannual".

Der Vorteil derartiger endogener Rhythmen liegt auf der Hand: selbst bei stark wechselnden Umweltbedingungen, wie sie z. B. von Eurasien nach Afrika und wieder zurück wandernde Möchsgrasmücken erleben, helfen diese inneren Rhythmen dem Vogel, jahreszeitliche Ordnung zu behalten, ohne daß er „Spielball" der verschiedenen Umweltbedingungen werden könnte, und sie ermöglichen ihm, sich auf den jeweils nächstfolgenden jahresperiodischen Vorgang rechtzeitig physiologisch einzustellen, auch wenn er sich zu dieser Zeit noch unter wenig günstigen Bedingungen für den Ablauf des Vorgangs selbst befindet. Die ganz genaue Übereinstimmung dieser endogenen circa-Periodik mit den Umweltrhythmen, wie sie z. B. bei Wanderungen (13.3.2.), bei der Eiablage (10.8.) u. a. unbedingt notwendig ist, erfolgt durch sogenannte Zeitgeber (7.3.).

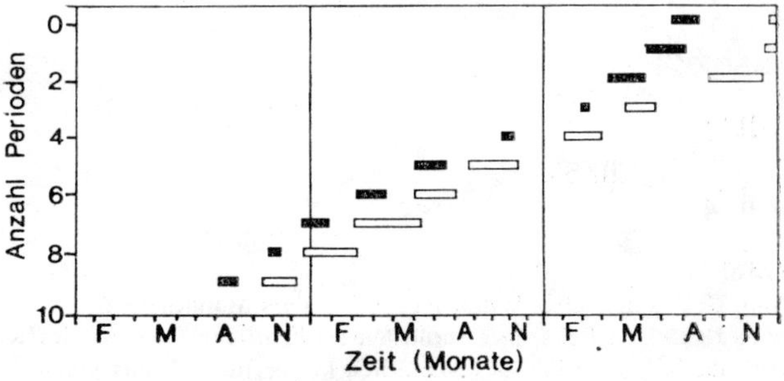

Abb. 46. Freilaufende circannuale Mauser, schwarze Balken, Klein-, weiße Großgefieder. Aufeinanderfolgende Mauserperioden sind untereinander aufgetragen. Um das „Freilaufen" der Periodik durch das Kalenderjahr zu demonstrieren, ist das Jahr dreimal nebeneinander aufgetragen; Näheres s. Text F: Februar usw. Nach Berthold 1987c

7.2. Genetische Programme

Die Mönchsgrasmücke ist die erste wildlebende Vogelart, bei der es gelungen ist, in großem Umfang Versuche zur genetischen Steuerung von morphologischen Merkmalen, physiologischen Vorgängen und von Verhaltensweisen durch planmäßige Zucht durchzuführen. Wir konnten in der Vogelwarte in Radolfzell nach jahrelangen Vorversuchen von 1977 an in einer großen Volierenanlage mit Hunderten von Brutpaaren bis jetzt über 500 Individuen züchten (14.1.) und an ihnen insbesondere genetische Grundlagen studieren (Übersichten s. z. B. Berthold 1983 b, 1988 a, 1988 b).

Wie in 3.5. und 3.6. bereits dargestellt, unterliegen Körpergewicht und Flügellänge als morphologische Merkmale sowie der Mauserablauf als physiologischer Vorgang zumindest bei einer Reihe von Populationen unmittelbarer und strenger genetischer Kontrolle. Eine direkte und starke genetische Steuerungsgrundlage ließ sich ferner nachweisen für den Aufbruch zum Wegzug, für den Ablauf des Wegzugs und damit für die Kontrolle der Zugstrecke, für das Verhalten während des Zuges, für das Zug- und Standvogelverhalten in einer teilziehenden Population (13.7.) sowie für den Gonadenzyklus und damit für wesentliche Grundlagen der Fortpflanzung (10. 13.).

Genetische Steuerung ist außerdem höchstwahrscheinlich die Grundlage für die Richtungs- und Zielorientierung zumindest beim ersten Wegzug. Gute Hinweise darauf, daß die Sollrichtungen für den Wegzug erblich vorgegeben sind, fanden Kramer (1949), Sauer (1957) und Neusser (1987). Berthold et al. (1988) konnten zeigen, daß an Hybriden aus einer ziehenden (der südwestdeutschen) Population und einer nichtziehenden (der kapverdischen) Population wichtige Informationen über die Sollrichtung ihrer ziehenden Eltern schon in die erste Nachkommengeneration vererbt werden (Näheres s. 13.7.).

Demnach werden bei der Mönchsgrasmücke nicht nur Körpermerkmale und physiologische Vorgänge, sondern auch jahresperiodische Verhaltenskomplexe in beträchtlichem Umfang unmittelbar durch genetische Programme bestimmt. Eine derartige umfassende Programmierung ist auch für viele andere Vogelarten wahrscheinlich.

7.3. Photoperiodische Einflüsse, Kalendereffekte

Wie in 7.1. dargestellt, wird die Jahresperiodik mit ihren komplexen, das ganze Leben der Mönchsgrasmücke gestaltenden Vorgängen von einer endogenen circannualen Periodik gesteuert. Für die Synchronisation dieser ungefähr jährlichen Periodik sind Umweltfaktoren, sogenannte Zeitgeber, erforderlich. Wichtigster Zeitgeber ist, wie bei einer Reihe von Vogelarten, u. a. auch bei der Gartengrasmücke sicher nachgewiesen werden konnte (Berthold 1979), die Photoperiodizität. Aufgrund der starken Wirkung, die die Photoperiodizität auf jahresperiodische Vorgänge bei der Mönchsgrasmücke hat (s. u.), ist sie auch bei dieser Art als wichtigster Zeitgeber anzusehen. Bei der Zeitgeberwirkung der Photoperiodizität kommt insbesondere den jahreszeitlichen Änderungen der Tageslichtdauer große Bedeutung zu (z. B. Gwinner 1986 a).

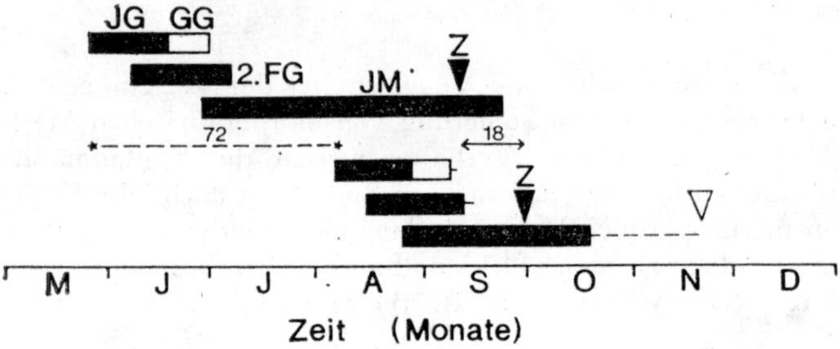

Abb. 47. Jugendentwicklung früh (oben) und spät geschlüpfter Individuen (unten). JG: Jugend-, GG: Großgefieder, 2. FG: zweite Federgarnitur, JM: Jugendmauser, Z: Zugunruhebeginn, Sternchen: mittlere Schlüpfdaten der beiden Gruppen, Näheres s. Text. Nach Berthold, Gwinner u. Klein 1970 u. Berthold 1988a

Welche starke Wirkung Änderungen der Tageslichtdauer auf den Ablauf jahresperiodischer Vorgänge haben können, sei an zwei Beispielen gezeigt. Zieht man süddeutsche Mönchsgrasmücken auf, die zum einen zu Beginn der Brutperiode im Mai, zum anderen gegen deren Ende im August geschlüpft sind und verfolgt ihre Jugendentwicklung, so stellt man folgendes fest (Abb. 47). Bei den spät geschlüpften Vögeln laufen alle Vorgänge wie Wachstum von Nestlings- und Großgefieder, Entwicklung der zweiten Federgarnitur (3.6.) und Jugendmauser in früherem Alter und schneller ab, die einzelnen Entwicklungsvorgänge sind stärker ineinander verschachtelt, und die Zugaktivität setzt relativ früher ein. In unserem Fall (Abb. 47) verkürzte sich der ursprüngliche Zeitabstand zwischen beiden Gruppen von 72 Tagen im mittleren Schlüpftermin auf nur noch 18 Tage im Beginn der Zugaktivität. Bei den spät geschlüpften Vögeln war insbesondere die Jugendmauser stark beschleunigt – sie war um reichlich ein Drittel kürzer als bei den früh geschlüpften. Hätten die spät geschlüpften Vögel für ihre Jugendentwicklung dieselbe Zeit benötigt wie die früh geschlüpften, so wären sie erst gegen Ende November zugaktiv geworden. Ein so später Aufbruch zum Wegzug wäre für Mönchsgrasmücken in vielen Jahren lebensgefährlich oder würde den sicheren Tod bedeuten. So hilft ein „Kalendereffekt" – in diesem Fall schnellere Jugendentwicklung bei späterem Schlüpftermin – den Jungvögeln später Bruten, rechtzeitig für den Aufbruch ins Winterquartier fertig zu werden. Sie entwickeln aber unter kürzerer Tageslichtdauer relativ weniger Zugaktivität (13.7.). Es ist nicht ausgeschlossen, daß sie folglich auch weniger weit wegziehen und später durch kürzeren Heimzug weitere jahreszeitliche Verspätungen aufholen.

Ein derartiger Kalendereffekt ist bei einer Reihe von Vogelarten nachgewiesen (Übersicht Berthold 1971 a). Seine Steuerungsgrundlage ist, wie wir nachweisen konnten, die Photoperiodizität (Berthold, Gwinner u. Klein 1970). Die Beschleunigung der Jugendentwicklung spät geschlüpfter Vögel wird durch kurze Tageslichtdauer, wie sie im Spätsommer und Herbst auftritt, verursacht. Zieht man Mönchsgrasmücken (oder Jungvögel anderer Arten) früher Bruten unter simulierten kurzen Tageslängen auf, wie sie normalerweise erst gegen Ende der Brutzeit auftreten, dann beschleunigen auch diese früh geschlüpften Vögel ihre gesamte Jugendentwicklung entsprechend wie spät geschlüpfte. Derartig aufgezogene Mönchsgrasmücken können Gartengrasmücken in ihrem Mauserablauf (wie auch in anderen Teilen ihrer Jugendentwicklung) ähnlicher sein als früh geschlüpften Artgenossen, die unter natürlicher Tageslänge aufgewachsen sind.

Ob bei der Steuerung des beschriebenen Kalendereffekts der Jugendentwicklung neben der Photoperiodizität auch endogene Faktoren beteiligt sind, ist offen. Auf alle Fälle kommt der Photoperiodizität die Hauptbedeutung zu. Sie vor allem bewirkt, daß spät geschlüpfte Mönchsgrasmücken bis zum Beginn ihrer Zugaktivität nahezu die Hälfte der für ihre Jugendentwicklung erforderlichen Zeit durch beschleunigten Ablauf dieser Entwicklung einsparen. Weitere bekannte Kalendereffekte betreffen vor allem die Gelegegröße (s. 10.13.).

8. Jahres- und Tagesrhythmus

8.1. Jahresperiodik

Das Leben aller Populationen der Mönchsgrasmücke von den hochnordischen Bereichen der Verbreitung bis in die Tropen auf den Kapverdischen Inseln unterliegt einer strengen jahresperiodischen Organisation. Sie ist gekennzeichnet durch die Aufeinanderfolge von Jugendentwicklung mit Jugendmauser, bei den ziehenden Populationen gefolgt von Wegzug, Überwinterung, Heimzug, bei allen Populationen von der nachfolgenden ersten Brutperiode, der postnuptialen Mauser mit der ersten Vollmauser usw. Wesentliche Unterschiede zwischen den verschiedenen Populationen bestehen in der Anzahl jahresperiodischer Vorgänge und in deren Dauer. So haben die Mönchsgrasmücken der Kapverden zwei Brutzeiten und auch zwei Gonadenzyklen im Jahr (10.8., 10.13.) und Mönchsgrasmücken südlicher Populationen entwickeln

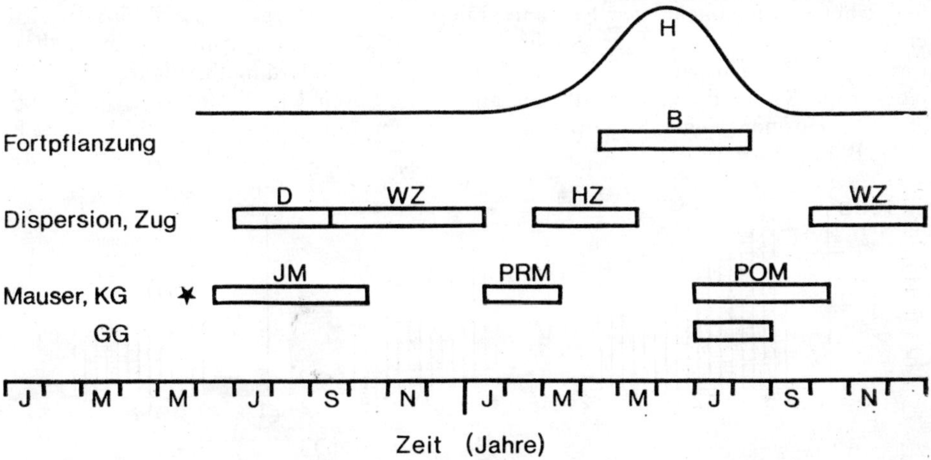

Abb. 48. Schematische Darstellung der jahreszeitlichen Organisation der südwestdeutschen Population. Sternchen: früher Schlüpftermin, JM: Jugendmauser, PRM: pränuptiale, POM: postnuptiale Mauser, D: Zeit der Dispersion, WZ: Wegzug, HZ: Heimzug, B: Brutperiode, H: Hodenzyklus. Näheres s. Text

nur teilweise Zugverhalten (13.1.). Nordische Populationen benötigen z. B. für ihre Jugendentwicklung nur relativ wenig Zeit, befinden sich aber anschließend daran lange auf dem Wegzug in weit entfernte Winterquartiere, bei südlichen Populationen ist es umgekehrt (3.6., 13.3.2.).

In Abb. 48 ist als Beispiel schematisch die jahresperiodische Organisation der süddeutschen Population dargestellt. Die Jungvögel schlüpfen ab Mai (10.8.), ihre Jugendmauser liegt in der Zeit von Mitte Juni bis Mitte Oktober (3.6.), in die Zeit von Anfang Juli bis September fällt ihre Dispersion (13.2.), ihr Wegzug dauert von September bis Januar (13.3.2.), im Winter kann eine partielle Kleingefiedermauser folgen (3.6.), in die Zeit von Februar bis Mitte Mai fällt der Heimzug (13.5.2.), spätestens im Februar setzt Gonadenentwicklung ein, die im Mai und Juni ihren Höhepunkt erreicht, und bis Ende August ist die Gonadenrückbildung im wesentlichen abgeschlossen (10.13.). Von Juli bis Mitte Oktober folgt die postnuptiale Mauser (3.6.), von September bis Januar der zweite Wegzug (13.3.2.), und in der Regel schließen sich bei der geringen mittleren Lebenserwartung (11.3., 11.4.) nur wenige weitere Vorgänge an.

8.2. Tagesperiodik

Wie bei den meisten Lebewesen sind auch bei der Mönchsgrasmücke sowohl die physiologischen Vorgänge als auch das Verhalten von einem ausgeprägten Tagesgang gekennzeichnet. Es ist außer Zweifel, daß diese Tagesrhythmik ihre wesentliche Ursache in einer endogenen Tagesperiodik, einer sogenannten circadianen Periodik hat. Sie ist zwar nicht speziell bei der Mönchsgrasmücke nachgewiesen, ist aber so allgemeine Steuerungsgrundlage von Lebewesen aller Art aus dem Tier- und Pflanzenreich einschließlich vieler Kleinvogelarten, daß sie auch für die Mönchsgrasmücke als sicher angenommen werden kann. Diese endogen vorgegebene Periodik wird, entsprechend wie die endogene Jahresperiodik (7.1.), von synchronisierenden Faktoren, den Zeitgebern, modifiziert. Hierbei spielt wiederum die Photoperiodizität eine große Rolle; daneben sind viele andere Faktoren wie Temperatur, Nahrungsangebot, Hormonspiegel, Sozialfaktoren u. a. bedeutsam (Übersicht: z. B. Aschoff 1981, Bünning 1973).

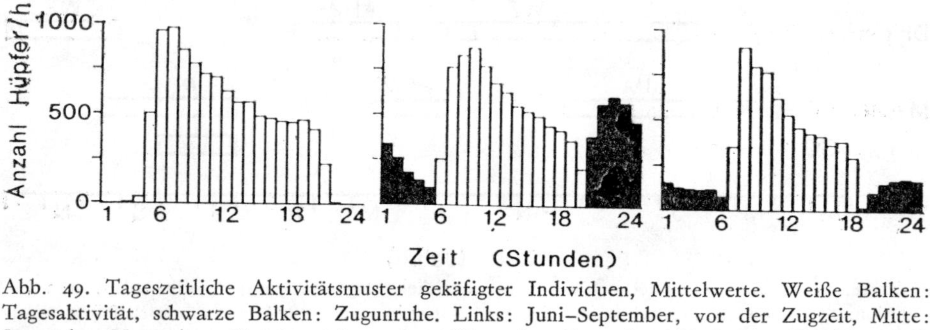

Abb. 49. Tageszeitliche Aktivitätsmuster gekäfigter Individuen, Mittelwerte. Weiße Balken: Tagesaktivität, schwarze Balken: Zugunruhe. Links: Juni–September, vor der Zugzeit, Mitte: September–November, Hauptzugzeit, rechts: November–Dezember, Ende der Zugzeit. Nach Brensing 1988

Abb. 50. Oben: Tageszeitliche Verteilung der Hüpfaktivität (schraffiert) und des Körpergewichts (Mittelwerte mit mF) von gekäfigten Individuen, unten: tageszeitliche Verteilung von Fänglingen in Süddeutschland und deren Körpergewichte. Nach Klein, Berthold u. Gwinner 1971

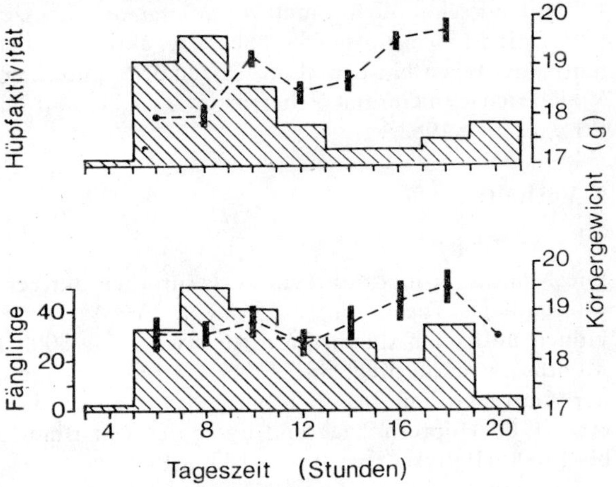

Die Tagesperiodik läßt sich sehr leicht z. B. beim Körpergewicht und bei der lokomotorischen Aktivität gekäfigter Individuen nachweisen, und zwar durch mehrmaliges Wiegen am Tag sowie durch automatische Registrierung der Hüpfaktivität in sogenannten Registrierkäfigen (Abb. 50 oben). Das Körpergewicht steigt von niedrigen morgendlichen Werten an, erreicht einen ersten Gipfel am späten Vormittag und nimmt dann zum Abend weiter zu. Seine Kenngrößen sind in 3.5. angegeben. Die lokomotorische Aktivität ist vormittags am größten, mittags niedriger, und steigt gegen Abend nochmals etwas an.

Eine vergleichende Untersuchung hat gezeigt, daß man diese Gewichts- und Aktivitätsmuster bei der Mönchsgrasmücke auch dann erhält, wenn man die erzielten Fänge und deren Gewichte aus einer Vogelfanganlage mit standardisierten Fangverfahren über die Tageszeit aufträgt (Klein, Berthold u. Gwinner 1971, Abb. 50 unten). Die dabei erhaltenen zweigipfeligen tagesperiodischen Muster (Bigeminus) von Aktivität (mit dem Hauptgipfel in der ersten Tageshälfte) und Körpergewicht (mit dem Hauptgipfel in der zweiten Tageshälfte) sind für viele Vogelarten typisch (z. B. Aschoff 1981, Brensing 1988).

Beginn und Ende der tageszeitlichen Aktivität fallen bei der Mönchsgrasmücke normalerweise in den Bereich der bürgerlichen Dämmerung. Dabei ist sie im Vergleich zu anderen Vogelarten weder besonders früh oder spät aktiv, sondern sie liegt etwa bei der Aufstellung sogenannter Vogeluhren (z. B. Altum 1868, Schmidt-Bey 1929, Stadler 1934) morgens wie abends in einem mittleren Bereich.

Bei der Mönchsgrasmücke ändert sich das tageszeitliche Aktivitätsmuster wie bei vielen anderen daraufhin untersuchten Vogelarten jahreszeitlich ganz erheblich. Zum einen tritt zu den Zugzeiten spontan nächtliche Aktivität auf – bei freilebenden Individuen die Zugaktivität, bei gekäfigten Vögeln Zugunruhe genannt (13.7., Abb. 49). Zum andern verschwindet zu der Zeit, zu der die Hauptzugaktivität entwickelt wird, der Aktivitätsgipfel in der zweiten Tageshälfte, und das tageszeitliche Aktivitätsmuster wird eingipfelig (Abb. 49 u. 50 u. Klein, Berthold u. Gwinner

1971). Und schließlich nimmt die Menge der tageszeitlichen Aktivität in der Zeit ab, in der die Mönchsgrasmücke nachts zugaktiv ist, ebenso im Winter. Alle drei genannten Änderungen hat die Mönchsgrasmücke mit einer Reihe anderer nachts ziehender Vogelarten gemeinsam (Übersicht: Berthold, Brensing u. Heine 1986, Brensing 1988).

9. Verhalten

9.1. Bewegungsaktivität

Die Mönchsgrasmücke ist ein ausgesprochen aktiver Vogel, der sich die meiste Zeit während des Tages hüpfend bewegt. Bei Aktivitätsregistrierungen gekäfigter Individuen mißt man durchschnittlich etwa 7000–8000 Hüpfer am Tag (Abb. 49). Die Mönchsgrasmücke liegt mit dieser Aktivitätsmenge etwa in der Größenordnung der der Gartengrasmücke, aber beispielsweise deutlich über der der Singdrossel (mit etwa 1700 Hüpfern/Tag) und unter der von Blau- und Kohlmeise (mit etwa 13000 bis 18000 Hüpfern/Tag, Brensing 1988).

Die hauptsächliche Bewegungsweise der Mönchsgrasmücke ist Hüpfen in mittleren Vegetationshöhen, vornehmlich in der Busch- und Krautschicht. Beim Hüpfen in der Vegetation wird der Körper weitgehend waagrecht gehalten, und der Kopf liegt bisweilen tiefer als das Schwanzende. Sie bewegt sich sehr behende selbst in dichtester Vegetation – sie „schlüpft" förmlich hindurch – und bleibt so dem Beobachter oft verborgen. Die Mönchsgrasmücke kann auch auf dem Erdboden hüpfen, allerdings sucht sie den Boden im Gegensatz zu anderen Grasmückenarten wie z. B. der Sardengrasmücke (Berthold u. Berthold 1973) nur sehr wenig auf. Man trifft sie dort gelegentlich beim Sammeln von Nistmaterial, beim Baden (Abb. 12) und vor allem zur Nahrungssuche in Notzeiten, vor allem im Winter (Rice 1970, Abb. 13).

Der Flug der Mönchsgrasmücke ist vielgestaltig. Sie fliegt häufig zwischen dem Hüpfen kleinere und größere Strecken in der Vegetation, z. B., wenn sie regelmäßig in höhere Vegetationsschichten aufsteigt (6.1.). Da sie von den mitteleuropäischen Grasmückenarten den am stärksten gerundeten Flügel hat, verfügt sie im Flug über die größte Manövrierfähigkeit (Leisler u. Winkler 1985). Somit kann sie auch fliegend sehr dichte Vegetation aufsuchen und beispielsweise selbst im Innern von für Menschen nahezu undurchdringlichen Fichtenschonungen nisten und erfolgreich Junge aufziehen (10.4.). Neben dem geschickt manövrierenden, aber verhalten wirkenden Flug in der Vegetation kann die Mönchsgrasmücke aber auch sehr rasch größere Strecken fliegen, z. B., wenn sie offenes Gelände überquert. Dabei fliegt sie in Bögen, die durch Flügelschlagschübe und Flügelschlagpausen bewirkt werden.

Ihre Flügel wirken im Streckenflug trotz der relativ starken Rundung (s. o.) durchaus schnittig (Abb. 14), ihr Flug erscheint elegant. Die Fluggeschwindigkeit beim Streckenflug liegt nach Pennycuick (1969) in der Größenordnung von 25 km/h. Über Wander- und Vorrückgeschwindigkeiten s. 13. Die Mönchsgrasmücke ist auch in der Lage, kurze Zeit zu rütteln, z. B. um fliegende Insekten zu erhaschen, einen günstigen Sitzplatz im Efeugerank zu suchen, aber man beobachtet sie weit seltener rüttelnd als etwa Klappergrasmücken (eigene Beobachtungen).

Mönchsgrasmücken können sich auch nach Meisenart an Gegenstände anhängen, z. B. bei der Nahrungssuche an Baumstämme (Bannerman u. Bannerman 1965) oder an Futterampeln zusammen mit Meisen (9.3.). Bei unseren in Volieren gehaltenen Mönchsgrasmücken beobachten wir regelmäßig, daß sich Vögel kurzfristig mit den Füßen am Volierendach anhängen, um kopfunter vor allem ungewohnte Situationen zu überschauen. Die Mönchsgrasmücke zeigt auch sogenanntes proteanisches Verhalten (z. B. Eibl-Eibesfeldt 1969) – also Täuschungsmanöver. Versucht man sie z. B. im Käfig mit der Hand zu fangen, so lassen sie sich häufig plötzlich von der Sitzstange, der Käfigwand usw. fallen, fangen sich dann aber schnell wieder mit geöffneten Flügeln ab, wenn man sie weiter verfolgt, und fliegen seitlich weg. Dieses bei Insekten weitverbreitete Verhalten kann man gelegentlich auch bei freilebenden Individuen, z. B. bei heftigen intraspezifischen Auseinandersetzungen (9.6.), beobachten. Bei solchen Gelegenheiten zeigt sich, daß die Mönchsgrasmücke erheblich beweglicher ist als die vergleichsweise eher plump wirkende Gartengrasmücke. Weitere enger motivierte Bewegungsweisen und Ausdrucksformen s. die folgenden Abschnitte.

9.2. Ruhestellungen, Mimik und Gestik

Ruhestellungen. Obwohl Mönchsgrasmücken sehr aktiv sind, legen sie auch tagsüber wiederholt Ruhepausen ein. Bei gekäfigten Vögeln sind es in der Regel zehn oder mehr, die meisten von unter fünf Minuten Dauer (eigene Beobachtungen). Beim Ruhen wird meist der Hals eingezogen, so daß der Kopf nahe an den Rumpf heranrückt. Der Schwanz zeigt dabei mehr oder weniger senkrecht nach unten, der Rücken macht einen charakteristischen Buckel, wobei der Vorderrücken bisweilen waagrecht liegt. In dieser Ruhestellung werden vielfach die Augen teilweise oder ganz geschlossen, bald einseitig, bald beidseitig. Häufig, vor allem bei niedrigen Temperaturen, werden beim Ruhen Federpartien gesträubt und die Flügel mehr oder weniger stark seitlich und nach vorn abgestellt (Abb. 8). Solchermaßen ruhig sitzende Vögel erwecken häufig, etwa wie im Winter aufgeplusterte Amseln, den irreführenden Eindruck, als seien sie kränklich. Das rührt daher, daß kranke Mönchsgrasmücken, z. B. stark mit Kokzidien befallene Tiere (6.4.2.), ähnlich aufgeplustert sind, dann allerdings auch in ihren aktiven Phasen.

Zum Schlafen wird in der für viele Vogelarten typischen Weise der Kopf unter einen Flügel gesteckt, der Körper wird abgesenkt, so daß die Läufe ganz im Bauchgefieder verschwinden, und besonders die Federn der Bauchseiten werden gesträubt, so daß sie die Flügelbuge überdecken.

Beim Sonnenbaden spreizt die Mönchsgrasmücke wie viele andere Vogelarten Flügel und Schwanz, streckt den Hals in voller Länge aus, stellt die Kleingefiederfedern vor allem im Kopf- und Halsbereich auf und wendet möglichst viele Körperteile und Gefiederpartien der Sonne zu (eine sehr detaillierte Beschreibung gibt Howard 1909).

Mimik und Gestik. In der modernen Verhaltensforschung werden die verschiedenartigen Ausdrucksgebärden, die der Kommunikation bei Erregung, bei der Balz, beim Drohen, Beschwichtigen usw. dienen, im Bereich des Gesichts als Mimik, im Bereich des übrigen Körpers (Rumpf, Extremitäten, Körperanhänge) als Gestik bezeichnet (Übersicht I m m e l m a n n 1982). Einige bei verschiedenen Verhaltensweisen immer wiederkehrende Ausdrucksformen werden hier besprochen, spezifische Gebärden in den folgenden Abschnitten kurz angesprochen.

Bei leichter Erregung geht die Mönchsgrasmücke aus ihrer typischen Ruhestellung oder neutralen Haltung (Abb. III/2: Kopf relativ dicht am Rumpf, Vorderkörper rundlich, Hinterleib schlank) rasch in vollkommen schlanke Gestalt über (Abb. 11). Hält die Erregung an, kommt es meist zu mehr oder weniger aufgerichtetem Oberkörper, gestrecktem Hals, erhobenem Kopf und gestreckten Läufen mit eng anliegendem Kleingefieder (Abb. 11: „Habachtstellung“). Bei starker Erregung kann die Streckung des Körpers ganz extrem werden, und die Federn der Kopfkappe werden stark hoch oder sogar nach vorn gestellt (Abb. IV/4). Sie können auch in raschem Wechsel gestellt und angelegt werden. Ebenso kann das Hals- und Körpergefieder stark (wie „aufgeblasen“) aufgestellt und wieder angelegt werden.

Bei hochgradiger Erregung kommen Ausdrucksbewegungen von Flügeln, Schwanz und Körper hinzu. Typisch sind das körperseitige Absenken sowie das Ausbreiten der Flügel (Abb. 15), die zudem ruckartig nach oben und unten geschlagen werden können. Der Schwanz kann schnell geöffnet und geschlossen und in verschiedenen Winkeln zum Körper gestellt werden. Im Extrem wird der Schwanz senkrecht gestellt (Abb. 15) oder so stark gespreizt, daß zwischen den einzelnen Steuerfedern beträchtliche Zwischenräume entstehen (Abb. 15). Diese Stellung nehmen Mönchsgrasmücken z. B. ein, bevor sie sich fallen lassen (9. 1.). Der Körper wird im Sitzen ruckweise nach rechts und links gedreht.

Eine detaillierte Übersicht über alle wichtigen Ausdrucksgebärden, vor allem mit photographischen Belegen, fehlt bisher. Eine sehr gute Beschreibung mit Zeichnungen gibt H o w a r d (1909), die aber eine moderne Bearbeitung nicht entbehrlich macht.

9.3. Nahrungssuche und Nahrungserwerb

In der Brutzeit ernährt sich die Mönchsgrasmücke im wesentlichen durch das Absammeln von kleineren Beutetieren wie Raupen, Käfern, Faltern usw. (12.1.) aus der Vegetation. Auch auffliegende und freifliegende Beutetiere werden gejagt, z. T. auch rüttelnd (9.1.), selbst aus Spinnennetzen (P a n n a c h 1986).

Außerhalb der Brutzeit verzehrt die Mönchsgrasmücke in der Regel viele Früchte und Beeren (12.1.). Die Vögel suchen regelmäßig fruchtende Pflanzen auf, an denen sie sich in großer Anzahl konzentrieren können (11.6., Abb. III/3). Aus größeren Früchten wie Kirschen, Tomaten, Orangen, Birnen, Feigen usw. picken sie Stücke heraus oder nehmen Saft davon auf, Beeren verschlucken sie vielfach ganz, auch wenn sie sie, wie z. B. Efeubeeren, mühsam hinunterwürgen müssen. Häufig werden sechs oder sogar mehr Beeren kurz hintereinander verschluckt (H o w a r d 1909, M ö h r i n g 1957 a). Beeren werden auch an die Jungen oft ganz verfüttert, die sie nach M ö h r i n g (1957 a) vom 10./11. Lebenstag an bis zu einem Durchmesser von etwa acht Millimeter herunterschlingen können. Zu große Beeren werden den Jungen wieder aus dem Rachen genommen (W a h n 1950). Festsitzende Beeren, wie z. B. noch weitgehend unreife Efeubeeren, reißen die Vögel los, indem sie notfalls mit ganzer Körperkraft daran zerren.

Im Winter ernährt sich die Mönchsgrasmücke mit Hilfe zusätzlicher Strategien. Vornehmlich in England und Irland, wo sich im letzten Vierteljahrhundert eine beträchtliche überwinternde Population aufgebaut hat (5.4.), besuchen viele Mönchsgrasmücken ständig von Menschen für Vögel eingerichtete Futterstellen. Dabei können sie sich nach Meisenart, auch mit Meisen zusammen, an Futterampeln anhängen, um dort Nahrung zu holen (Abb. 10). Ähnlich können sie sich auch an Rindertalg anhängen, Stücke herauspicken, sie nach Meisenart zwischen die Zehen klemmen und so nach und nach verzehren (W i s s i n g 1979). Es ist nicht unwahrscheinlich, daß derartige Ernährungsstrategien, bedingt durch die in England und Irland entwickelte Tradition, auch auf dem europäischen Festland zunehmen werden (B e r t h o l d 1987, N o t h d u r f t 1986).

Im Winterhalbjahr trifft man Mönchsgrasmücken auch am ehesten auf dem Erdboden zur Nahrungssuche an. Im Extrem können hungrige Vögel weit entfernt von Gebüsch- und Baumgruppen auf offener Wiese zusammen mit Stelzen, Piepern u. a. in ihrer typischen aufgeplusterten Gestalt (9.2.) umherhüpfen und nach Nahrung suchen. Normalerweise wird der Boden jedoch weitgehend gemieden. Auf Madeira beobachteten wir relativ viele Vögel am Boden. Sie gingen im Frühjahr in Wiesen und Feldern auf Nahrungssuche und sangen dort auch, z. B. in Feldern mit niedrigen Bohnen. Es ist möglich, daß die Nahrungssuche am Boden ein Ausweichen vor den häufig starken Winden darstellt oder eine Anpassung an relativ reiches Nahrungsangebot in Bodennähe (B e r t h o l d u. a.).

Auffallend ist, daß Mönchsgrasmücken praktisch keinerlei am Boden liegende Spreu wenden, um darunter an Nahrung zu gelangen, wie es zahlreiche andere Kleinvogelarten tun. Bei gekäfigten Mönchsgrasmücken z. B. verhindert schon eine dünne Schicht aus Kleie, daß die Vögel die darunter befindlichen Mehlkäferlarven aufnehmen, selbst wenn sich die Kleieschicht durch die Larven stark bewegt und die Vögel mit den Futternäpfen vertraut und an „Mehlwürmer" gewöhnt sind.

Im Vergleich zu anderen verwandten Arten bestehen im Nahrungserwerb folgende wesentliche Unterschiede: die Mönchsgrasmücke bevorzugt zur Nahrungssuche zwar allgemein mittlere Höhen in der Vegetation, also in erster Linie die Strauchschicht, aber sie wählt dabei deutlich höher liegende Bereiche als die Gartengrasmücke (K o p p 1970, C o d y 1979, B e z z e l 1982, 6.1.). Vor allem fliegt sie weitaus häufiger hoch gelegene Stellen wie Baumkronen und mit Efeu bewachsene Mauern an, um sich dort Nahrung zu beschaffen. Möglicherweise suchen die ♂ in höheren Vegetationsschichten nach Nahrung als die ♀ (K o p p 1970). Weiterhin geht die Mönchsgrasmücke der Nahrungssuche viel mehr in offener Vegetation nach als Dorn-, Garten- und Klappergrasmücke (V o o u s 1960, H o f f m a n n in G l u t z 1962, B a n n e r m a n u. B a n n e r m a n 1965).

Nach G a r d i a z a b a l (1986) hat das ♀ eine breitere Nische für den Erwerb animalischer Nahrung, was sowohl eine Anpassung an den vielleicht stärkeren Einsatz bei der Jungenaufzucht als auch an die Koexistenz mit den dominanten ♂ in denselben Lebensräumen darstellen kann. Eine quantitative Analyse der Nahrungserwerbsstrategien der Mönchsgrasmücke fehlt bisher. Sie wäre bei dieser omnivoren Vogelart mit sehr stark ausgeprägtem jahreszeitlichen Wechsel des Nahrungserwerbs (12.1., 12.2.) sicher sehr interessant.

9.4. Komfortverhalten

Mönchsgrasmücken putzen sich täglich in der für viele Kleinvögel typischen Weise ausgiebig das Gefieder, wobei sie sich „hintenherum“ kratzen (Heinroth u. Heinroth 1926). Nach Möglichkeit baden sie häufig (Abb. 12), z. T. gesellig in Gruppen bis zu 11 Individuen (Glutz 1986), auch in nasser Vegetation (Glue 1985, Glutz 1986, eigene Beobachtungen). Viele gekäfigte Individuen baden, wenn Gelegenheit besteht, täglich, andere nicht jeden Tag. Das Sonnenbaden ist bereits in 9.2. beschrieben. Freilebende Mönchgrasmücken wurden bisher u. W. nicht beim „Einemsen“ beobachtet. Nachdem sich andere Grasmückenarten einemsen (Querengässer 1973), ist nicht unwahrscheinlich, daß sich auch Mönchsgrasmücken in der freien Natur einemsen. Handaufgezogene Jungvögel begannen spontan, sich einzuemsen, wenn ihnen Ameisen geboten wurden (eigene Beobachtungen). Über das Komfortverhalten der Mönchsgrasmücke liegen nur sehr wenige Beschreibungen vor, und quantitative Untersuchungen fehlen völlig.

9.5. Sexualverhalten

Ausgeprägtes Sexualverhalten mit Gesang, Revier-, Balz- und Fortpflanzungsverhalten beginnt normalerweise erst, wenn die ♂ und ♀ – unabhängig voneinander (13.5.) – am Brutplatz eingetroffen sind. Parallel zu der bereits im Winterquartier und auf dem Heimzug einsetzenden Gonadenentwicklung (8.1.) kommt es in geringerem Umfang auch im Winterquartier zu Gesang und z. T. zur Einrichtung von Singwarten und von vorübergehenden Territorien (z. B. Pearson 1978, Curry-Lindahl 1981). Reviere werden z. T. sehr rasch nach der Ankunft bezogen, teils zieht sich ihre Gründung längere Zeit hin (10.3.). Die zunächst umherstreifenden ♀ gesellen sich schließlich einzelnen ♂ zu, und die Paarbildung erfolgt zumindest in der Regel im Revier. Da die Mönchsgrasmücken einzeln heimziehen (13.7.), kommt Vermutungen über frühzeitige Anpaarungen im Winterquartier (Stafford 1956) keine große Bedeutung zu.

Die ♂ singen in allen Teilen ihres Reviers, häufig aber bevorzugt von bestimmten Zweigen als Singwarten aus und ganz besonders intensiv auf ihren ♂-Nestern (10.5.). Sie tragen ihren Gesang meist aus der Deckung in der Strauchschicht heraus vor, nicht selten aber auch von exponierten Stellen, z. B. auch aus Baumkronen. Sie können auch mit dem Schnabel voller Futter für die Jungen auf dem Nestrand singen, und gelegentlich beobachtet man kurze Singflüge, die aber weit seltener vorkommen als etwa bei der Dorngrasmücke oder bei mediterranen Grasmückenarten (z. B. Howard 1909, Bäsecke 1936, Lunau 1936, Nankinow, Ninow u. Kjutschukow 1986). Beim Singen richten sich die ♂ besonders bei der Hauptstrophe häufig hoch auf (Abb. III/1), und während die laute Hauptstrophe vorgetragen wird, vibriert der ganze Körper.

Bei Revierinhabern beobachtet man vor allem zu Beginn der Brutperiode charakteristische langsame Flüge mit flatternden Flügelschlägen, die wohl allgemein Imponiergehabe darstellen und sowohl auf ♀ als auch auf konkurrierende ♂ bezogen sein können. Howard (1909), Witherby et al. (1938) u. a. beschreiben ferner eine Reihe weiterer sexuell motivierter Ausdrucksbewegungen wie tanzartige

Sprünge, Aufhängen kopfunter an Zweigen, die sich vor allem bei ♂ an ihren ♂-Nestern (s. u.) beobachten lassen. Auch Verfolgungsflüge der ♂ hinter ihren ♀ sind beschrieben. Sie alle sind für moderne Ansprüche wenig gut untersucht und sollten dringend in Bild und Film dokumentiert werden. Schon während der Revierabgrenzung beginnen viele ♂ mit dem Bau sogenannter ♂-Nester (10.5.), die einen wichtigen Platz für intensives Balzverhalten darstellen. Durch Nestzeigeverhalten (Beschreibung s. Bairlein 1978) versuchen sie, ♀ zu diesen Nestern zu locken.
Das ♀ fordert das ♂ zur Begattung in geduckter Stellung mit leicht gespreizten Flügeln auf, wie es in ähnlicher Weise viele andere Vogelarten tun. Es gibt dabei leise zirpende Laute von sich. Wahn (1950) beobachtete innerhalb von fünf Stunden vier Begattungsserien, wobei das ♀ vom ♂ jeweils zwei- bis dreimal besprungen wurde.

9.6. Aggressiv- und Feindverhalten

Mönchsgrasmücken machen in der Regel, wenn sie z. B. im Frühjahr flötend und nahrungssuchend durchs Gezweig streifen, einen friedlichen Eindruck. Sie können aber, wenn nötig, erstaunlich aggressiv werden und damit viel erreichen. Schon Bechstein (1807) schreibt über die Mönchsgrasmücke, sie „behält aber fast alle Zeit das Feld, wenn es zum Streit kommt". Rivalen, vor allem Reviernachbarn, werden in erster Linie durch Gesang, Befliegen der Reviergrenzen und Drohgebärden (z. B. Vorwärtsdrohen mit offenem Schnabel, Flügelspreizen) auf Distanz gehalten. Es kommt auch regelmäßig zu Verfolgungsflügen. Verfolgungen können zu heftigen Kämpfen führen (Abb. 15), die jedoch nicht häufig sind und z. B. weit weniger oft auftreten als etwa bei Amseln und Buchfinken. Quantitative Untersuchungen über intraspezifische Auseinandersetzungen zur Brutzeit fehlen.

Das Ausmaß intraspezifischer Auseinandersetzungen im Winterquartier ist wohl in Abhängigkeit vom Nahrungsangebot verschieden. Lövei, Scebba u. Milone (1985) stellten auf einer süditalienischen Insel bei reichlichem Olivenangebot keine aggressiven Handlungen zwischen Artgenossen fest. Bei einer in Südfrankreich in hoher Dichte überwinternden Population kam es bei nur geringem Angebot an heranreifenden Efeubeeren regelmäßig zu Streitigkeiten. Aus efeubehangenen Bäumen, in die im Winter 1984 je Stunde über 100 Mönchsgrasmücken einflogen, um Beeren zu holen, hörte man etwa viertelstündlich Zätsch-Laute, wie sie bei Streitigkeiten auftreten (3.8.2.), und ab und zu sah man, wie sich Artgenossen aus dem Efeu gegenseitig verjagten (eigene Beobachtungen).

Erstaunlich ist das Aggressionsverhalten und Durchsetzungsvermögen gegenüber anderen Vogelarten. Wie in 6.4.1. ausführlich dargestellt, sind Mönchsgrasmücken in der Revierbesetzung gegenüber Gartengrasmücken dominant. Diese Dominanz rührt sicher daher, daß die zwar leichtere aber mehr bewegliche Mönchsgrasmücke bei Revierstreitigkeiten rigoros vorgeht. Wir konnten beobachten, daß Mönchsgrasmücken-♂ Gartengrasmücken von oben her überfallen und ihnen so zusetzen, daß die Federn stieben. Am meisten deutlich wird das Durchsetzungsvermögen von Mönchsgrasmücken an Futterplätzen im Winter. Hier sind sie, wie viele Autoren berichten (z. B. Lanz 1953, Oppliger 1953, Gladwin 1970, Spinar 1970, Hardy 1978, Kötter 1979, Wissing 1979, Leach 1981, Conrads

1984), nicht nur in der Lage, sich gegen kleinere Arten wie Meisen, Sperlinge, Grünlinge, Rotkehlchen, Heckenbraunellen, Buchfinken, Goldammern u. a. zu behaupten, sondern teilweise sogar gegen Amseln, denen sie allerdings oft auch unterliegen. Dieser erstaunliche Erfolg der relativ kleinen Mönchsgrasmücke ist wohl hauptsächlich darin begründet, daß sie Konkurrenten anderer Arten unerwartet schnell und sehr heftig androht, so daß sie erschrecken und deshalb weichen. Nach Finlayson (1980) können Mönchsgrasmücken auch nektarbietende Futterpflanzen (Aloe, auf Gibraltar) gegen Konkurrenten verteidigen.

Dem Menschen gegenüber verhalten sich Mönchsgrasmücken sehr unterschiedlich. Normalerweise sind sie weder ausgesprochen scheu noch besonders zutraulich und halten Fluchtdistanzen von meist mehreren bis vielen Metern. Auf Inseln, wo sie in großer Zahl in unmittelbarer menschlicher Nähe leben (6.3.), können sie in Hotelgärten bis unter und auf die Tische kommen (Bannerman u. Bannerman 1965, eigene Beobachtungen), und Linsell (1949) fütterte in Algerien überwinternde Vögel aus der Hand.

Auch am Nest ist das Verhalten sehr verschieden. Häufig lassen sich brütende Vögel auf ihren Nestern fast berühren, selten tatsächlich mit dem Finger anstoßen, oder sie picken nach der Hand, bevor sie das Nest verlassen. Es kommt auch vor, daß sich einzelne Paare aus ein bis zwei Metern Entfernung am Nest beobachten lassen (Pfeifer 1950), andere Paare wiederum kehren erst ans Nest zurück, wenn man sich viele Meter weit entfernt oder sehr gut getarnt hat. Trotz dieser teilweisen Scheu läuft auch bei regelmäßigen, selbst täglichen Kontrollen der Reviere und Nester das Brutgeschäft unbeeinträchtigt ab, und der Bruterfolg derartig gründlich untersuchter Populationen zeigt keinerlei negative Auswirkung (z. B. Bairlein 1978). Wie bei vielen anderen Vogelarten sinkt auch bei der Mönchsgrasmücke die Scheu gegenüber dem Menschen in Notsituationen stark ab. So haben in ungünstigen Gebieten überwinternde Vögel oft nur sehr geringe Fluchtdistanzen (z. B. Müller 1972), und Vögel, die ihre Brut als bedroht erachten, verleiten bisweilen aus nur geringem Abstand (z. B. Witherby et al. 1938, Pfeifer 1950).

Beim Verleiten, das Mönchsgrasmücken auch tierischen Nesträubern wie Katzen gegenüber anwenden, bewegen sie sich in gleitenden und „rollenden" Bewegungen unter Flügel- und Schwanzfächern, Flügelschlagen, Halsdrehen usw. durch die bodennahe Vegetation und auch am Erdboden, und dabei geht ihre normale Fortbewegungsweise mit den Beinen – das Klettern und Hüpfen – auch in rasches Laufen über (z. B. Neunzig 1922).

9.7. Sozialverhalten und Brutpflegeverhalten

Sozialverhalten. Es ist bei der Mönchsgrasmücke wenig ausgeprägt und spielt wohl nur zwischen den Partnern von Brutpaaren und im Familienverband eine Rolle. Handaufgezogene Jungvögel, für die die meisten Beobachtungen vorliegen, halten nach dem Ausfliegen bis etwa zum 35. Lebenstag tagsüber in den Ruhepausen und auch nachts zum Schlafen engen Körperkontakt. Sie verfügen über spezielle Laute, mit denen sie sich zusammenrufen (3.8.2.). Von dem genannten Zeitpunkt ab beginnen sie, sich zunehmend durch Ziehen an den Federn, Federausrupfen, Picken in die

Kloake u. a. m. gegenseitig zu belästigen und meiden den Körperkontakt mehr und mehr. Im Freiland lösen sich die Familienverbände nach verschiedenen unterschiedlichen Angaben zwischen etwa 2–4 Wochen auf (10.12.).

Weder bei freilebenden noch bei in Volieren gehaltenen und intensiv beobachteten Altvögeln wurde markantes Sozialverhalten beobachtet. Körperkontakt kommt nur bei Begattung, Vergewaltigung oder Kämpfen zwischen Partnern zustande (14.1.). In drei Fällen wurden bei unseren Volierenbruten (14.1.) nach der Ablage des ersten Eies ♂ und ♀ dicht aneinandergeschmiegt auf dem Nest beobachtet (G. Mohr). Balzfüttern, Gruppengesänge u. ä. wurden von uns nie beobachtet und unseres Wissens auch nicht beschrieben (s. auch Bairlein 1978). In Volieren tragen ♂ bisweilen Nistmaterial in die Nähe des ♀, das dann vom ♀ möglicherweise zum Bauen verwendet wird. Im Freiland verbauen ♂ und ♀ nach bisherigen Beobachtungen das herangetragene Material jeweils selbst (10.5.).

Brutpflegeverhalten. Bei der Mönchsgrasmücke brüten, füttern und hudern ♀ und ♂. Die Anteile beider Geschlechter sind dabei jedoch verschieden; soweit bekannt, sind sie in 10.10. und 10.12. angegeben. Die Verhaltensweisen bei den drei genannten Funktionen sind im einzelnen wenig genau untersucht und beschrieben, entsprechen aber den allgemeinen Beobachtungen nach weitgehend denen vieler anderer Vogelarten (z. B. Heinroth u. Heinroth 1926). Die Bindung der Mönchsgrasmücke zu ihrer Brut ist stark, so daß Altvögel ihre Jungen auch dann aufziehen, wenn man sie in einen Käfig setzt und diesen entweder in der Nähe des Neststandortes plaziert oder sogar allmählich ins Innere eines Gebäudes bringt (Bolle 1857, Naumann 1897). Die Aufzucht kann selbst dann glücken, wenn beide Altvögel mit gekäfigt werden (Naumann 1897), was auch bei anderen Arten wie Buchfink und Sumpfmeise gelingen kann (z. B. Rost 1987). Es wird auch mindestens von zwei Fällen berichtet, in denen ♂ nach Verlust ihrer ♀ ihre Jungen entweder allein ausbrüteten und aufzogen (Berndt 1932) oder zumindest aufzogen (Bolle 1857).

Über einen interessanten Fall, in dem drei Altvögel an einem Nest in England fütterten, berichtet Harper (1986). Ein unverpaartes, in Nachbarschaft zu einem Brutpaar lebendes ♂ beteiligte sich an der Aufzucht von dessen Jungen. Dabei konnte innerhalb von 5 Std. 31mal das ♀, 18mal sein ♂ und 25mal der Nachbar fütternd beobachtet werden. Die beiden ♂ ignorierten sich weitgehend. Es blieb offen, ob es sich um einen Fall von Polyandrie oder um einen Helfer am Nest handelte.

9.8. Verhalten der Jungvögel

Die ersten für uns normalerweise sichtbaren Lebenszeichen junger Mönchsgrasmükken sind das Öffnen der Eischale mit dem Eizahn (Abb. 17 u. 18) und zunächst wenig koordinierte Bewegungen des Körpers und der Gliedmaßen der anfänglich meist auf der Seite liegenden frisch geschlüpften Jungen. Wenige Minuten nach dem Schlüpfen kann das für die Singvögel typische Sperren einsetzen, bei dem sich auch der soeben erst geschlüpfte Vogel schon hoch aufzurichten vermag (Abb. 19). In der ersten Zeit wird das Sperren wie bei anderen Singvögeln durch Erschütterung des Nestes (normalerweise durch die auf dem Nestrand erscheinenden Altvögel) hervorgerufen. In der freien Natur kann man Sperren durch leichtes Klopfen auf den Nestrand bis zum 5./6. Lebenstag (vom Schlüpfen an gerechnet) auslösen. Danach, wenn sich vom 5./6. Lebenstag an die Augen öffnen, ducken sich die Nestlinge tief ins Nest, wohl, weil sie jetzt den Beobachter sehen und als bedrohlich empfinden. Bei der Handaufzucht reagieren die an den Menschen gewöhnten Mönchsgrasmücken viel länger, z. T. über das Ausfliegen hinaus, auf Klopfzeichen mit Sperren – sie sind darauf konditioniert.

Beim Sperren beobachtet man bei der Mönchsgrasmücke von den ersten Lebenstagen an zunehmend ein heftiges Zittern, durch das Kopf und Hals hin und her pendeln. Diese Zitterbewegungen können so stark sein, daß es Mühe bereiten kann, mit der mit Futter beladenen Pinzette in den Schnabelraum zu treffen. Nach Heinroth u. Heinroth (1926) dient dieses Zittern, das auch für andere Grasmückenarten charakteristisch ist, möglicherweise der Verstärkung des Reizes zu füttern. Mönchsgrasmücken-Eltern haben im Gegensatz zum menschlichen Pfleger keine Schwierigkeit, die „Zittermäuler“ zu füttern. Bei etwas blasser Rachenfärbung kann man erkennen, wie sich der Rachen beim Zittern intensiver blutrot färbt. Bei größeren, vor allem bei ausgeflogenen Jungvögeln wird das Sperren von mehr oder weniger heftigem Flügelspreizen und Flügelzittern begleitet.

Bei den Nestlingen beobachtet man ferner enges Zusammenrücken und Aneinanderkuscheln der Bauchseiten bei niedrigeren Temperaturen (Abb. IV/2), Auseinanderrücken, im Extrem Strecken der Hälse über den Nestrand und Hecheln bei hohen Temperaturen und bis zum Ausfliegen ständig zunehmende Kratz- und Putzbewegungen. Über Bettellaute, Kontaktrufe der flüggen Vögel und Sozialkontakte s. 3.8.2. u. 9.7.

Schon vor dem Ausfliegen strecken sich die Jungen in vielfältiger Weise, nach dem Ausfliegen fallen die verschiedenartigen Streckbewegungen besonders auf. Bergmann (1976 b) beschreibt fünf verschiedene Typen: Gähnen, Strecken der Beine, beidseitiges Strecken der Flügel nach oben und nach unten sowie einseitiges Flügelstrecken nach unten. Streckbewegungen sind häufig der Übergang vom Ruhen zum Kratzen und Putzen (9.4.).

Nach Sauer (1955) kann man vom 8. und 9. Lebenstag an Jugendgesang hören. Wir stellten ersten Jugendgesang wenige Tage nach dem Ausfliegen fest. Im Alter von etwa einem Monat ist er voll entwickelt, und die allerersten flötenden Strophen (die späteren Hauptstrophen, 3.8.1.) werden vorgetragen.

Junge Mönchsgrasmücken reagieren auf Störungen mitunter durch vorzeitiges Verlassen der Nester. Vom 7.–8., besonders vom 10. Lebenstag an können die Jungvögel u. U. schon bei zu starker Annäherung schnell nach allen Seiten aus dem Nest springen. Bisweilen begleitet von Angstschreien, versuchen sie dann, sich hüpfend, laufend und mit den Flügeln rudernd in deckende Vegetation in Sicherheit zu bringen. Ein Alarmzeichen für das Herausspringen ist das vorherige „Erstarren“ der Jungen mit weit geöffneten Augen und eng anliegenden Kopffedern. Um Jungvögel nicht zu gefährden, sind Beringungen und Nestkontrollen rechtzeitig und entsprechend vorsichtig durchzuführen (14.2.).

Auch das normale Verlassen der Nester geschieht bei der Mönchsgrasmücke im recht frühen Alter von 10–15 Tagen (10.11.). Zu dieser Zeit sind sie weder fähig gut zu fliegen, noch gut zu Fuß. Sie verbringen daher die ersten Tage als Ästlinge.

Ungestört können alle Jungen in einer Gruppe dicht beisammen sitzen (Abb. 23), oder es bilden sich mehrere Gruppen. Vereinzelte Jungvögel versuchen in den ersten Tagen, wenn irgend möglich, Anschluß an Geschwister zu bekommen, wohl um sich anzulehnen und zu wärmen. Später sitzen sie häufig allein und geben „Standortlaute" für die fütternden Eltern (3.8.2.). Nach Bairlein (1978) lösen sich die Geschwistergruppen etwa 4–5 Tage nach dem Ausfliegen auf, bei Handaufzucht halten sie z. T. etwa drei Wochen lang zusammen.

10. Fortpflanzungsbiologie

10.1. Geschlechts- und Brutreife

Mönchsgrasmücken dürften allgemein jeweils bis zur nächsten, auf das Schlüpfen folgenden Brutperiode ihrer Population sowohl geschlechts- als auch brutreif werden. Bei Populationen im mehr nördlichen Bereich des Verbreitungsgebiets ist das bei Vögeln aus frühen Bruten etwa nach einem Jahr der Fall, bei Vögeln aus späten Bruten u. U. bereits nach einem ¾ Jahr. Das regelmäßige Brüten einjähriger Vögel ist zahlreich belegt (z. B. Bairlein 1978), und umgekehrt gibt es keine Hinweise darauf, daß Mönchsgrasmücken nicht als etwa einjährige Vögel Brutreife erlangen. Das wäre bei dieser eher kurzlebigen Art mit relativ hohen Verlusten auch ganz unwahrscheinlich.

Handaufgezogene, im August geschlüpfte Mönchsgrasmücken der südfranzösischen Population brüteten bei Haltung unter natürlicher Photoperiode in unseren Volieren in Radolfzell im nächsten Jahr bereits nach 9 Monaten im Mai. Mönchsgrasmücken, die auf den Kapverdischen Inseln im Oktober geschlüpft waren, brüteten in unseren Volieren ebenfalls schon im nächsten Mai, also bereits nach 7 Monaten und waren der Größe ihrer Gonaden nach im März/April, also nach 5–6 Monaten fortpflanzungsfähig. Werden süddeutsche Mönchsgrasmücken in simulierten Lichtbedingungen gehalten, die normalerweise im Herbst auf den Kapverden geschlüpfte Vögel erfahren, werden auch sie in ähnlich frühem Alter geschlechtsreif wie kapverdische Vögel (Berthold u. Querner, in Vorb.).

10.2. Partnerbindung

Die Partnerbindung für die Brut findet wahrscheinlich ausschließlich im Anschluß an den Heimzug im Brutgebiet statt (9.5.), und zwar wohl auch bei mehrere Jahre alt werdenden Vögeln alljährlich aufs Neue. Dieselben Paare wie im vorangehenden Jahr ließen sich bisher nur im vorjährigen Revier beobachten (Bairlein 1978), und hier ist Reviertreue für das erneute Zusammenführen der Partner eher wahrscheinlich als Partnertreue. Da sich in der Regel ein ♂ und ein ♀ für eine Brutperiode fest verpaaren und diese Paare auch nach Brutverlusten eher zusammenbleiben als sich einen neuen Partner suchen (Bairlein 1978), ist die typische Form der Partnerbindung bei der Mönchsgrasmücke eine monogame Saisonehe. Ihr liegt ein ausgewogenes Geschlechtsverhältnis zugrunde (z. B. Berthold, Gwinner u. Klein 1970).

Gelegentlich kommen erweiterte Partnerbeziehungen vor. B a i r l e i n (1978) wies durch Beringung einen Fall von Bigynie nach, und von G r o e b b e l s (1937) gibt es Hinweise auf einen weiteren solchen Fall. H a r p e r (1986) berichtet über eine Dreierbeziehung zwischen einem ♀ und zwei ♂, bei der es sich entweder um Polyandrie oder um ein Brutpaar und einen Helfer am Nest gehandelt hat (9.7.).

10.3. R e v i e r g r ü n d u n g , R e v i e r e u n d N i s t p l a t z w a h l

R e v i e r g r ü n d u n g. Die Reviergründung wurde von B a i r l e i n (1978) systematisch an einer süddeutschen Population (an der Vogelwarte in Radolfzell) untersucht. Er unterscheidet drei Typen der Revierbesetzung:

(1) Vögel, die nach ihrer Ankunft ein sehr großes Gebiet durchstreifen (Abb. 51), zunächst kein Territorialverhalten zeigen, dann aber ein Gebiet mehr und mehr bevorzugen und schließlich als Revier verteidigen,

(2) ♂, die nach der Ankunft ein Gebiet der 3- bis 5fachen Größe ihres späteren Brutreviers verteidigen, das sie später einengen müssen und

(3) solche, die sofort nach der Ankunft in etwa ihr späteres Brutrevier beziehen.

Junge, unerfahrene ♂ waren mehr dem ersten Typ, alte, erneut brütende ♂ mehr dem dritten Typ zuzuordnen.

Da sich der Einzug der Brutpopulation ins Brutgebiet in Süddeutschland (B a i r l e i n 1978) wie in England (G a r c i a 1983) etwa einen bis 1,5 Monate hinzieht (Abb. 52), ist die Reviergründung und Gebietsaufteilung einer Population ein dynamischer, sich wochenlang hinziehender Vorgang (Abb. 53). Bei sehr ungünstigen Bedingungen wie in dem extrem kalten Frühjahr 1984 in Süddeutschland können sich

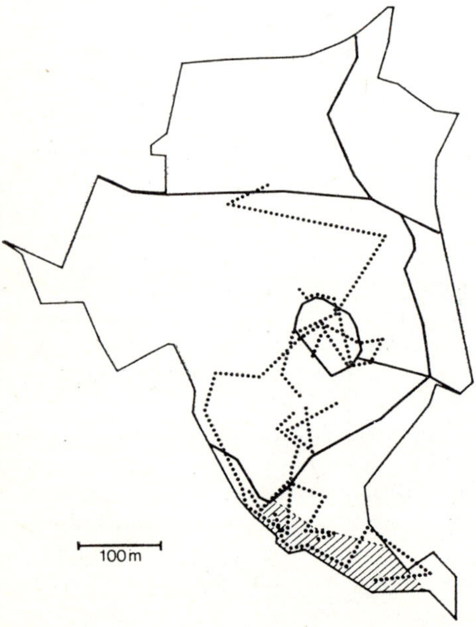

Abb. 51. Streifzüge (punktierte Linien) eines reviergründenden ♂ im April in einem Untersuchungsgebiet in Süddeutschland. Nach B a i r l e i n 1978

Abb. 52. Einzug ins Brutgebiet. Links: von farbig beringten Individuen einer süddeutschen Population, rechts: nach den „Kontrollfängen eigener Ringvögel" der Vogelwarten Radolfzell und Sempach. Nach Bairlein 1978

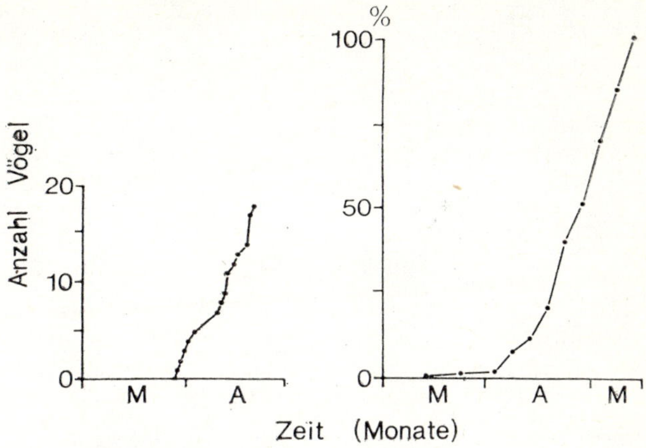

Mönchsgrasmücken im Brutgebiet, wie sich im Bereich von Schloß Möggingen beobachten ließ, zunächst wochenlang wie im Winterquartier in Efeubeständen aufhalten, ohne daß Reviergründung ersichtlich wird. Die ♀ können nach den wenigen einschlägigen Beobachtungen zunächst umherstreifen wie ♂ des oben beschriebenen Typs 1, bevor sie sich bestimmten ♂ als Partner zugesellen (Beispiel: Abb. 6 in Bairlein 1978).

Die Reviere sind zumindest in manchen Gebieten nicht der einzige Aufenthaltsort zur Brutzeit. Ferry, Frochot u. Leruth (1981) stellten durch Fang mit Netzen in der Gegend von Dijon fest, daß sich Mönchsgrasmücken-♂ z. T. weit über ihre Reviergrenzen hinausbegeben, so daß ihre Aufenthaltsorte zur Brutzeit („home ranges") mehr als das sechsfache der Reviergröße betragen können.

Reviere. In günstigen Habitaten mit hoher Siedlungsdichte (11.6.) liegen die Reviere ohne Zwischenräume aneinander (Abb. 53). Form und Größe können in Abhängigkeit von der Dichte, der Habitat- und Geländestruktur usw. selbst in kleinen Populationen mit hoher Siedlungsdichte stark variieren. Die genaueste Untersuchung hierüber von Bairlein (1978) vermittelt dazu deutliche Beispiele. Wie Abb. 53 zeigt, fanden sich um Schloß Möggingen einerseits nahezu kreisförmige Reviere von nur etwa 50 m Durchmesser neben etwa 4mal so großen, ungefähr rechteckigen Revieren und langgestreckten Territorien von etwa 250 m Länge. Die Revierflächen streuen z. B. in Süddeutschland in Größenordnungen von 3000–10 000 m^2; Näheres über Reviergrößen und Nestabstände s. 11.6. Bairlein (1978) fand in seiner Studie im Zentrum des besiedelten Areals signifikant kleinere Reviere als im Außenbereich (Abb. 53).

Das Revier wird auch bei Nestverlusten in der Regel beibehalten. Bairlein (1978) ermittelte für 14 Nester mit Ersatzgelegen nur eine durchschnittliche Entfernung von 28,1 $\pm$ 16,5 (7,5–56) m zu den Nestern der verlorengegangenen Bruten, und die Ersatznester befanden sich durchweg im Bereich der zu Beginn der Brutzeit eingerichteten Reviere.

Nistplatzwahl. Bei günstiger Witterung folgt bei vielen ♂ auf die sofortige Reviergründung nach der Ankunft sogleich auch die erste Nistplatzwahl. Die ♂

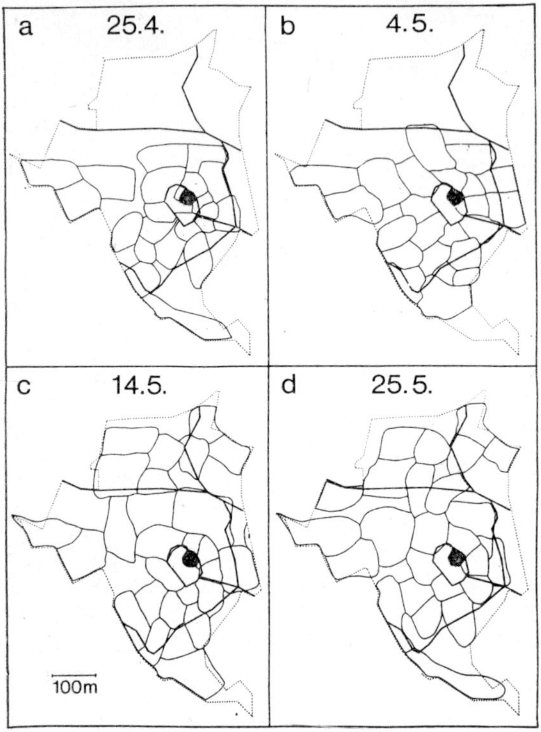

Abb. 53. Revierbildung im April und Mai 1976 um Schloß Möggingen in Süddeutschland, Näheres s. Text. Nach B a i r l e i n 1978

bauen dabei häufig zunächst allein einzelne bis mehrere, z. T. sogar eine ganze Reihe sogenannter „Männchennester", weniger richtig auch „Spielnester" genannt. Nach R e i n e s (1945), W a h n (1950), B a i r l e i n (1978) u. a. werden diese recht unvollkommenen „Nester" (10.5) oft sehr auffällig angelegt, liegen manchmal nur 1 bis 2 m voneinander entfernt und dienen häufig als wichtigster Balzplatz. Hier können manche ♂ stundenlang singen (3.8.1.) und auf diese Weise wohl Partner anlocken.

Diese ♂-Nester werden zwar von den ♀ besucht und inspiziert, in der Regel aber werden zumindest die auffälligen unter ihnen nicht zum späteren Brutnest erwählt und ausgebaut. Der Standort des Brutnests wird wohl eher vom ♀ an einem von ihm ausgewählten Platz bestimmt. Die Beziehungen zwischen ♂- und späteren Brutnestern, die Fragen, warum manche ♂ keine ♂-Nester bauen und wer den Standort des Brutnestes letztlich bestimmt, sind unzureichend untersucht und bedürfen weiterer Bearbeitung.

10.4. N e s t s t a n d o r t e

N e s t h ö h e. Die Mönchsgrasmücke baut ihre Nester in aller Regel in bodennaher Vegetation in einem Bereich, der normalerweise zwischen etwa 0,5 und 1,5 m liegt (Tab. 4). Im Extrem kommen Nester bis in Höhen von 7 m vor (H a r t w i g 1886,

Tabelle 4. Geographische Variation der Nesthöhe

Region	x̄ (mm) ± s	Vb (m)	n	Zitat
Kapverden, Sao Tiago	1,44 ± 0,62	0,52 – 4,00	62	Berthold u. Querner (unveröffentl.)
Kanarische Inseln, Teneriffa	1,48 ± 0,43	0,80 – 2,57	32	Bairlein et al. 1980
Südfrankreich, Provence	0,90 ± 0,31	0,35 – 1,69	30	ebd.
Süddeutschland	1,04 ± 0,59	0,03 – 6,50	950	ebd.
Großbritannien	0,70		886	Mason 1976
Finnland	0,60	0,10 – 3,00	64	v. Haartman 1969

Emeis 1907) und solche, die mit ihrer Unterseite dem Erdboden aufsitzen. Wir fanden im Verlauf der Jahre mehrere Bodennester in Brennesselbeständen an Hanglagen.

Die Auswertungen von etwa 1500 Nestkarten der Mönchsgrasmücke (Berthold 1978 a, Bairlein et al. 1980, Berthold u. Querner 1984) brachten folgende Hauptergebnisse. Die durchschnittliche Nesthöhe (Tab. 4) nimmt von den südlichsten Brutgebieten auf den Kapverdischen und Kanarischen Inseln über Süd- und Mitteleuropa nach Nordwest- und Nordeuropa hin signifikant von etwa 1,5 m auf reichlich 0,5 m ab. Für diese geographischen Trends kommen regionale Unterschiede in der Vegetation (allgemein niedrigere Vegetation in mehr nördlichen Gebieten, unterschiedliches Angebot an Nestträgern), im Mikroklima, im Feinddruck u. a. in Frage, die im einzelnen noch nicht analysiert sind.

Die Nesthöhe kann bei Grasmücken auch innerhalb eines Gebiets erheblich variieren, vor allem in Abhängigkeit von Habitat, Meereshöhe und Jahreszeit. In Süddeutschland waren Nester der Mönchsgrasmücke im Auwald mit durchschnittlich 1,27 ± 0,66 m (n 113) signifikant höher angelegt als im Laubholz von Mischwäldern mit nur 0,90 ± 0,48 m (n 58, Bairlein et al. 1980). Die Nester im Auwald stehen wahrscheinlich deshalb höher, weil die Mönchsgrasmücke hier die relativ hohen Sträucher der Traubenkirsche stark bevorzugt (s. u.). In Nadelwäldern tieferer Lagen (bis 250 m) waren die Nester mit durchschnittlich 1,11 ± 0,48 m (n 109) signifikant höher angelegt als im Laubwald derselben Höhenlage mit 0,84 ± 0,49 m (n 220). Weiterhin ließ sich nachweisen, daß in Süddeutschland die Nesthöhe mit der Meereshöhe z. T. signifikant ansteigt, und zwar vom unteren Höhenbereich von 0–250 m auf die höheren Bereiche von 251–500 m und über 500 m im Durchschnitt von 0,93 auf 1,12 bzw. 1,07 m.

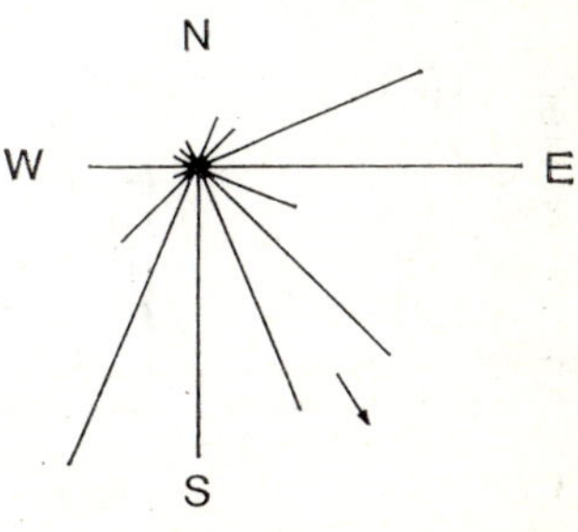

Abb. 54. Exposition von Nestern in einer süddeutschen Population. Pfeil: errechnete Vorzugsrichtung. Nach Bairlein 1978

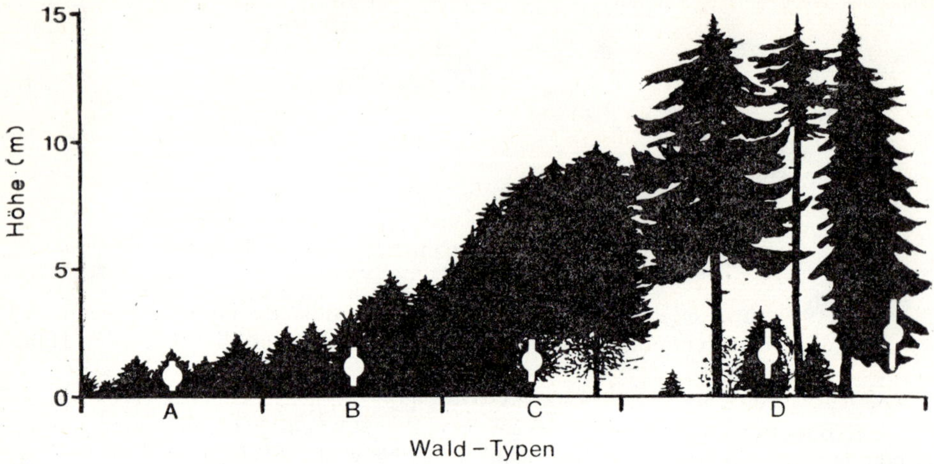

Abb. 55. Nesthöhen (Mittelwerte u. s) in verschiedenen Fichtenwald-Typen Süddeutschlands. Nach B e r t h o l d 1978a

Für die Jahreszeit ließ sich bei der Mönchsgrasmücke keine Variation der Nesthöhe nachweisen, während sie z. B. bei der Gartengrasmücke, die im Durchschnitt tiefer nistet, mit fortschreitender Brutzeit ansteigt (B a i r l e i n et al. 1980).

In dem auwaldartigen Parkgelände um Schloß Möggingen mit ausgeprägter Strauchschicht konnte B a i r l e i n (1978) nachweisen, daß Mönchsgrasmücken ihre Nester weitgehend in die Mitte der Sträucher bauen, so daß eine optimale Deckung nach oben und unten zu erwarten ist. Zudem waren die Nester dort im Mittel nach SE-SSE, also zur Hauptsonneneinstrahlung hin ausgerichtet (Abb. 54). In den verschiedenen Fichtenwaldtypen Süddeutschlands schwankt die Nesthöhe trotz der großen Variation der Vegetationshöhen nur geringfügig (Abb. 55). Das kommt daher, daß die Mönchsgrasmücke hier die Nestträger sehr stark wechselt, von grünen Ästen in Stammnähe bei Jungfichten über abgestorbenes Geäst am Boden (Abb. 26) oder in höheren Beständen (Abb. 27) sowie über Sträucher, Farne (Abb. 27) u. a. im Hochwald bis hin zu herabhängenden Ästen am Waldrand (Abb. 26).

Die Verteilungsmuster der Nesthöhe in Abb. 56 sind in allen drei behandelten Regionen linkssteil oder rechtsschief. Das bedeutet, daß Nester in den niedrigeren der insgesamt gewählten Nesthöhen überwiegen. Wie auch aus Tabelle 4 hervorgeht,

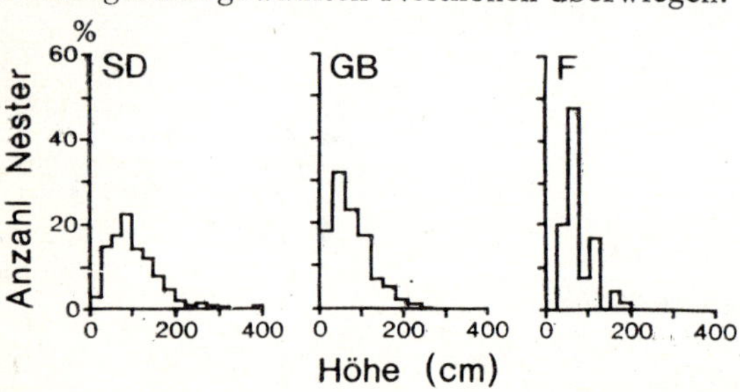

Abb. 56. Prozentuale Verteilung der Nesthöhen in Süddeutschland (SD), Großbritannien (GB) und Finnland (F). Nach B a i r l e i n et al. 1980

engt sich der Nesthöhenbereich von Süddeutschland über Großbritannien nach Finnland ein. Vergleiche der Nesthöhen mit anderen Grasmückenarten sind ausführlich in Bairlein et al. (1980) behandelt. Sie zeigen, daß die Variationsbreite und die Nischenbreite in der Nesthöhe bei der Mönchsgrasmücke größer sind als bei Gartengrasmücke und Dorngrasmücke und ähnlich wie bei der Klappergrasmücke.
Nestträger. Wie in der Habitatwahl zur Brutzeit (6.1.), so ist die Mönchsgrasmücke auch im Hinblick auf ihre Neststandorte von den vier häufigen mitteleuropäischen Grasmückenarten die vielseitigste, die am stärksten euryöke Art. Die meisten Nester werden in begrünter Vegetation, vor allem in jungen Bäumchen und Sträuchern, gefolgt von älteren Bäumen und Stauden und zum geringsten Teil in der Krautschicht angelegt. Daneben kommen aber regelmäßig Nester in abgestorbener Vegetation vor, im Hochwald z. B. in Reisighaufen, abgestorbenen Stammausschlägen und Ranken, umgestürzten Koniferen, in älteren Fichtenpflanzungen im dichten toten Geäst der unteren Bereiche, im vorjährigen Bewuchs an Maschendrahtzäunen, in abgestorbenen Gartenhecken u. a. (Abb. 26 u. 27, z. B. Hoffmann in Glutz 1962, Hoeher 1972, eigene Beobachtungen). Die Nester in abgestorbener Vegetation werden nach unseren Erfahrungen leicht übersehen.

Die Analyse von etwa 1000 Nestkarten der Mönchsgrasmücken Süddeutschlands (Bairlein et al. 1980) vermittelte folgende Einzelheiten. Rund 69 % aller Nester wurden in Laubhölzern gefunden, 24 % in Nadelhölzern und 7 % in Sträuchern, Stauden und Kräutern. Als Nestträger wurden über 100 verschiedene Pflanzenarten ermittelt, von denen die häufigsten in Tabelle 5 aufgelistet sind. In der Krautschicht waren nur knapp 7 % aller Nester angelegt, und über 90 % davon in Brennesseln.

In Auwäldern wird die Traubenkirsche so häufig als Neststandort gewählt, daß ein dort gefundenes Grasmückennest mit über 90 %iger Wahrscheinlichkeit der Mönchsgrasmücke gehört. In anderen Gebieten werden z. T. andere Pflanzenarten als Neststandorte bevorzugt. In Großbritannien z. B. wurden knapp 50 % aller Nester in Brombeeren gefunden (Mason 1976), in einem Untersuchungsgebiet in Pommern die meisten in Spiräen, Holunder und Johannisbeeren (Robien 1939), in Finnland etwa 10 % in Wacholder und 15 % in Farnpflanzen (v. Haartman 1969). In Südfrankreich fanden wir rund 25 % der über 200 von 1976–1985 untersuchten Nester in immergrünen Pflanzen (eigene Beobachtungen). Farne, die in Finnland eine beträchtliche Rolle spielen (Abb. 27), werden in Mitteleuropa nur selten als Nistplatz verwendet. Neubauer (1975) fand ein Nest in Wurmfarn, in Ma-

Tabelle 5. Die häufigsten nesttragenden Pflanzenarten in Süddeutschland und ihre prozentualen Anteile als Nestträger. Nach Bairlein et al. 1980

Pflanze	%	Pflanze	%	Pflanze	%
Fichte, Tanne, Douglasie	25,4	Brombeere	4,7	Weißdorn	3,8
Traubenkirsche	8,9	Himbeere	4,5	Liguster	3,3
Holunder	8,5	Rotbuche	4,1	Hainbuche	3,1
Schwarzdorn	5,2	Brennessel	3,8	Sonstige (> 40 Arten)	27,7

katsch (1976) ist ein Nest in Tüpfelfarn abgebildet, und wir fanden je ein Nest in Wurm- und Adlerfarn und mehrere im Winterschachtelhalm.

Diese regionalen Unterschiede gehen in erster Linie auf gebietsweise unterschiedliche Häufigkeiten von Pflanzen zurück. In Großbritannien z. B. sind Brombeeren sehr häufig, in süddeutschen Auwäldern Traubenkirschen usw. Nach welchen Gesichtspunkten Mönchsgrasmücken bei gleichzeitigem Angebot von verschiedenartigen als Nestträger in Frage kommenden Pflanzen einzelne auswählen, ist unbekannt. Es spricht manches dafür, daß Kriterien, wie Lage im Revier, geeignete Struktur im Hinblick auf Deckung, Erreichbarkeit und Helligkeit, mikroklimatische Aspekte u. a. m. eher ausschlaggebend sind als die Zugehörigkeit zu einer bestimmten Pflanzenart oder -gruppe.

Ob bei Nistplatzwahl Prägungsvorgänge aus der Nestlingszeit oder genetische Dispositionen eine unmittelbare Rolle spielen, bedarf eingehender Studien. Folgende regionalen und jahreszeitlichen Unterschiede sprechen jedoch eher für eine relativ flexible Nistplatzwahl in Abhängigkeit von allgemeinen als von pflanzenspezifischen Kriterien. In Süddeutschland waren in Höhen unter 500 m nur etwa 7 % der Nester in der Stauden- und Krautschicht angelegt, in Höhen über 500 m hingegen fast 11 %. Früh im Jahr bevorzugt die Mönchsgrasmücke Koniferen zum Nisten (Berthold 1978 a), später nistet sie mehr in Sträuchern und bodennaher Vegetation. Dabei nahmen die Nester in der Stauden- und Krautschicht von April/Mai bis Juni von etwa 4 auf 17 % zu, im Juli aber wieder auf rund 8 % ab (Bairlein et al. 1980). Diese Unterschiede sind wohl nur mit einer beträchtlichen individuellen Flexibilität in der Wahl des Neststandortes zu erklären.

Für die Unterscheidung der Neststandorte der Mönchsgrasmücke von denen der anderen 3 häufigeren mitteleuropäischen Grasmückenarten ergaben sich in der Nestkartenauswertung folgende Regeln, von denen es jedoch viele Ausnahmen gibt.
(1) Die Nester der Mönchsgrasmücke sind weniger versteckt als bei der Gartengrasmücke,
(2) sie liegen häufiger in schattigen Lagen als bei der Gartengrasmücke (z. B. Naumann 1897, Hoffmann in Glutz 1962, Geroudet 1963),
(3) die Mönchsgrasmücke nistet mehr in Koniferen als Garten- und Dorngrasmücke, aber weniger als die Klappergrasmücke, und sie baut
(4) weniger Nester in der Stauden- und Krautschicht als Garten- und Dorngrasmücke, aber mehr als die Klappergrasmücke (Bairlein et al. 1980).
Auffallend ist, daß manche Pflanzenformationen als Nestträger wohl regelrecht gemieden werden. So fanden wir auch in günstigen Habitaten mit hoher Dichte der Mönchsgrasmücke nur ganz vereinzelt Nester in Beständen der Goldrute, auch wenn sie großflächig anstanden. Viele weitere Einzelheiten über den Neststandort sind in der zusammenfassenden Übersicht von Bairlein et al. (1980) enthalten.

10.5. Nest und Nestbau

Nestform und -struktur. Die ♂-Nester (10.5.) stellen meist nur Plattformen ohne oder mit unvollständiger Mulde dar und wirken meist durch viele herausstehende Halme „unordentlich“ (z. B. Raines 1945, Campbell u. Ferguson-Lees 1972, Bairlein 1978). Die Brutnester der Mönchsgrasmücke sind napfförmig, mäßig tief und wirken meist zierlich. Sie sind in der Regel eher locker als kompakt gebaut, so daß die Wände vielfach durchsichtig sind, und sie haben meist am Rand und an der Außenseite eine zirkuläre, innen eine mehr gitterartige Textur (z. B. Deckert 1955, Hoeher 1972). Abgesehen von den geringen Texturunterschieden und einer oft nur geringfügigen Innenauskleidung (s. u.) fehlt den Nestern eine deutliche Schichtung, wie man sie z. B. von Nestern der Amsel oder von vielen Finkenvögeln kennt. Häufig sind auch die Nestböden durchsichtig und vereinzelt so dünn, daß Eier sich im Nistmaterial verklemmen oder durch den Nestboden fallen können. Bisweilen werden aber auch recht dickwandige Nester gebaut, die, wenn sie Moos enthalten, an Nester der Heckenbraunelle erinnern.

Nistmaterial. Die Mönchsgrasmücken verwenden zum Nestbau ganz überwiegend abgestorbenes, meist vorjähriges Pflanzenmaterial und nur wenig grüne Pflanzenteile, ebenso auch nur wenig Baumaterial tierischer Herkunft. Meist benutzen sie Stengel (mit Vorliebe von Klebkraut, Schachtelhalmen, Nesseln, Waldmeister u. a., die sich leicht ineinander verhaken), Grashalme, kleine Wurzeln und Pflanzenfasern, z. B. von Brennesseln. Vor allem an den „Ecken" (s. u., „Nestbefestigung") werden häufig Pflanzenwolle (z. B. von Pappeln, Weiden, Weidenröschen) oder auch Schafwolle, Spinnweben, Reste von Insektenkokons u. a. verbaut.

Zur (meist spärlichen) Innenauspolsterung können gelegentlich Tierhaare, Moos, Knospenschuppen, Samenschalen, Flugapparate von Pflanzensamen, Flechten u. a. verwendet werden. Die Auskleidung mit Pferdehaaren ist u. E. für frühere Zeiten häufiger beschrieben worden als man sie heute beobachtet und ist möglicherweise zurückgegangen. Rehhaare, die z. B. Meisen vielfach verwenden, findet man in Mönchsgrasmückennestern selten (z. B. Naumann 1897, Howard 1909, Rey 1912, Deckert 1955, Niethammer 1937, Campbell 1972, Hoeher 1972, Neubauer 1975, eigene Beobachtungen).

Eine sehr genaue Beschreibung und quantitative Analyse für eine Reihe von Nestern findet man in Pokrowskaja (1981), aufgeschlüsselt nach Baumaterialien für Nestwand, Mulde u. a., s. u., sowie in Bochenski (1985). Immer wieder kommen Nester vor, die überwiegend aus anderem Material gebaut werden. Manche Nester enthalten relativ viel Moos (s. o.). Nester in Feuchtgebieten können weitgehend aus Erlenwürzelchen gebaut sein und rotbraune Farbe haben, und in Norditalien fanden wir ein Nest, das nur aus synthetischer Angelschnur gebaut war; auch Nankinow, Ninow u. Kjutschukow (1986) berichten von Nylonfäden in einigen Nestern sowie von Drähtchen, Baumwollfäden usw. aus der Großstadt Sofia. Ansonsten findet man in den Nestern der Mönchsgrasmücke kaum Abfallmaterialien wie Plastik, Papier usw. im Gegensatz zu vielen anderen Nestern, z. B. von Finkenvögeln.

Nestbefestigung. Die Mönchsgrasmücke befestigt ihre Nester auf dreierlei Weise an den Nestträgern.

(1) Die meisten Nester sitzen auf tragenden Teilen wie Ästen und Zweigen auf oder sind in Astgabeln, Zweigbüschel oder Geranke eingesetzt und wirken dann wie „hineingesteckt" (Abb. 27).

(2) Ein beträchtlicher Anteil wird, vor allem an mehr oder weniger horizontalen Ästen, mit zwei Rändern angehängt, wobei die Ränder um die Äste herum verwoben werden (Abb. 27).

(3) Regelmäßig werden Nester auch nach Rohrsängerart an senkrechte Stengel angehängt, vor allem an Brennesseln, seltener an Schachtelhalm (10.4.), Weiderich, Schilf u. a. Ein Nest an Schilfhalmen zeigt die Abb. auf S. 188 in Pforr u. Limbrunner (1980). Dabei verwenden die Mönchsgrasmücken meist drei oder vier Stengel, sie können aber ihr Nest auch an zweien durchaus ausreichend befestigen (Abb. 27). Nankinow, Ninow u. Kjutschukow (1986) unterscheiden 5 Typen der Nestbefestigung, indem sie die „Steck"- und Hängenester weiter differenzieren. Beim Anhängen der Nester nach (2) und (3) entstehen die für viele Mönchsgrasmückennester typischen „Ecken": einmal da, wo der um Äste verwobene Nestrand in den freihängenden Teil des Nestrandes übergeht und zum anderen an den „Korbhenkeln", mit denen Nester an senkrechten Stengeln und Halmen angehängt sind (Abb. 27). Trotz der Fähigkeit der Mönchsgrasmücke, ihre Nester so verschiedenartig zu befestigen, sind nicht wenige so dürftig fixiert, daß sie während der Brut in Schieflage geraten und z. T. so stark kippen, daß Eier und Junge herausfallen können (Näheres s. z. B. Naumann 1897, Howard 1909, Rey 1912, Hoffmann in Glutz 1962, Christian 1967 a, b, Campbell u. Ferguson-Lees 1972).

Die Nester der Mönchsgrasmücke sind nicht immer leicht von denen der Gartengrasmücke zu unterscheiden. Unter hundert Nestern beider Arten begegnen uns stets einige, die wir auch nach langjähriger Erfahrung im Feld ohne nähere Untersuchung nicht ganz sicher zuordnen können. Die meisten Nester lassen sich jedoch aufgrund der Kombination folgender Regeln bestimmen:

(1) Die Nester der Mönchsgrasmücke wirken zierlicher, die der Gartengrasmücke plumper,

(2) Mönchsgrasmückennester wirken tiefer napfförmig, Gartengrasmückennester flacher (s. u., „Nestmaße"),

(3) die Mönchsgrasmücke baut „ordentlicher", bei den Nestern der Gartengrasmücke stehen oft Halme heraus, so daß die Nester „liederlicher" wirken und z. T. an Goldammernester erinnern,

(4) Mönchsgrasmückennester sind mehr dünnwandig und durchsichtig,

(5) Mönchsgrasmücken verbauen dünneres Material,

(6) mehr dunklere Stengel und Würzelchen, Gartengrasmücken mehr hellere Halme und

(7) Mönchsgrasmücken mehr verschiedenartiges, Gartengrasmücken mehr einheitliches Nistmaterial,

(8) Mönchsgrasmücken hängen ihre Nester vielfach an, die Nester der Gartengrasmücke sitzen praktisch alle auf Unterlagen auf, deshalb haben

(9) Mönchsgrasmückennester häufig „Ecken" (Abb. 27), die Gartengrasmückennestern fehlen, und

(10) verweben die Mönchsgrasmücken in die Nestränder regelmäßig feines Gespinst, das Gartengrasmückennestern nahezu völlig fehlt (s. auch Abb. IV/2).

Über Unterschiede in den Maßen und im Gewicht s. folgenden Abschnitt.

Nestmaße und -gewichte. 21 Nester aus Süddeutschland maßen im Durchschnitt im Außendurchmesser 9,6 $\pm$ 0,64 cm, im Innendurchmesser (Durchmesser der Mulde) 5,4 $\pm$ 1,4 cm, in der Gesamthöhe 5,9 $\pm$ 0,58 cm und in der Muldentiefe 4,0 $\pm$ 2,9 cm. Für 13 Gartengrasmückennester aus demselben Gebiet betrugen die

Werte 10,3 ± 0,37 cm, 3,8 ± 0,37 cm, 5,7 ± 0,56 cm und 5,6 ± 0,25 cm. Für den Außendurchmesser und den Durchmesser der Mulde sind die Unterschiede signifikant – die Nester der Mönchsgrasmücken haben somit in Süddeutschland einen kleineren Durchmesser und eine etwas engere Mulde.

Für andere Regionen werden recht ähnliche Maße angegeben, so z. B. von Naumann (1897) für Galizien, Polen und die UdSSR, von Geroudet (1963) für die Schweiz und von Nankinow, Ninow u. Kjutschukow (1986) für Bulgarien. Die Außendurchmesser variierten dabei von 8,5–11,9 cm, die Muldendurchmesser von 5–6,9 cm, die Nesthöhen von 4,5–7,8 (in einem Extremfall, Nankinow, Ninow u. Kjutschukow l.c., bis 20) cm und die Mulden in ihrer Tiefe von 3,8–6,5 cm.

Die 21 Nester aus Süddeutschland, deren Maße oben genannt sind, wogen nach Trocknung im Trockenschrank 5,8 ± 1,03 g, die 13 Nester der Gartengrasmücke hingegen 6,6 ± 1,73 g; Nankinow, Ninow u. Kjutschukow (1986) nennen 4 bis 6 g. Anhand größerer Serien ließe sich wahrscheinlich zeigen, daß Mönchsgrasmückennester signifikant leichter sind.

Wir fanden bei unseren brutbiologischen Untersuchungen von den Kapverdischen Inseln bis nach Finnland keine auffälligen Hinweise darauf, daß regionale Unterschiede in der Größe oder im Gewicht der Nester bestehen. Systematische Untersuchungen, z. B. im Hinblick darauf, ob die Nester in nördlichen Gebieten zur besseren Wärmedämmung vielleicht dickwandiger gebaut werden, stehen jedoch noch aus.

Nestbau. Bei der Mönchsgrasmücke wird das Brutnest regelmäßig von ♂ und ♀ zusammen gebaut, und die typische Nestbauweise ist das bei Vögeln weitverbreitete „Strampeln" (alternierende Beinbewegungen bei abgesenktem Oberkörper und leicht abgespreizten Flügelbugen unter seitlichem Drehen des Körpers, z. B. Deckert 1955). Der Nestbau der Mönchsgrasmücke ist in einer umfassenden Studie von Pokrowskaja (1981) für das Gebiet von Leningrad und Jaroslaw ausführlich beschrieben. Für die Untersuchung wurden von 1955–1978 über 120 Individuen in mehr als 700 Stunden beim Nestbau beobachtet, z. T. aus nur wenigen Metern Entfernung. Der Nestbau wird danach durch 17 mehr oder weniger verschiedene Verhaltensweisen und Bewegungen wie zirkulierende Flüge über dem ausgewählten Neststand-

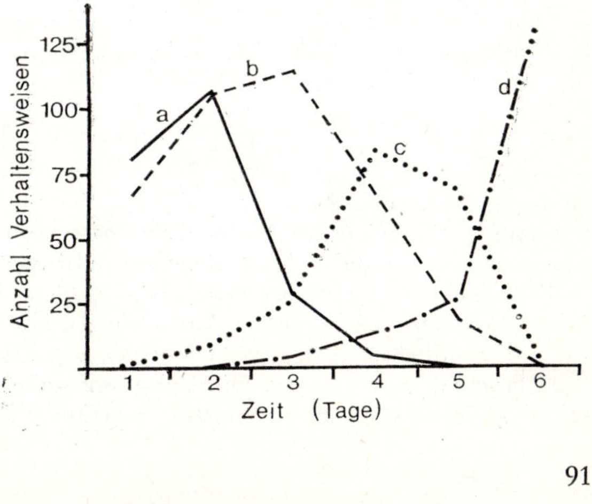

Abb. 57. Verteilung von Verhaltensweisen vor Beginn des Nestbaus. a: Überfliegen des künftigen Neststandorts, b: Anfliegen des Neststandorts („Zeigen"), c: Hüpfen im Astbereich des Neststandorts, d: Sitz auf dem Platz des künftigen Nestes. Nach Pokrowskaja 1981

ort, Drehbewegungen am Neststandort, Bespringen der nesttragenden Zweige u. a. m. eingeleitet, die sich in ihrer Menge auf den eigentlichen Nestbau hin stark verschieben (Abb. 57).

An verschiedenen Nestern, deren Bauzeit 3–7,5 Tage betrug, wurden folgende durchschnittliche Daten ermittelt. Die Menge der für den Rohbau des Nestes verwendeten Einzelteile schwankte zwischen 266 und 580, für die Auspolsterung der Mulde zwischen 77 und 211, die Anzahl der Anflüge zum Nestbau zwischen 241 und 652, die Anzahl der zum Bau aufgewandten Stunden zwischen 21,6 und 48,5, und die Entfernungen, in denen Nistmaterial gesammelt wurde, von 1–1123 m. Die Arbeit enthält ferner Angaben darüber, wieviel Zweige, Halme, Würzelchen usw. für die einzelnen Nester eingetragen wurden und wieviel Zeit zum Sammeln für die einzelnen Komponenten erforderlich war. Die Bauzeit betrug in Süddeutschland bei 18 Nestern im Mittel 3 (2–5) Tage (Bairlein 1978), in der Schweiz im Mittel 4 Tage (Hoffmann in Glutz 1962), und für die UdSSR nennen Dement'ev u. Gladkov (1968) 5–6 Tage. Ob dabei gesicherte regionale Unterschiede bestehen, z. B. in Abhängigkeit von im Mittel unterschiedlichen klimatischen Bedingungen, ist ungeklärt.

Aus einer Reihe von mehr oder weniger systematischen Untersuchungen und zufälligen Beobachtungen (z. B. Howard 1909, Witherby et al. 1938, Raines 1945, Pfeifer 1950, Deckert 1955, Bairlein 1978) ergeben sich weitere wichtige Einzelheiten. Wahrscheinlich bauen die ♀ insgesamt etwa doppelt so viel wie die ♂, aber zeitweise können die ♂ eifriger bauen als die ♀. Die ♀ sammeln möglicherweise das Nistmaterial mehr in Nestnähe, die ♂ mehr im ganzen Revier. Die verschiedenen Nistmaterialien werden in der Regel einzeln eingetragen, abgelegt und dann verbaut. Die Hauptnestbauaktivität fällt in den Vormittag – hier wurden beide Partner bis zu je etwa 70mal bauend beobachtet. Aber Mönchsgrasmücken werden auch mittags, selbst bei Hitze, beim Nestbau angetroffen, am späteren Nachmittag jedoch weniger. Es kann vorkommen, daß ♂ noch an ihren ♂-Nestern weiterbauen, während ♀ bereits am Brutnest arbeiten. Diese Beobachtung spricht dafür, daß ♀ den Standort des Brutnests bestimmen (10.3.).

Mönchsgrasmücken legen, wie die meisten Vögel, für jede Brut – auch für Ersatzbruten – ein neues Nest an. Der Bericht von Chance (1930), nach dem Mönchsgrasmücken in England nach Entnahme der Eier wieder in dasselbe Nest gelegt haben sollen, steht einzig da. Wir haben in Hunderten von ausgeraubten Nestern nie nachgelegte Eier beobachtet.

10.6. Eier und Eiablage

Maße, Färbung und Zeichnung der Eier der Mönchsgrasmücke wurden kürzlich in unserem Institut einer Varianzanalyse unterzogen (Walther 1986, 1987). Walther untersuchte dabei 179 Gelege von südfranzösischen Mönchsgrasmücken, die in Volieren der Vogelwarte brüteten, sowie 20 Gelege süddeutscher Vögel aus dem Freiland. Viele der nachfolgenden Ausführungen beziehen sich auf Walthers Arbeit, die die gründlichste verfügbare Untersuchung darstellt.
Form und Struktur. Die Variationsbreite der Eiformen reicht nach der Terminologie von Makatsch (1974) von kurzelliptischen (fast kugelrunden) Eiern

Abb. 58. Eiformen südfranzösischer Vögel. Von links nach rechts: langelliptisch, spitzoval, kurzspitzoval und kurzelliptisch (fast kreisrund). Nach W a l t h e r 1986

über kurzspitzovale (normal „eiförmige") und spitzovale (am spitzen Pol stärker zugespitzte) Eier bis hin zu langelliptischen (langgestreckten, walzenförmigen Eiern, Abb. 58). In W a l t h e r s Untersuchung kamen die spitzovalen am häufigsten vor. Die Schale der Mönchsgrasmückeneier ist feinkörnig, glatt und glänzend.

F ä r b u n g u n d Z e i c h n u n g. Nach der Grundfarbe unterscheidet W a l t h e r (1986) fünf Typen: weiße, hellbeige, rötlichweiße, rötlichbraune und graubraune Eier, und er hat versucht, sie definierten Farben der Farbtabellen von K ü p p e r s (1984) zuzuordnen. Das kann jedoch nur teilweise gelingen, da zum einen sehr viele Varianten in der Grundfärbung vorliegen, die in der Literatur als lederfarben, steingrau, aschfahl, grünlichweiß, gelblich usw. beschrieben werden, und weil zum anderen auch die sehr variable Fleckung (s. u.) zusätzliche Farbeffekte mit sich bringt. So geben die verschiedenen Färbungs- und Zeichnungsmuster von Mönchsgrasmückeneiern insgesamt eine bunte Palette ab (Abb. IV/5 u. IV/1). Die Mehrzahl der von W a l t h e r untersuchten Eier wies die Grundfarben hellbeige und weiß auf, danach folgten rötlichweiße und rötlichbraune Eier.

In ihrer Grundfärbung besonders auffallend sind die sogenannten erythristischen Eier (Abb. IV/5), die fast ungefleckt rötlich oder zusätzlich mit rötlichen Flecken vorkommen. Erythristische Gelege sind von den Atlantischen Inseln (Madeira, H a r t w i g 1891, Kanarische Inseln, B a n n e r m a n u. B a n n e r m a n 1965) bis nach Skandinavien (C h r i s t i a n 1967 b) nachgewiesen. Ihre Anteile schwanken gebietsweise zwischen etwa 6 und 35 % (z. B. R e y 1912, C h r i s t i a n 1967 b, M a k a t s c h 1976, G n i e l k a 1987). Hierbei handelt es sich wohl um eine Farbmutante, die nur in geringem Umfang im Erbgut der Art verankert ist und den weitgestreuten Nachweisen nach in allen Populationen zu erwarten ist.

Neben den regelmäßig auftretenden erythristischen Gelegen kommen sehr selten – als Aberration – reinweiße Gelege vor (W i t h e r b y et al. 1938, K o e n i g 1904, wir fanden eines unter über 1000) und einzelne (fast) weiße Eier (z. B. B a n n e r m a n u. B a n n e r m a n 1965, W a l t h e r 1986, Abb. IV/5).

Die weitaus meisten Eier haben außer der Grundfarbe eine mehr oder weniger ausgeprägte Zeichnung in Form von Flecken sehr unterschiedlicher Form, Größe, Farbe, Intensität und randlicher Schärfe. Besonders auffallend sind die sogenannten Brandflecken mit rötlichbraunem Rand (Abb. IV/5). Die insgesamt meist dunklen Flecke ergeben nach W a l t h e r (1986) bald schwach, bald intensiv gezeichnete Eier, die gefleckt, gewölkt und marmoriert erscheinen oder Kranzbildung am stumpfen Pol, einen Gradienten zum stumpfen Ende hin sowie äquatoriale Zeichnung aufweisen können (Abb. IV/5). Von den verschiedenen Zeichnungsformen überwiegen marmorierte Eier und dunkelbraune Flecken, und die meisten Eier tragen Flecken auf mehr als der Hälfte ihrer Oberfläche. Die Variation der Eifärbung und -zeichnung ist so groß, daß W a l t h e r (1986) bei subtiler Betrachtungsweise nur bei weniger als 5 % der Gelege durchweg gleich erscheinende Eier fand, und der Anteil an Gelegen, in denen alle Eier als verschieden eingestuft wurden, betrug über 50 %. Dennoch erwecken die Eier vieler Gelege bei flüchtiger Betrachtung einen recht ähnlichen Eindruck. Nach Dement'ev u. Gladkov (1968) soll das zuletzt gelegte Ei manchmal heller sein. Weitere Einzelheiten über Färbung und Zeichnung s. vor allem Schönwetter (1960–1979).

Wie die Nester (10.5.), so sind auch die Eier der Mönchsgrasmücke nicht immer sicher durch bloßes Betrachten von denen der Gartengrasmücke zu unterscheiden. Nach Christian (1967 b) liegt die Verwechslungsrate in der Größenordnung von 5 %. Im Mittel sind die Eier der Mönchsgrasmücke weniger weißgründig, mehr beige bis bräunlich, weniger grünlichweiß, dichter und mehr verwaschen gefleckt und insgesamt von wärmerem Farbton, und erythristische Gelege treten bei der Gartengrasmücke nur äußerst selten auf. Weitere Einzelheiten s. z. B. Naumann (1897), Rey (1912), Niethammer (1937), Christian (1967 b), Hoeher (1972).

Eimaße und -gewichte. Die Mönchsgrasmücke legt im Hinblick auf ihre Körpergröße Eier in normaler Größe mit einem relativen Eigewicht von etwa 11 % (Schönwetter 1960–1979). Die in Tabelle 6 aufgelisteten Eimaße sind für Mittel-, Nord- und Osteuropa sowie Afrika recht ähnlich; weitere Maße s. v. a. Schönwetter (1960–1979). Walther (1986) fand bei statistischen Vergleichen der Eier der südfranzösischen und süddeutschen Population signifikante Unterschiede in der Breite und im Eiindex, nicht jedoch in der Länge oder im Volumen. Die

Tabelle 6. Eimaße verschiedener Mönchsgrasmückenpopulationen

Population, Autor	n	Länge	Breite	Index (Schönwetter 1960–79)	Volumen (Hoyt 1979)
		$\bar{x}$ (mm) ± s Vb (mm)		$\bar{x}$ ± s Vb	$\bar{x}$ (mm^3) ± s Vb (mm^3)
Südfranzösische Population 1985 (Walther 1986)	355	19,29 ± 1,07 16,7 – 22,0	14,56 ± 0,53 13,2 – 16,5	1,33 ± 0,07 1,15 – 1,55	2092,49 ± 229,82 1510,7 – 2943,6
Süddeutschland (Walther 1986)	83	18,87 ± 0,89 17,1 – 20,3	14,96 ± 0,73 13,5 – 15,9	1,29 ± 0,07 1,12 – 1,47	2063,15 ± 192,13 1670,5 – 2565,8
Mitteleuropa (Makatsch 1976)	536	19,78 16,4 – 22,6	14,90 12,8 – 16,6	–	–
Schweden (Rosenius 1926–1949)	163	19,56 17,0 – 22,0	14,82 14,0 – 16,5	–	–
Großbritannien (Witherby et al. 1938)	100	19,58 18,2 – 21,3	14,74 13,6 – 16,1	–	–
UdSSR, Pleske in Naumann 1897)	148	19,2 17,5 – 22,0	14,5 13,5 – 15,5	–	–
Kanarische Inseln (Koenig 1890)	17	19,1 ± 1,34 16 – 21	14,1 ± 0,97 12 – 15,9	–	–

Eier aus Süddeutschland waren somit breiter, aber eher kürzer, und letztlich in der Gesamtgröße nicht von den französischen verschieden. Das Beispiel zeigt, daß relevante Größenunterschiede u. U. nur über verschiedene Verfahren zu ermitteln sind. Bisher ist offen, ob verschiedene Mönchsgrasmückenpopulationen, die zwischen den Grenzen der Verbreitung der Art ganz erheblich in der Körpergröße variieren (3.5.), auch gebietsweise verschieden große Eier legen. Hartwig (1891) vermutet, daß die Eier der Vögel auf Madeira kleiner sind als in Mitteleuropa, aber gesicherte Daten fehlen. Die Eimaße von Koenig (1890) liegen jedoch in derselben Größenordnung wie die nördlicher Populationen (Tab. 6). Walther (1986) berechnete, daß bei allen Maßen der größte Varianzanteil (etwa 50 %) durch Unterschiede zwischen ♀ erklärt wird, etwa 17 % durch Unterschiede zwischen den Gelegen eines ♀ und die Restvarianz durch Unterschiede zwischen den Eiern innerhalb von Gelegen. Er stellte bei der südfranzösischen Population außerdem fest, daß sich Länge, Breite und Volumen der Eier von den Erst- auf die Folgebruten signifikant verringern. Diese Beobachtung ist bei künftigen vergleichenden Untersuchungen über Eimaße zu berücksichtigen.

Wie bei anderen Vogelarten, so kommen auch bei der Mönchsgrasmücke sogenannte Riesen- und Zwergeier vor. Maße hierfür betrugen nach Rey (1912) 24,2 × 16,0 bzw. 12,9 × 11,0 mm, und diese Eier wogen 0,16 bzw. 0,07 g. Das Frischvollgewicht wird von Hoeher (1972) mit 1,8–2,1 g angegeben, von Makatsch (1976) mit durchschnittlich 2,26 g. 23 Eier aus der Umgebung von Radolfzell wogen im Mittel 2,21 ± 0,17 (1,8–2,5) g. Die durchschnittlichen Schalengewichte betragen nach der Zusammenstellung in Makatsch (1976) 118–132 mg, im Extrem 70 bis 170 mg.

Eiablage. Mönchsgrasmücken legen, wie Kleinvögel allgemein, in aller Regel ihre Eier in täglichem Abstand. Größere Legeabstände werden selten beobachtet, in manchen Fällen durch Verlegen oder Verlust einzelner Eier nur vorgetäuscht. Roberts (1935/36) beschreibt eine Legepause von vier Tagen. Bairlein (1978) fand in einem Nest von einem Tag zum nächsten zwei zusätzliche Eier, wobei offen ist, ob nicht zwei ♀ dazugelegt hatten. Die Eiablage erfolgt regelmäßig am frühen Morgen. Bairlein (1978) ermittelte für sieben Fälle die Zeit zwischen 4.30 Uhr und 5.40 Uhr. Bei unseren Volierenbruten (14.1.) sind die neuen Eier stets gelegt, wenn die Vögel gegen 6–7 Uhr versorgt werden.

10.7. Gelegegröße

Geographische Variationen. In Mönchsgrasmückennestern findet man überall im Verbreitungsgebiet 2–5 Eier, in Europa auch 2–7 Eier, wobei die mittlere Gelegegröße geographisch erheblich variiert. Wie Tabelle 7 zeigt, nimmt sie von den Kapverdischen Inseln mit durchschnittlich knapp 3,5 Eiern über die Kanarischen Inseln mit knapp 4 Eiern nach Europa auf reichlich 4,5 Eier zu. Die Gelegegrößenzunahme ist von Afrika nach Europa signifikant. Im Gegensatz zu Dorn-, Garten- und Klappergrasmücke läßt sich jedoch bei der Mönchsgrasmücke keine Zunahme der Gelegegröße innerhalb Europas von S nach N nachweisen (Korrelationsanalyse an umfangreichem Datenmaterial s. in Bairlein et al. 1980; durchschnittliche Gelege aus Finnland und aus der Litauischen SSR sind nicht größer als z. B. solche in Südfrankreich, in der Schweiz oder in Süddeutschland).

Tabelle 7. Geographische Variation der Gelegegröße

Region	$\bar{x} \pm s$	Vb	n	Zitat
Kapverden, Saò Tiago	3,46 ± 0,78	2 – 5	39	Berthold u. Querner (unveröffentl.)
Kanaren, Teneriffa	3,81 ± 0,60	3 – 4[1)]	11	Berthold u. Querner (unveröffentl.)
Südfrankreich, Provence	4,65 ± 0,55	3 – 5	100	Berthold et al. (unveröffentl.)
Schweiz	4,57 ± 0,69	2 – 7	265	Hoffmann in Glutz 1962
Süddeutschland	4,76 ± 0,58	2 – 6	662	Bairlein et al. 1980
Großbritannien	4,65 ± 0,78	2 – 7	669	Mason 1976
Litauische SSR	4,61 ± 0,65	2 – 6	67	Aleknonis 1976
Finnland	4,59 ± 0,69	3 – 6	27	v. Haartman 1969

[1)] Koenig (1904) erhielt unter 17 Gelegen von den Kanaren zwei 5er-Gelege

Das Verteilungsmuster der Gelegegröße (Abb. 59) ist in Europa sehr einheitlich: von der Schweiz bis Finnland dominieren 5er Gelege, gefolgt von 4er Gelegen, an die sich meist 3er und dann 6er Gelege anschließen. In Südfrankreich stehen ebenfalls 5er Gelege deutlich an der Spitze, gefolgt von 4er und 3er Gelegen, auf den Kanaren und Kapverden dominieren hingegen 4er Gelege, gefolgt von 3er und 2er Gelegen. Koenig (1904) erhielt auf den Kanaren auch 5er Gelege (Tab. 7). Während 2er Gelege wohl in allen Populationen vorkommen und z. T. ganz regelmäßig auftreten, vor allem bei Spätbruten (s. u.), sind die wenigen beschriebenen 7er Gelege (Tab. 7, s. auch Robien 1939, Schmidt 1984) problematisch. Da 6er Gelege in Mittel- und Nordeuropa ganz regelmäßig vorkommen, sind vereinzelte 7er Gelege theoretisch nicht auszuschließen. Aber es könnte sich bei ihnen auch um Fälle handeln, in denen zwei ♀ in ein Nest gelegt haben, z. B. beim Auftreten von Bigamie (10.2.). Somit stehen gesicherte Nachweise für 7er Gelege noch aus.

Jahreszeitliche Variation. Bei der Mönchsgrasmücke verändert sich, in ähnlicher Weise wie bei den anderen mitteleuropäischen Grasmückenarten und wie bei vielen anderen Vogelarten, die durchschnittliche Gelegegröße signifikant mit der Jahreszeit (Abb. 60). Diese Veränderungen verlaufen bei der Mönchsgrasmücke zumindest in weiten Teilen Europas sehr einheitlich. Am auffallendsten ist ein

---

III/1	III/2
III/3	

Tafel III

Abb. III/1. Singendes Männchen. Aufn. R. Müller

Abb. III/2. Männchen in Ruhestellung. Aufn. A. Saunier

Abb. III/3. Mönchsgrasmücke beim Pflücken einer Hartriegelbeere. Aufn. P. Zeininger (Volierenaufnahme)

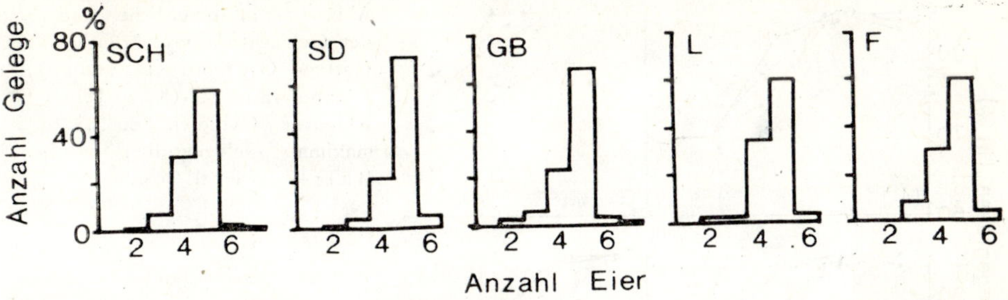

Abb. 59. Prozentuale Verteilung der Gelegegrößen in der Schweiz (SCH), in Süddeutschland (SD), Großbritannien (GB), der Litauischen SSR (L) und in Finnland (F). Nach B a i r l e i n et al. 1980

starker Abfall der Gelegegröße um knapp 30 %, der etwa nach dem ersten Drittel der Brutzeit beginnt und dann nahezu linear bis zu ihrem Ende verläuft. Bis diese Abnahme einsetzt, ist die Gelegegröße bei der Mönchsgrasmücke weitgehend konstant oder zeigt sogar leicht zunehmende Tendenz. Im jahreszeitlichen Muster dieser „Kalendereffekte" der Gelegegröße gleicht die Mönchsgrasmücke weitgehend Dorn- und Klappergrasmücke, während bei der Gartengrasmücke die Gelegegröße von Brutbeginn an abfällt (Abb. 60, 10.13.). Wir konnten die jahreszeitliche Gelegegrößenreduktion besonders eindrucksvoll an einem Brutpaar südfranzösischer Mönchsgrasmücken in unseren Volieren beobachten. Bei einem Paar, das 1977 nacheinander 7 Bruten begann, nahm die Zahl der Eier von anfänglich 5 über 4 auf schließlich 3 ab (Abb. 61).

B i o t o p a b h ä n g i g e V a r i a t i o n u. a. Für Süddeutschland (B a i r l e i n et al. 1980) ließ sich ein signifikantes Gefälle der Gelegegröße von Auwäldern und auwaldähnlichen Gebieten wie naturnahen Parks, feuchten Ufergehölzen usw. über Nadelwälder und Mischwälder zu offenem Gelände mit Hecken, wenig Bäumen und teilweisem Ödlandcharakter nachweisen (Tab. 8). Eingehende statistische Untersuchungen (B a i r l e i n et al. 1980) ließen bisher keinen Einfluß der Meereshöhe auf die Gelegegröße erkennen. Scheinbare Abnahme der Gelegegröße mit zuneh-

---

IV/1	IV/2
IV/3	IV/4

IV/5

Tafel IV

Abb. IV/1. Nest mit Gelege. Aufn. D. H a r m s

Abb. IV/2. Mönchsgrasmückennest mit 5- und 6tägigen Jungen. Aufn. M. P f o r r

Abb. IV/3. Mönchsgrasmückennest mit fast flüggen Jungen. Aufn. M. P f o r r

Abb. IV/4. Männchen am Nest mit gestellter Haube. Aufn. D. H a r m s

Abb. IV/5. Unterschiede in der Eiform, -färbung und -zeichnung

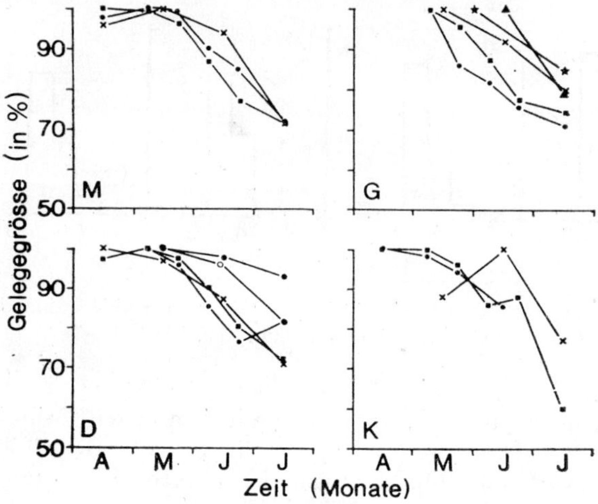

Abb. 60. Jahreszeitliche Änderung der Gelegegröße von Mönchs- (M), Garten- (G), Dorn- (D) und Klappergrasmücke (K) in verschiedenen Gebieten. 100 %: maximale Gelegegröße. Nach Bairlein et al. 1980

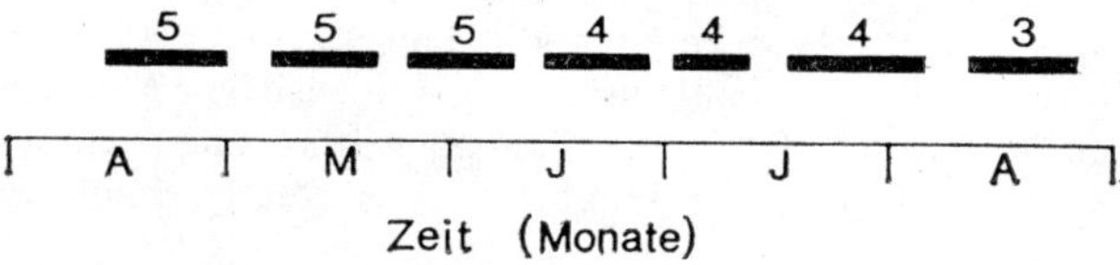

Abb. 61. Zeitliche Folge von sieben Bruten eines Paares in einer Voliere (Balken). Zahlen: Eier je Gelege. Nach Berthold u. Querner 1978a

mender Höhe ist auf spätere Legebeginne und damit jahreszeitlich bedingte Gelegegrößenabnahme zurückzuführen. Ob Beziehungen der Gelegegröße zum Alter der Brutvögel, zu Erst- und Ersatzbruten, zum Partnerwechsel bei Ersatzbruten oder zur Siedlungsdichte bestehen, ist bisher, vor allem wegen unzureichender Daten, nicht untersucht worden. Im Hinblick auf dichteabhängige Faktoren fällt auf, daß Mönchsgrasmücken in mitteleuropäischen Auwäldern, wo sie ihre größte bekannte Siedlungsdichte erreichen (11.6.), die höchsten durchschnittlichen Gelege haben. Auf den Kapverdischen Inseln fanden wir jedoch bei ebenfalls sehr hoher Dichte (11.6.) die durchschnittlich kleinsten bekannten Gelege. Bei letzteren könnte die geringe Größe jedoch ausschließlich auf geographischer Variation beruhen (s. o.).

Tabelle 8. Gelegegröße in verschiedenen Lebensräumen Süddeutschlands. Nach Bairlein et al. 1980

	Auwälder	Mischwälder	offenes Gelände
n	190	285	59
$\bar{x} \pm s$	4,89 ± 0,48	4,76 ± 0,58	4,71 ± 0,55

10.8. Brutperiode

Betrachtet man das gesamte Brutgebiet der Mönchsgrasmücke summarisch, so trifft man zu allen Monaten des Jahres brütende Vögel an. Die geographische Lage des Brutgebiets und eine ganze Reihe weiterer Faktoren bewirken jedoch erhebliche Variabilität.

Geographische Variation. Die ausgedehnteste Brutperiode hat die Population der Kapverdischen Inseln. Dort wurden mit Ausnahme des Juli in allen Monaten Nester gefunden (z. B. Bourne 1955, de Naurois 1969, de Naurois u. Bergier 1986). Die Bruten gipfeln dabei in zwei weitgehend getrennten Brutperioden im Frühjahr und im Herbst, variieren jedoch stark in Abhängigkeit von unregelmäßig auftretenden Niederschlägen. Bei Gonadenuntersuchungen an langfristig gekäfigten kapverdischen Mönchsgrasmücken (10.13.) fanden wir zwei sexuell aktive Phasen von je etwa vier Monaten, die mit der im Freiland aufgrund von Nestfunden zu veranschlagenden Brutzeitdauer gut übereinstimmen.

Nach Norden hin engen sich die Brutzeiten stark ein. Brutvögel der Kanarischen Inseln legen ab etwa Mitte März, Populationen Süd- und Westeuropas ab Anfang April, mitteleuropäische Mönchsgrasmücken ab Mitte April und nord- und osteuropäische Populationen erst ab Mitte bis Ende Mai (Tab. 9) oder sogar erst im Juni (Dement'ev u. Gladkov 1968). Somit streuen die Legebeginne von den Kanarischen Inseln bis in den NO des Verbreitungsgebiets um fast drei Monate.

Tabelle 9. Geographische Variation der Legebeginne

Region	frühester Legebeginn	Median, Variationsbreite und Legezeitspanne aus systematischen Untersuchungen	Zitat
Kanaren, Teneriffa	17. 3.		Berthold u. Querner (unveröffentl.)
Schweiz	6. 4.		Hoffmann in Glutz 1962
Frankreich	7. 4.		Labitte 1955
Süddeutschland	17. 4.	15. 5., 17. 4.–29. 7., 104 Tage, n = 684	Bairlein et al. 1980
Luxemburg	28. 4.		Morbach 1943
Belgien	Ende 4.		Verheyen 1967
Niederlande	Ende 4.		Eykman et al. 1936
Großbritannien	6. 4.	15. 5., 6. 4.–19. 7., 105 Tage, n = 681	Mason 1976
Pommern (Pomorze)	4. 5.		Robien 1939
Estnische SSR	12. 5.		Edula 1976, 1977
Sowjetunion	Mitte 5.		Dement'ev u. Gladkov 1968
Finnland	25. 5.	14. 6., 25. 5.–14. 7., 51 Tage, n = 44	v. Haartman 1969

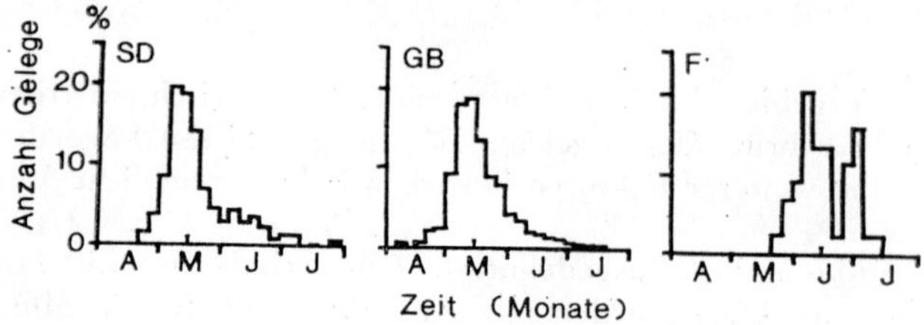

Abb. 62. Prozentuale Verteilung der Legebeginne nach Jahrespentaden in Süddeutschland (SD), Großbritannien (GB) und Finnland (F). Nach Bairlein et al. 1980

Ähnlich unterschiedlich ist auch die Hauptlegezeit, die auf den Kanaren in die zweite Märzhälfte fällt, in Südfrankreich auf Ende April/Anfang Mai, in Süddeutschland und Großbritannien in die erste Maihälfte und in Finnland in die erste Junihälfte (Abb. 62). Bei allen Populationen von den Kanaren bis zu den nördlichen Grenzen des Verbreitungsgebiets endet die Brutperiode im Sommer. Die genauen Zeiten der letzten Bruten sind jedoch viel weniger gut bekannt als die Legebeginne. Die letzten bekannt gewordenen Legebeginne liegen in Süddeutschland 10 und 14 Tage später als in Großbritannien und Finnland (Tab. 9). Daraus und aus den stark verschiedenen Legebeginnen ergibt sich z. B. für Süddeutschland und Großbritannien eine Legeperiode von reichlich 100 Tagen, für Finnland hingegen nur eine etwa halb so lange Legeperiode. Rechnet man die Zeit hinzu, die vom Legen bis zum Selbständigwerden der Jungvögel vergeht (10.10.–10.12.), so errechnet sich für Mitteleuropa eine durchschnittliche Brutperiode von etwa vier Monaten, für Nordeuropa von nur etwa zweieinhalb Monaten. Über extrem späte Bruten liegen für Mittel- und Südeuropa folgende Daten vor. Der für Südwestdeutschland späteste bekannt gewordene Legebeginn fiel auf den 29. Juli (Tab. 9). Nach Bezzel u. Lechner (1978) wurden in Bayern in einem Fall eben flügge Junge noch am 27. August angetroffen, und Canobbio (1979) beschreibt eine erfolgreiche Septemberbrut. Und zwar wurden bei Mailand am 17. 9. 1978 in einem Nest vier 10- bis 12tägige Junge angetroffen, von denen drei ausflogen.

Zeitliche Variabilität. Innerhalb der verschiedenen Regionen ist die Brutperiode sowohl durch starke Intensitätsschwankungen in der Anzahl der jeweils gezeitigten Gelege charakterisiert als auch einer erheblichen Variation von Jahr zu Jahr unterworfen. Die ziehenden Populationen Mittel- und Osteuropas beginnen in der Regel 2–4 Wochen nach der Ankunft im Brutgebiet zu legen (z. B. Steinfatt

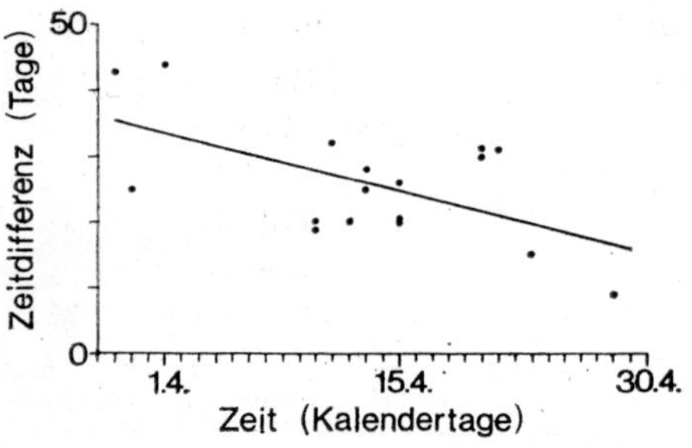

Abb. 63. Abhängigkeit der Zeitdifferenz zwischen Ankunft der ♂ und erstem Ei vom Zeitpunkt der Ankunft. Nach Bairlein 1978

Abb. 64. Prozentuale Verteilung der Legebeginne nach Jahrespentaden in Süddeutschland. Links: für Höhenlagen unter 250 m, rechts: über 500 m. Pfeile: Median. Nach B a i r l e i n et al. 1980

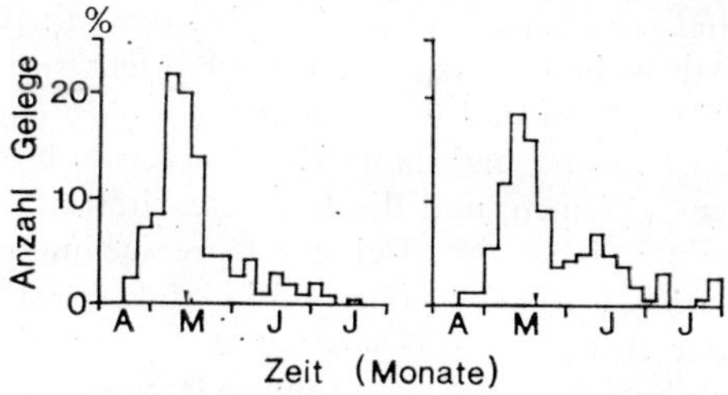

1942, S t e i n 1974, B a i r l e i n 1978). B a i r l e i n (1978) stellte außerdem fest, daß zwischen Fertigstellung des Nestes und Ablage des ersten Eies in Süddeutschland im Mittel 2,5 (0–8) Tage verstrichen. Weiterhin zeigte sich, daß Paare relativ früher zu brüten beginnen, je später zumindest die ♂ davon in das Brutgebiet zurückkehren (Abb. 63).

In Abhängigkeit vor allem von den Wetter- und Nahrungsverhältnissen kann der Beginn der Brutperiode zumindest bei den mehr nördlich lebenden Populationen von Jahr zu Jahr ganz erheblich schwanken. Für Süddeutschland (B a i r l e i n et al. 1980) ließ sich für einen Zeitraum von 30 Jahren (1947–1977) eine Streuung des Legebeginns von 27 Tagen – also von fast einem Monat – nachweisen, die vom 17. April bis zum 13. Mai reichte. M a s o n (1976) berechnete für Großbritannien für 21 Jahre eine Streuung von 14 Tagen, die vom 10. April bis zum 20. Mai pendelte.

In Abb. 62 sind die Legemuster von drei Populationen für die gesamte Brutperiode dargestellt. Sie zeigen ganz charakteristische Formen, und zwar sind sie alle stark linkssteil oder rechtsschief. Das bedeutet, daß sowohl in Süddeutschland wie in Großbritannien und Finnland die meisten Bruten zu Beginn der populationsspezifischen Brutzeit begonnen werden. In Finnland mit der relativ kürzesten Brutzeit ist der nachfolgende Abfall in der Anzahl der Gelege zunächst verzögert, dann aber am steilsten.

A b h ä n g i g k e i t v o n M e e r e s h ö h e u n d B i o t o p. Für Süddeutschland

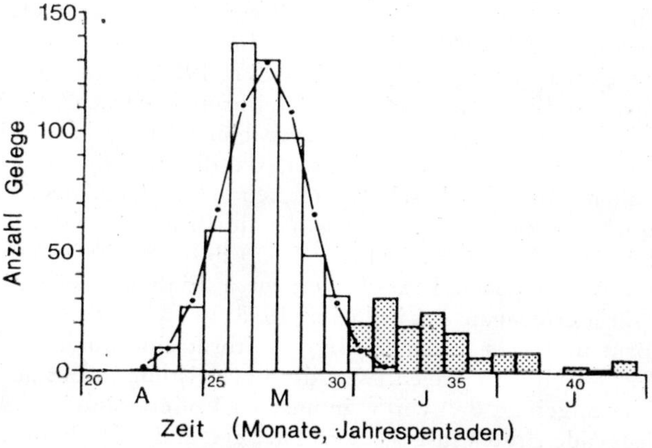

Abb. 65. Prozentuale Verteilung der Legebeginne nach Jahrespentaden in Süddeutschland (Säulen) und angepaßte Funktion (Kurve), punktiert: Folgebruten. Nach B a i r l e i n 1982a

ließ sich nachweisen, daß sich der mittlere Legebeginn (Median) mit zunehmender Meereshöhe verspätet. Er verschiebt sich für die drei Höhenbereiche bis 250 m, von 251–500 m und über 500 m vom 14. über den 15. auf den 20. Mai. Außerdem ist das Legemuster und damit die Brutzeit in Höhen über 500 m mehr gedrängt als in niedrigeren Lagen, und die Legeintensität ist weniger auf den Beginn der Brutzeit konzentriert (Abb. 64). Bei der Untersuchung verschiedener Biotope zeigte sich, daß der Median der Legebeginne in Süddeutschland für Nester in Koniferen (die früh in der Brutperiode bevorzugt werden, 6.1., 10.4.) auf den 16. Mai fiel, für Nester auf anderen Nestträgern (außer Brennesseln) hingegen erst auf den 21. Mai (Näheres s. Bairlein et al. 1980).

10.9. Anzahl Jahresbruten

Die Mönchsgrasmücke macht in der Regel nur eine Jahresbrut, und andersartige, in der Literatur z. T. verbreitete Ansichten (z. B. Niethammer 1937) sind falsch. Der Nachweis hierfür ist leicht zu erbringen.

(1) Die Legemuster der Mönchsgrasmücke sind zumindest in Mittel-, West- und Nordeuropa eingipflig (Bairlein et al. 1980, Abb. 65), oder ein zweiter Gipfel liegt, wie für Finnland festgestellt (Abb. 62), so dicht beim ersten Gipfel, daß er nur durch Ersatzbruten oder späte Erstbruten bedingt sein kann. Nirgendwo (mit Ausnahme der Kapverdischen Inseln, s. u.) läßt ein Legemuster einen ausgeprägten zweiten Gipfel erkennen, der auf Zweitbruten in größerem Umfang schließen ließe.

(2) Bairlein (1982 a) konnte durch eine statistische Analyse des Legemusters süddeutscher Mönchsgrasmücken zeigen, daß die Legebeginne der Erstbruten annähernd normal verteilt sind und daß der Anteil aller Folgebruten nur etwa 23 % ausmacht (Abb. 65). Bei dem bekanntermaßen hohen Anteil von Nestverlusten bei der Mönchsgrasmücke (6.4.2., 11.2.) handelt es sich bei diesen Folgebruten stets zumindest zu einem Großteil um Ersatzbruten, die auch häufig nachgewiesen wurden (z. B. Bairlein 1978). Zu entsprechenden Ergebnissen kommt Gnielka (1987).

(3) Obwohl eine ganze Reihe von brutbiologischen Studien mit umfangreichen Beringungen zur Brutzeit an Mönchsgrasmücken durchgeführt wurde (Übersicht Bairlein et al. 1980), sind bisher insgesamt nur fünf zweifelsfreie Nachweise von Zweitbruten gelungen (Bairlein 1975, 1978). Offen ist, in welchem Umfang mehr südliche Populationen Zweitbruten machen, die wesentlich geringere Gelegegrößen (10.7.) und frühere Legebeginne (10.8.) haben. Für die Vögel der Kapverdischen Inseln sind Zweitbruten, da die Individuen zwei Gonadenzyklen im Jahr haben (10.13.), als sehr wahrscheinlich anzunehmen. Bei ihnen verteilen sie sich jedoch auf zwei weitgehend getrennte Brutzeiten (10.8.). Bei Ersatzbruten kam es in Süddeutschland (Bairlein 1978) durchschnittlich etwa 12 Tage nach Verlust einer vorangegangenen Brut zur erneuten Eiablage. Für die fünf sicheren Zweitbruten (s. o.) errechnete Bairlein (1978) zwischen dem Ausfliegen der Jungen der ersten Brut und dem ersten Ei der Zweitbrut eine durchschnittliche Zeitspanne von rund 21 ± 4 (16–27) Tagen. Was die Legeleistung in der gesamten Brutzeit anbelangt, sei hier angefügt, daß ein ♀ in unseren Volieren in einer Saison für sieben aufeinanderfolgende Bruten insgesamt 30 Eier gelegt hat (Abb. 61).

10.10. Bebrütung, Brutdauer und Schlüpfen der Jungen

Bebrütung. Mit der Bebrütung der Eier wird z. T. unmittelbar nach dem Legen des ersten Eies oder bald danach begonnen. Einmal bleiben die ♀ nicht selten nach dem Legen eine Zeitlang auf dem Nest sitzen, und auch die ♂ können sich alsbald, auch schon vor den ♀, auf die Eier setzen (Howard 1909, Pfeifer 1950, Wahn 1950, eigene Beobachtungen). Die effektive Bebrütung der Eier setzt jedoch in der Regel wohl erst dann ein, wenn eine bestimmte mittlere Gelegegröße erreicht ist (Senk u. Bairlein 1978). In Süddeutschland dürfte dies nach Untersuchungen an markierten Eiern und der Schlüpfreihenfolge der Jungen (s. u.) in der Regel ab 3–4 Eiern der Fall sein. Der genaue Brutbeginn ist jedoch unbekannt; er ließe sich nach dem heutigen Stand der Technik zumindest an einer Reihe von Bruten durch Telemetrie der Eitemperaturen genau bestimmen. Eine entsprechende Untersuchung wäre sicher sehr reizvoll.

Bei der Mönchsgrasmücke brüten regelmäßig beide Partner, und ♂ wie ♀ entwickeln zur Brutzeit einen Brutfleck (Efremov u. Paevskii 1973). Anteile und tageszeitliche Muster der beiden Geschlechter sind jedoch recht verschieden. Nachts brüten wohl stets die ♀ (Naumann 1897, Steinfatt 1942, Bairlein 1978), nach Efremov u. Paevskii (1973) auf der Kurskaja Kossa (Kurischen Nehrung) 5–8,5 Std. Die beiden russischen Autoren stellten an automatisch registrierten Bruten ferner u. a. fest, daß die ♂ tagsüber 11mal im Mittel etwa 16 min auf dem Nest saßen, ♀ bis zu 43mal und im Mittel bis zu etwa 35 min. Brutablösung kommt deshalb am Tag häufig vor. ♂ verließen die Nester während ihrer Bebrütungsphasen viel häufiger als ♀, und die Gelege waren dabei bis über 100 min ohne brütenden Vogel. Die Eier wurden auch vom ♂ gewendet, insgesamt bis zu 90mal am Tag.

Bairlein (1978) beobachtete an der süddeutschen Population (Abb. 66), daß die ♂ vom Morgen an zunehmend mehr brüten, besonders viel um die Mittagszeit und ebenfalls verstärkt am späteren Nachmittag und frühen Abend. Insgesamt lag

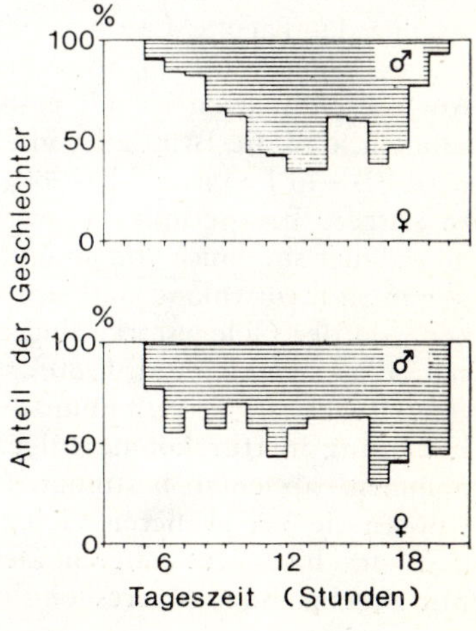

Abb. 66. Tageszeitliche Beteiligung der Geschlechter am Brutgeschäft. Oben: Bebrütung, unten: Hudern. Nach Bairlein 1978

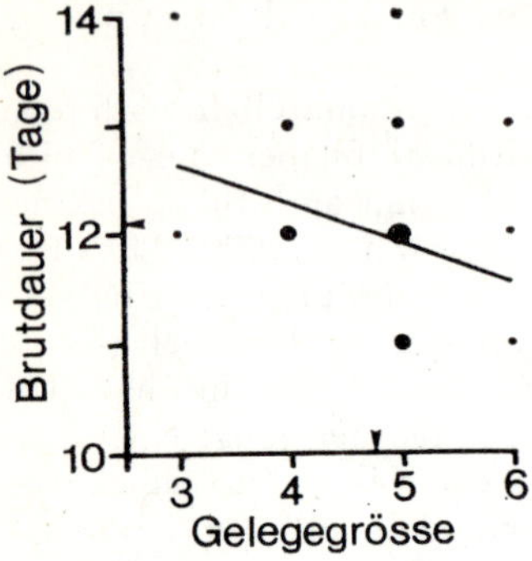

Abb. 67. Abhängigkeit der Brutdauer von der Gelegegröße. Nach B a i r l e i n et al. 1980

ihr Anteil an der gesamten Bebrütung jedoch nur bei etwa 37 %. Ein ähnlicher Wert errechnet sich aus den Daten von E f r e m o v u. P a e v s k i i (1973).

B r u t d a u e r. Da der genaue Bebrütungsbeginn der Eier bei der Mönchsgrasmücke wie bei den meisten anderen Vogelarten nicht genau bekannt ist (s. o.), wird hier die allgemein eingebürgerte Definition der Brutdauer als Zeitspanne zwischen dem Legen des letzten Eies und dem Schlüpfen des letzten Jungen verwendet (Literaturübersicht B a i r l e i n 1978).

B a i r l e i n et al. (1980) errechneten für Süddeutschland eine mittlere Brutdauer von 12,1 ±0,92 (10–16) Tagen. Bei einer Serie von Bruten eines Paares aus Südfrankreich in unseren Volieren ermittelten wir 5mal 12, 1mal 13 und 1mal 14 Tage. Hier ließ sich mit fortschreitender Jahreszeit trotz abnehmender Gelegegröße (10.7.) eine Tendenz zu einer längeren Brutdauer beobachten, die vielleicht auf nachlassende Bebrütungsintensität zum Ende der Brutzeit hin schließen läßt (B e r t h o l d u. Q u e r n e r 1978 a).

Für andere Verbreitungsgebiete liegen folgende ungefähren Mittelwerte und Schätzwerte vor: Schweiz 13–14 Tage (H o f f m a n n in G l u t z 1962), Großbritannien 11 Tage (M a s o n 1976), Finnland 10–12 Tage (v. H a a r t m a n 1969, eigene Beobachtungen), Sowjetunion 11 Tage (D e m e n t ' e v u. G l a d k o v 1968). Aus diesen Werten ist mit gewissen Vorbehalten hinsichtlich ihrer Genauigkeit abzuleiten, daß die Brutdauer in Europa wohl von S nach N um etwa 1–2 Tage kürzer wird (B a i r l e i n et al. 1980). Das ist u. E. als Anpassung an die nach Norden zu kürzere Brutperiode (10.8.) zu verstehen, und ähnliche Änderungen der Bebrütungsdauer sind auch von anderen Arten bekannt.

Für Süddeutschland ließ sich weiterhin errechnen, daß die Brutdauer in Abhängigkeit von der Gelegestärke und der Meereshöhe variiert, nicht jedoch mit der Jahreszeit (B a i r l e i n et al. 1980).

Wie Abb. 67 zeigt, nimmt die Brutdauer mit zunehmender Gelegegröße ab. Die Erklärung hierfür könnte folgende sein. Wenn Mönchsgrasmücken, wie oben angenommen, ab einer bestimmten mittleren Gelegegröße zu brüten beginnen, dann würden sie bei größeren Gelegen relativ früher zu brüten beginnen, wodurch sich nach der hier verwendeten Definition die geschätzte Brutdauer verkürzen müßte. Mit zunehmender Meereshöhe nimmt die Brutdauer zu. Die Ursache hierfür ist am ehesten in klimatischen oder damit verbundenen Faktoren zu sehen. Mönchsgrasmücken können, wie andere Arten auch, ihre Gelege z. T. erheblich überbrüten. Im Extrem wurden Bebrütungszeiten von 28 Tagen (K o n i e t z k i 1971) und 21 Tagen (G r o e b b e l s 1941) beobachtet. Nach unseren Erfahrungen, gewonnen durch den Austausch von Gelegen, überbrüten Mönchsgrasmücken mindestens 7–11 Tage. Schwierigkeiten können entstehen, wenn hochbebrütete Gelege gegen frische vertauscht werden, da Mönchsgrasmücken wohl den Bebrütungsgrad ihrer Eier „kennen" (eigene Beobachtungen).

S c h l ü p f e n d e r J u n g e n. Die Jungen öffnen zum Schlüpfen das Ei mit dem Eizahn bei etwa ein Drittel der Eilänge unterhalb des stumpfen Pols mit einem ringförmigen Bruch (Abb. 17) und schlüpfen nach unseren Beobachtungen im Brutschrank nach dem ersten Aufdrücken der Schale von innen meist innerhalb von einigen Stunden. Der Schlupf erfolgt in der Regel wohl morgens und vormittags. B a i r l e i n (1978) registrierte frisch geschlüpfte Jungvögel in sieben Fällen vor neun Uhr, einmal mittags und einmal nachmittags bis abends. S e n k u. B a i r l e i n (1978) markierten 96 Eier individuell und verfolgten die Reihenfolge des Schlüpfens in Gelegen verschiedener Größe. Sie stellten dabei fest, daß die Schlüpfposition bei Eiern, die vor Vollendung des Geleges oder als letzte Eier von 4er Gelegen gelegt worden waren, stärker variierten als die Eier, die in 5er Gelegen zuletzt gelegt worden waren. Die Beobachtungen sprechen dafür, daß Mönchsgrasmücken bei 4er Gelegen mehr mit der Ablage des letzten Eies, bei 5er Gelegen bereits nach dem Legen des vorletzten Eies zu brüten beginnen.

10.11. N e s t l i n g s d a u e r

Die normale Nestlingsdauer ist nicht einfach zu ermitteln, da bei Berechnungen Bruten, die ihre Nester bei Störungen u. U. etwas vorzeitig verlassen haben, nicht mit einbezogen werden dürfen. Trotz dieser Schwierigkeit zeichnet sich für die Nestlingsdauer ähnlich wie für die Brutdauer (10.10.) eine Verkürzung von Mittel- nach Nordeuropa ab. Für Süddeutschland konnte für 77 Bruten eine Nestlingszeit von 12,0 ± 0,94 (10–15) Tagen errechnet werden (B a i r l e i n et al. 1980), in der Schweiz liegt sie in derselben Größenordnung (H o f f m a n n in G l u t z 1962), in Großbritannien beträgt sie nach M a s o n (1976) nur 11 und in Finnland nach v. H a a r t m a n (1969) nur 10,4 Tage. Bei der Handaufzucht verlassen die meisten Jungvögel ihr Nest um den 10. Tag nach dem Schlüpfen und leben dann eine Zeitlang als weitgehend flugunfähige Ästlinge.

Die offensichtliche Verkürzung der Nestlingsdauer nach Norden zu ist als Anpassung an die dort relativ kürzere für die Jugendentwicklung zur Verfügung stehende Zeit zu verstehen. Auch innerhalb derselben Population machen später im Jahr und damit näher zur Wegzugzeit geschlüpfte Junge eine sehr viel schnellere Jugendentwicklung durch (7.3.). Ob Jungvögel späterer Bruten dabei auch eine kürzere Nestlingszeit haben als früher geschlüpfte, ist jedoch unbekannt. Diese sehr reizvolle Frage sollte an einer Reihe von Bruten verfolgt werden. In diesem Zusammenhang sei hinzugefügt, daß die Gartengrasmücke als relativ früh wegziehende Art eine signifikant kürzere Nestlingsdauer als die Mönchsgrasmücke hat. In Süddeutschland macht der Unterschied etwa einen Tag aus (B a i r l e i n et al. 1980).

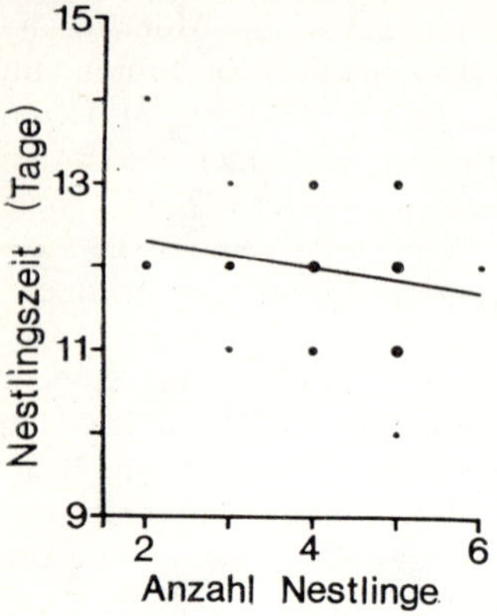

Abb. 68. Abhängigkeit der Nestlingszeit von der Anzahl der Nestlinge. Nach B a i r l e i n et al. 1980

Für Süddeutschland ergaben sich zwei weitere Beziehungen der Nestlingsdauer zu Umweltfaktoren (B a i r l e i n et al. 1980), und zwar zur Meereshöhe und interessanterweise auch zur Anzahl der Nestlinge. Mit zunehmender Meereshöhe nimmt die Nestlingsdauer zu, was im Hinblick auf klimatische oder damit zusammenhängende Einflüsse verständlich wird. Wie Abb. 68 zeigt, nimmt die Nestlingsdauer auch signifikant mit steigender Anzahl der Nestgeschwister ab, und zwar im Mittel um mehr als einen halben Tag. Die Ursache dafür ist unbekannt. Möglich wäre, daß sich größere Gruppen von Nestlingen zu stark erwärmen oder zu sehr durch ihre häufigen Streck- und Putzbewegungen (9.8.) belästigen, so daß sie deshalb ihre Nester relativ früher verlassen (siehe z. B. Abb. IV/3). Falls Junge größerer Bruten im Durchschnitt weniger gut gefüttert werden, käme auch Hunger als Ursache in Frage. Bei Handaufzuchten beobachten wir regelmäßig, daß hungrige Jungvögel weit stärker dazu neigen, ihre Nester zu verlassen als satt gefütterte.

10.12. H u d e r n , B e t r e u e n d e r J u n g v ö g e l

H u d e r n (Abb. 66 u. 16). Bei der Mönchsgrasmücke werden die Jungen von beiden Eltern gehudert. Wie beim Brüten, sitzt auch in der Huderperiode nachts wohl nur das ♀ auf dem Nest. Die genauesten quantitativen Untersuchungen verdanken wir B a i r l e i n (1978) an süddeutschen Vögeln. In den ersten beiden Tagen nach dem

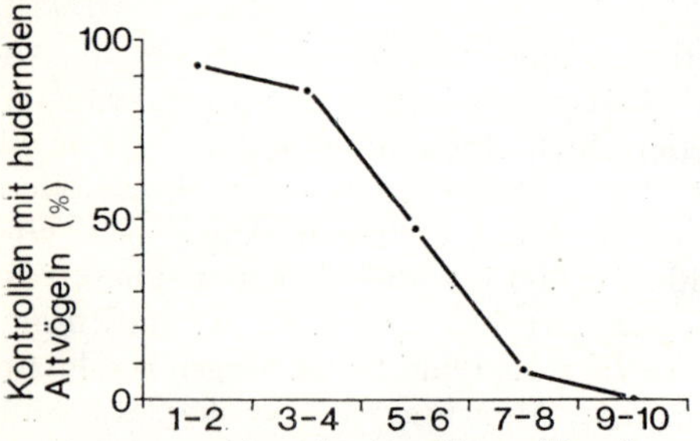

Abb. 69. Abhängigkeit der Huderintensität vom Alter der Nestlinge. Nach B a i r l e i n 1978

Schlüpfen sah er bei mehr als 90 % seiner Kontrollen hudernde Altvögel auf den Jungen. Danach fiel die Huderintensität mehr oder weniger kontinuierlich ab und erreichte am 7.–8. Tag nach dem Schlüpfen Werte von unter 10 %, und etwa zehntägige Junge wurden nicht mehr gehudert (Abb. 69). Das tageszeitliche Muster der Huderaktivität von ♂ und ♀ glich weitgehend dem der Bebrütung (Abb. 66). Beim Hudern zeigten die ♂ jedoch die Tendenz zu etwas stärkerer Beteiligung als beim Brüten (Anteil während der Tageszeit etwa 40 : 37 %, 10.10.), wobei sie vor allem morgens und abends mehr huderten. Dadurch wird möglicherweise für die ♀ relativ mehr Zeit geschaffen, geeignete Nahrung für die kleinen Jungen zu suchen. Steinfatt (1942) stellte bei einem ♂ einen Huderanteil von etwa 45 % fest, Wahn (1950) beobachtete, daß Junge in einem Nest ab dem 6. Tag nur noch nachts gehudert wurden, aber am 9. Tag nochmals während eines Gewitterregens, und wir sahen Mönchsgrasmücken bei sehr nassem und kaltem Wetter wiederholt auf Jungen sitzen, die 10–14 Tage alt waren und unmittelbar vor dem Ausfliegen standen.

Betreuung der Jungen. Da junge Mönchsgrasmücken ihre Nester relativ früh in unselbständigem Zustand verlassen, müssen sie in der Anfangszeit noch von den Eltern betreut werden. Das ist nach verschiedenen Untersuchungen (Steinfatt 1942, Wahn 1950, Dement'ev u. Gladkov 1968, Bairlein 1978) in der Regel 2–3 Wochen lang der Fall. Vereinzelt wird auch über Fütterungen noch nach 4 Wochen (Bairlein 1978) und 48 Tagen (Neubauer 1975) berichtet. Über eventuelle Aufteilung der zu führenden Jungen unter den Partnern wie beim Rotkehlchen (Harper 1985) s. Bairlein (1978). Nach Wegfall des ♀ kann das ♂ die Brut allein aufziehen (Bolle 1857).

10.13. Steuerung der Fortpflanzung

An der Steuerung der Fortpflanzung sind bei der Mönchsgrasmücke wie bei anderen Vogelarten eine ganze Reihe endogener Komponenten und exogener Faktoren maßgeblich beteiligt. In seinen Grundzügen ist das Steuerungssystem verständlich, im Detail sind jedoch noch viele Fragen offen.

Gonadenzyklen. Wie fast alle Vögel der gemäßigten Breiten haben auch die Mönchsgrasmücken ausgeprägte jährliche Gonadenzyklen mit Phasen der Gonadenaktivität, in der Keimzellen und Hormone gebildet werden, und Phasen der Gonadenruhe. Ebenfalls wie bei den meisten anderen Vogelarten drückt sich dieser Gonadenzyklus in starken jahreszeitlichen Schwankungen der Gonadengröße aus.

Die Hoden mitteleuropäischer ♂ z. B. sind im Herbst und Winter nur etwa 1,2 ± 0,35 (0,9–2,2) mm lang (n 11), beginnen spätestens ab Februar zu wachsen, erreichen im Mai/Juni ihr Maximum und bilden sich danach wieder zurück. Wir haben im einzelnen folgende Durchschnittswerte ermittelt: Mitte März: 3,5 ± 1,36 mm (n 13), erste Aprilhälfte: 5,2 ± 1,21 (n 6); Ende April: 7,3 ± 0,60 (n 8), Mitte Mai bis Mitte Juni: 9,6 ± 1,08 (n 9), Ende Juni: 10,3 (n 2), Juli: 7,5 (n 2), August: 2,1 (n 2), September: 1,1 ± 0,15 (n 5).

Die Zyklen des Ovars und der Oozyten sind weniger gut bekannt, quantitative Daten fehlen weitgehend, uns liegen nur Einzelwerte für verschiedene Zeiträume vor.

Wie in 10.8. dargestellt, haben die Mönchsgrasmücken der Kapverdischen Inseln

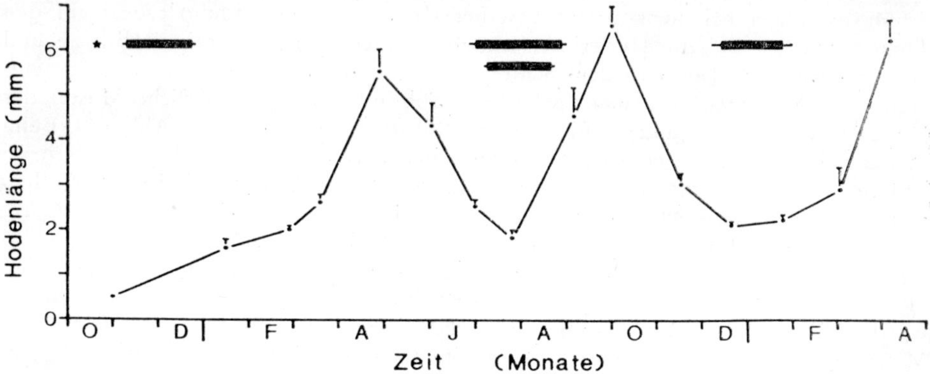

Abb. 70. Zyklus der Hodenentwicklung von Vögeln der Kapverdischen Inseln, Mittelwerte u. mF. Sternchen: Schlüpftermin der Versuchsvögel, schwarze Balken: Mauserperioden. Nach Berthold u. Querner i. Vorb.

zwei weitgehend getrennte Brutzeiten im Jahr. Diese beiden Brutperioden könnten theoretisch durch verschiedene Populationen mit unterschiedlichen Fortpflanzungsrhythmen zustande kommen oder durch zwei Brutzyklen im Jahr bei zumindest einem Teil der Population. Unsere Untersuchungen an handaufgezogenen kapverdischen Vögeln, die in Schloß Möggingen in simulierten Bedingungen der Kapverdischen Inseln gehalten wurden, ließen bei den einzelnen Individuen (bei Anwendung der Laparotomie, s. u.) jeweils zwei voll ausgeprägte und getrennte Gonadenzyklen erkennen (Abb. 70). Demnach dürften die beiden Brutzeiten im Jahr auf den Kapverden auf zweimaliges Brüten der dortigen Population zurückzuführen sein.

Endogene Gonadenzyklen und Photoperiodizität. Die Mönchsgrasmücke gehört zu den wenigen Vogelarten, für die eine endogene Jahresperiodik des Gonadenzyklus sicher nachgewiesen ist (Übersicht Berthold, Gwinner u. Klein 1972 b). Hält man Vögel in konstanten Versuchsbedingungen, so entwickeln sie sogenannte circannuale Rhythmen (7.1.) der Hodengröße (Abb. 71) und, wenn auch weniger ausgeprägt, in der Größe der Ovarien. Die Hoden erreichen dabei im Mittel zwar nur eine geringere maximale Größe als im Freiland, bilden aber deutlich sichtbare Samenkanälchen aus, und in Volieren übergeführte ♂ sind auch unmittelbar zeugungsfähig. Der endogen gesteuerte Hodenzyklus führt somit bis zur Fortpflanzungsreife.

Endogene Gonadenzyklen lassen sich bei der Mönchsgrasmücke leicht mit Hilfe der Laparotomie ermitteln, einem kleinen operativen Eingriff, den die Art ohne Schwierigkeiten verträgt (Berthold 1969). Wie bei anderen jahresperiodischen Vorgängen (7.), so bewirkt auch der die Gonadengröße steuernde endogene Rhythmus nur eine in etwa genaue („circannuale") Jahresperiodik, die zur genauen Einstellung für die Brutzeit zusätzlicher Faktoren bedarf. Dafür dürfte als Zeitgeber für den Hodenzyklus in erster Linie die Photoperiode bedeutsam sein (7.3.), für den Ovarialzyklus sind sicher weitere oder andere Faktoren wie die Anwesenheit von ♂, das Vorhandensein von Nistmöglichkeiten u. a. erforderlich. Auch wenn ♂ und ♀ in Käfigen ständig nebeneinander gehalten werden, erreichen nur wenige ♀

volle Ovarentwicklung und Legereife und legen schließlich Eier auf den Käfigboden, in den Futternapf usw. Die große Mehrzahl der ♀ wird jedoch nur legereif, wenn sie zusammen mit ♂ in geeigneten Volieren (14.1.) gehalten werden.

Wie Untersuchungen in konstanten Versuchsbedingungen gezeigt haben, werden auch die zwei Gonadenzyklen im Jahr, die bei kapverdischen Mönchsgrasmücken nachweisbar sind (s. o.), von einer circannualen Periodik gesteuert (Berthold u. Querner, in Vorb.). Hält man süddeutsche Mönchsgrasmücken in konstanten Versuchsbedingungen, so beobachtet man bei etwa einem Drittel der ♂ im Herbst einen zweiten Gipfel in der Hodengröße (Abb. 71 unten), der z. T. die Werte des Frühjahrsgipfels erreicht (Berthold, Gwinner u. Klein 1972 b). Die Bedeutung dieser „circasemiannualen Periodik" ist unbekannt.

Es könnte sich bei dem Herbstgipfel um atavistisches Verhalten handeln, also um ein Wiederaufleben einer ehemaligen herbstlichen Gonadenaktivität. Derartige Gonadenaktivität könnte bei früheren Vorfahren, die von südlichen, z. B. den kapverdischen Vögeln ähnlichen Populationen abstammten, weit verbreitet gewesen sein. Heute könnte sie, vor allem bei mehr nördlichen Populationen, bis auf herbstliche Gesangsaktivität (3.8.1.) vor allem durch den Wegzug weitgehend unterdrückt sein und nur in konstanten Versuchsbedingungen in gewissem Umfang wieder aufleben. Vielleicht ist sie bei mehr südlich lebenden Populationen noch stärker ausgeprägt und hier die Ursache für wenigstens vereinzelt auftretende Herbstbruten (10.8.). Diese und verwandte Fragen könnten jetzt unter Einbeziehung moderner endokrinologischer Methoden wie der quantitativen Hormonbestimmung mittels kleiner Blutproben usw. vielversprechend untersucht werden.

Variation der Brutperiode. Wie in 10.8. ausführlich dargestellt,

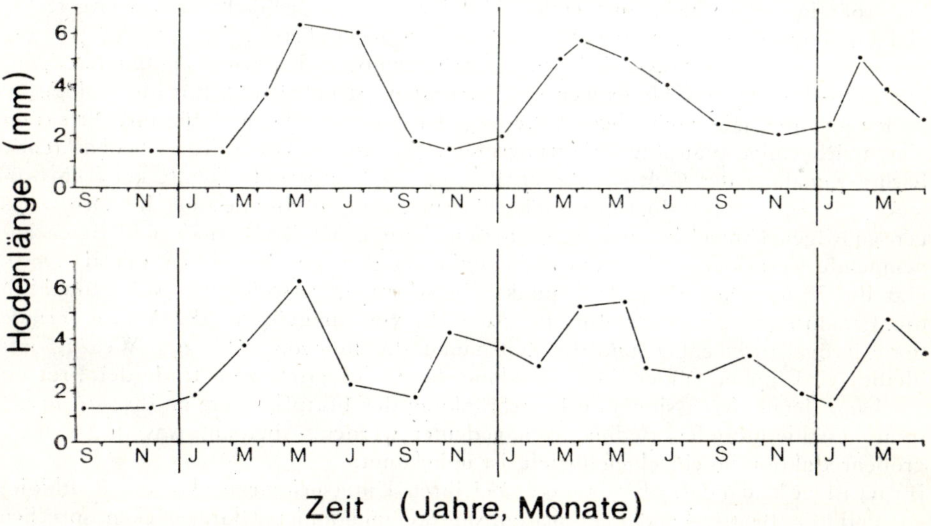

Abb. 71. Circannuale Periodik der Hodengröße je eines im ♂ konstanten 10-Stunden-Tag (oben) und 12-Stunden-Tag (unten). Nach Berthold et al. 1972b

variiert die Brutperiode erheblich zwischen verschiedenen Populationen in Abhängigkeit von der geographischen Breite ihrer Brutgebiete und auch innerhalb einzelner Populationen beträchtlich zwischen verschiedenen Jahren. Für die mittlere Verspätung der Legebeginne von S nach N (Tab. 9) ergab sich eine gute Korrelation mit der mittleren Verschiebungsgeschwindigkeit der 11°-Isotherme. Diese Isotherme verschiebt sich zur Zeit der durchschnittlichen Legebeginne mit etwa 50 km je Tag nach Norden (B a i r l e i n et al. 1980). Demnach stellt die Umgebungstemperatur von etwa 11° eine für den Legebeginn wichtige Größe dar. Ob die Temperatur dabei eher unmittelbar wirksam wird oder mehr indirekt über mit ihr gekoppelte Faktoren, wie z. B. die Vegetationsentwicklung oder das Nahrungsangebot, ist offen. Dasselbe gilt für die Schwankungen der Legebeginne innerhalb einer Population zwischen Jahren mit zeitiger und später Frühjahrsentwicklung. Außerdem ist möglich, daß zwischen verschiedenen Populationen genetische Unterschiede bestehen, z. B. verschiedenartige Empfindlichkeiten gegenüber der Photoperiode (z. B. D o l n i k 1975). Dadurch könnten unterschiedliche Zeitgeberwirkungen der Tageslänge auf die endogene Jahresperiodik entstehen (7.3.).
K a l e n d e r e f f e k t d e r G e l e g e g r ö ß e. Bei verschiedenen daraufhin untersuchten Populationen der Mönchsgrasmücke verändert sich die Gelegegröße wie bei anderen Grasmücken- und sonstigen Vogelarten systematisch mit der Jahreszeit. Wie in 10.7. dargestellt, bleibt sie nach Beginn der Brutzeit zunächst gleich oder steigt leicht an, und später fällt sie stark ab. Dieser „Kalendereffekt" ist zweifellos Ausdruck eines ökophysiologischen Steuerprogramms, das wir in seinen Einzelheiten bisher nicht verstehen. Sicher ist, daß z. B. die geringere Gelegegröße später Bruten nicht einfach das Ergebnis einer „Ermüdung" ist (S o m m a n i 1976), bedingt durch vorangehende Bruten. Wir beobachten z. B. bei unseren Volierenbruten, daß auch erst sehr spät in der Brutzeit zum ersten Mal legende ♀ regelmäßig mit „zeitgerecht" kleinen Gelegen beginnen, obwohl sie zuvor nicht gelegt haben.

Inwieweit dieses jahreszeitliche Gelegegrößenmuster endogen programmiert, photoperiodisch oder sonstwie exogen gesteuert wird, ist unbekannt. Für die biologische Bedeutung der jahreszeitlichen Änderung der Gelegegröße und für ihre Selektion bieten sich einige plausible Erklärungsmöglichkeiten an. Die z. T. zu beobachtende leichte Zunahme der Gelegegröße zu Beginn der Brutperiode könnte bei früh brütenden Arten wie der Mönchsgrasmücke adaptiv sein im Hinblick auf die noch weniger günstigen Umweltbedingungen ganz zu Anfang der Brutperiode und deren zunehmende Verbesserung bis zum Höhepunkt der Brutzeit (B a i r l e i n et al. 1980). Hat die Brutperiode ihren Höhepunkt überschritten, verschlechtern sich allmählich die Ernährungsbedingungen für die Aufzucht von Jungvögeln, die Mauserperiode der Altvögel rückt näher, und die Zeitspanne, die Jungvögeln bis zum Wegzug verbleibt, wird immer kürzer. Die Abnahme der Gelegegröße zum Ende der Brutzeit hin kann demnach als sinnvolle Einschränkung der Fortpflanzung an die sich insgesamt verschlechternden Bedingungen gedeutet werden. Aber auf was die Gelegegrößenreduktion im einzelnen abzielt, ist unbekannt.
B r u t f l e c k u n d B e b r ü t u n g. Bei ihren Untersuchungen über die Brutbiologie und die Brutflecke der Mönchsgrasmücke und anderer Grasmücken sprechen E f r e m o v u. P a e v s k i i (1973) die Vermutung aus, daß dem Brutfleck nicht nur Bedeutung beim Wärmen der Eier zukommt, sondern ebenso für die Aufrecht-

erhaltung einer ausreichenden Luftfeuchtigkeit. Relativ kleine Eier wie die der Mönchsgrasmücke erfahren bei der Bebrütung hohe Wasserverluste, und man sieht Grasmücken und andere Arten gerade auch bei sehr hohen Umgebungstemperaturen intensiv „brüten". Dabei werden die Eier möglicherweise eher feucht als warm gehalten.

10.14. Die Mönchsgrasmücke als Kuckuckswirt

Die Mönchsgrasmücke spielt als Kuckuckswirt, worauf schon Naumann (1897) hinweist, nur eine untergeordnete Rolle. Niethammer (1938) z. B. führt sie nach der Zusammenstellung der Wirtsvögel von Zimmermann in den drei Kategorien „regelmäßig und häufig", „gelegentlich" und „hin und wieder" in der letzten Gruppe. In der Übersicht über die bevorzugten Kuckuckswirte in Mitteleuropa in Schönwetter (1960–1979) wird sie nur für zwei von 20 verschiedenen Regionen aufgeführt, für Mecklenburg und Sachsen, und auch hier nur als eine unter insgesamt 19 bzw. 27 bekanntgewordenen Wirtsvogelarten. In der Artbearbeitung „Kuckuck" in Glutz (1980) ist sie zwar bei denjenigen Arten genannt, für die erfolgreiche Aufzucht von Jungkuckucken nachgewiesen ist, aber sie fällt nicht unter die bedeutsamen Wirtsvögel. Wir fanden in weit über tausend Nestern der Mönchsgrasmücke niemals Eier oder Junge vom Kuckuck, in demselben Gebiet jedoch in einer Reihe von Fällen in Nestern anderer Arten, auch der Gartengrasmücke. Auch Gärtner (mündl.) konnte bei seinen umfangreichen Studien am Kuckuck im Hamburger Raum (z. B. Gärtner 1981) die Mönchsgrasmücke nur einmal als Kuckuckswirt nachweisen. Nach Garling (1986) ist sie nur Ersatzwirt für die Gartengrasmücke.

Wieso die Mönchsgrasmücke so wenig vom Kuckuck als Wirtsvogel verwendet wird, ist rätselhaft. Allem Anschein nach erfüllt sie eigentlich alle die in Glutz (1980) genannten sechs Voraussetzungen als Wirtsvogel (hohe Siedlungsdichte, auf große Entfernung erkennbarer Neststandort, geeignete Nester für die Eiablage, passende Größe im Hinblick auf Nest, Eier usw., adäquate Nahrung und weitgehende Unempfindlichkeit gegenüber dem Kuckucksei). Wir haben das letzte Kriterium nicht getestet, wissen aber aus zahlreichen Austauschversuchen mit Gelegen, daß Mönchsgrasmücken gegen das Unterschieben sehr verschiedenartig gefärbter und gezeichneter Eier und ganzer Gelege anderer Artgenossen nicht empfindlich sind. Außerdem sind vom Kuckuck Eier bekannt, die denen der Mönchsgrasmücke ähnlich sind (Schönwetter 1960–1979). Die geringe Parasitierung wird noch erstaunlicher, wenn man bedenkt, daß die meist in geringerer Dichte vorkommende und mehr versteckt nistende Gartengrasmücke (11.6., 10.4.) weit häufiger als Kuckuckswirt dient. Sie wird z. B. in der von Schönwetter (1960–1979) zitierten Übersicht für vergleichsweise 9 der 20 Regionen aufgeführt und die Dorngrasmücke noch für 4. Würde der Kuckuck die Mönchsgrasmücke als Wirt verwenden, hätte er von der Verbreitung her gesehen einen geradezu idealen Wirt, der mit hoher Siedlungsdichte (11.6.), Vorkommen in einer Vielzahl von Biotopen (6.1.) und einer günstig liegenden Brutperiode (10.8.) von Nordafrika bis Skandinavien sozusagen überall zur Verfügung stünde. Zu ergründen, worin möglicherweise die Schranke besteht, die die Mönchsgrasmücke gegenüber dem Kuckuck errichtet hat oder was den Kuckuck sonst davon abhalten mag, Mönchsgrasmücken als Wirtsvögel zu wählen, wäre sicher eine überaus reizvolle Aufgabe. Dabei ist in erster Linie daran zu denken, daß Mönchsgrasmücken Kuckuckseier womöglich an deren Größe (oder ihrem Gewicht) erkennen und regelmäßig entfernen, so daß man auch praktisch keine verlassenen Gelege findet, die Kuckuckseier enthalten. Daß der Kuckuck die Gartengrasmücke weit mehr parasitieren kann, liegt u. U. an deren im Vergleich zur Mönchsgrasmücke relativ größeren Eiern, die denen des Kuckucks näher kommen.

11. Populationsbiologie

11.1. Ortstreue

Die Mönchsgrasmücke ist eine Vogelart mit ausgeprägter Ortstreue. Dabei besteht ein deutliches Gefälle von der Brutortstreue über die Winterquartiertreue zur Rastplatztreue auf dem Zug.

Brutortstreue. Saussey u. Saussey (1974) stellten bei Beringungen und Kontrollfängen in einer nordfranzösischen Population knapp 10 % Rückkehrer fest. Bairlein (1978) ermittelte in einer Populationsstudie in Süddeutschland mit vollständiger Erfassung der Brutvögel bei den beringten Altvögeln eine Rückkehrquote von 40,8 %, bei den Erstjährigen von 7,6 %. Bei der hohen Sterblichkeit der Mönchsgrasmücke von jährlich etwa 60 % und einer mittleren Lebenserwartung von nur etwa 1,7 Jahren (11.3.) kommt nach diesen in Süddeutschland erzielten Ergebnissen zumindest der größte Teil der Brutvögel in das ehemalige engere Brutgebiet zurück, und von den Erstjährigen siedeln sich etwa 30 % in unmittelbarer Nähe ihres Schlüpfortes an. Für die Altvögel konnte Bairlein (1978) ausrechnen, daß sie sich durchschnittlich nur 124 ± 85 (18–227) m vom vorjährigen Reviermittelpunkt entfernt wieder ansiedelten. Bei dieser geringen Entfernung gelangten etwa 25 % der Rückkehrer wieder in den Bereich ihres letztjährigen Reviers. Für die in das Untersuchungsgebiet seiner Kontrollpopulation zurückgekehrten Jungvögel errechnete Bairlein eine mittlere Ansiedlungsentfernung von 260 ± 135 (65–508) m, die signifikant größer war als bei den Altvögeln. Dabei siedelte sich kein Jungvogel im vorjährigen Revier seiner Eltern an.

Durch diese unterschiedlichen Verhältnisse der Wiederansiedlung von Altvögeln und der Erstansiedlung von Jungvögeln wird u. a. eine wesentliche Trennung von Eltern und Nachkommen bewirkt, die Inzucht weitgehend ausschließt. In das in Süddeutschland gewonnene Bild ausgeprägter Brut- und Geburtsortstreue paßt, daß trotz intensiver Beringung der Mönchsgrasmücke (14.2.) größere Umsiedlungen von Brutvögeln nicht bekannt geworden sind und daß die Ansiedlung von Erstbrütern auch anderenorts in erheblichem Ausmaß in der Nähe des Schlüpforts erfolgt (Wolf 1987).

Überwinterungsplatztreue. Trotz der Neigung, im Winterquartier zu nomadisieren (13.4.), gehört die Mönchsgrasmücke zu der großen Anzahl von Vogelarten, für die Winterquartier- und Überwinterungsplatztreue nachgewiesen sind (z. B. Zink 1973, Herrera u. Rodriguez 1979, Curry-Lindahl 1981, Gardiazabal 1986). Die Rückkehrquote kann über 5 % betragen. Inzwischen ist auch sicher, daß auch die erst seit jüngerer Zeit in England und Irland überwinternden Mönchsgrasmücken (5.4.) in ihr nordwestliches Winterquartier zurückkehren können (M e a d u. H u d s o n 1986).

Vorläufig ist es wenig sinnvoll, den Umfang der Überwinterungsplatztreue abzuschätzen. Da Mönchsgrasmücken in Abhängigkeit vom Nahrungsangebot im Winterquartier weit herumstreifen (13.4.), könnten sie selbst bei Überwinterung in derselben Region beim Wechsel zwischen verschiedenen Nahrungsgründen Kontrollen leicht entgehen. Deshalb sind für quantitative Aussagen viele weitere Daten erforderlich.

R a s t p l a t z t r e u e. Wie viele andere in breiter Front wandernde Kleinvögel ist auch bei der Mönchsgrasmücke die Rastplatztreue auf dem Zug zumindest wenig ausgeprägt. Von der Fangstation „Mettnau" unseres Instituts liegen uns z. B. für den 10-Jahre-Zeitraum von 1974–1983 von über 6000 Fänglingen aus der Zugzeit nur 1,19 (± 0,68, 0,27–2,57) % Wiederfänge von in vorangehenden Jahren beringten Individuen vor. Ob in ökologisch ungünstigen Gebieten wie z. B. in Wüsten günstige Rastplätze eher wieder aufgesucht werden, ist unbekannt.

11.2. B r u t e r f o l g u n d B r u t v e r l u s t e

B r u t e r f o l g. Die genauesten und umfangreichsten Ergebnisse über den Bruterfolg der Mönchsgrasmücke konnten anhand von 546 Nestkarten der Vogelwarte Radolfzell aus Süddeutschland erarbeitet werden, die ausreichend genaue Angaben über den Bruterfolg enthielten (B a i r l e i n et al. 1980). Der N e s t e r f o l g (Prozentsatz erfolgreicher Nester) betrug 51,9 %, der A u s f l i e g e e r f o l g (Prozentsatz von Jungvögeln, die aus Eiern erfolgreicher Nester hervorgingen) 87,6 % und der G e s a m t b r u t e r f o l g (Prozentsatz ausgeflogener Jungvögel bezogen auf die Gesamtzahl überhaupt gelegter Eier) 45,5 %. M a s o n (1976) gibt für Großbritannien etwas höhere Werte an, aber in seiner Studie wird das Überleben der Nestjungen bis zum siebten Tag nach dem Schlüpfen bereits als Bruterfolg gewertet. Zu ähnlichen Werten wie wir kamen S t e i n (1974), der für das Gebiet bei Magdeburg einen Gesamtbruterfolg von 42 % errechnete, B a i r l e i n (1978), der in einer kleinen, vollständig erfaßten süddeutschen Population einen Nesterfolg von 61,5 % und einen Gesamtbruterfolg von 50,3 % feststellte, und K u r g a n o v a (1986) für das Moldaugebiet mit einem Nesterfolg von 63 %; weitere ähnliche Werte s. auch N a n k i n o w, N i n o w u. K j u t s c h u k o w (1986).

Die für die Mönchsgrasmücke ermittelten Werte des Bruterfolges liegen in derselben Größenordnung wie für die anderen drei in Mitteleuropa häufigen Grasmückenarten (B a i r l e i n et al. 1980) und stimmen zudem gut mit dem von N i c e (1957) angegebenen Richtwert des Gesamtbruterfolgs für freibrütende nesthockende Kleinvögel mit etwa 46 % überein. Aus dem Gesamtbruterfolg der Mönchsgrasmücke in Süddeutschland von 45 % und ihrer durchschnittlichen Gelegegröße in diesem Gebiet von 4,76 Eiern (10.7.) ergibt sich für jedes in Süddeutschland gezeitigte Gelege ein theoretischer mittlerer Bruterfolg von 2,16 ausgeflogenen Jungvögeln.

B e r t h o l d (1977) hat im Hinblick auf die Mortalität von Kleinvögeln berechnet, daß bei ihnen im allgemeinen etwa 2,5 ausgeflogene Jungvögel je Brutpaar und Jahr erforderlich sind, damit sie den Bestand ihrer Population im Mittel stabil halten können. Der für süddeutsche Mönchsgrasmücken errechnete Wert liegt nur wenig unter diesem theoretischen Sollwert, und er würde bereits erreicht, wenn nur etwa 15 % der Brutpaare nach Brutverlusten Ersatzbruten machen würden. Bairlein (1982 a) hat die Anzahl der Folgebruten in der süddeutschen Population auf etwa 23 % geschätzt (10.9.). Nach den hier durchgeführten Berechnungen sind bei der Mönchsgrasmücke zumindest in Süddeutschland regelmäßige Zweitbruten entbehrlich, und sie sind nach den praktischen Erfahrungen auch die Ausnahme (10.9.).

Die Auswertung der Nestkarten der Vogelwarte Radolfzell (Bairlein et al. 1980) hat weiterhin gezeigt, daß bei der Mönchsgrasmücke ein signifikanter Zusammenhang zwischen Schlüpfrate und Gelegegröße besteht. Und zwar wurde die höchste Schlüpfrate bei 4er Gelegen mit 94,6 % gefunden, gefolgt von 5er Gelegen mit 90 %, 3er Gelegen mit 85,3 % und 6er Gelegen mit 84,2 %. Die Ursachen für diese Unterschiede sind unbekannt. Keine gesicherten Beziehungen und auch keine Tendenzen wurden sichtbar für Zusammenhänge zwischen Schlüpfrate oder Bruterfolg und Jahreszeit sowie Meereshöhe.

Brutverluste. Bei der süddeutschen Population (Bairlein et al. 1980) wurde fast die Hälfte der Verluste von Bruten – nahezu 45 % – während der Bebrütung festgestellt. Weitere 27 % Brutverluste fielen in die Zeit bis zur Beringung der Jungvögel (etwa am 7. Tag nach dem Schlüpfen), und ihr folgte die Legeperiode mit 22 % Verlusten. Zwischen Beringung der Jungen und Ausfliegen gingen noch rund 6 % der Bruten verloren. Berücksichtigt man die unterschiedlichen Zeitspannen der einzelnen Phasen der Brutperiode, nämlich etwa 5 Tage zum Legen (10.7.), 12 Tage Bebrütung (10.8.) und 12 Tage Nestlingsdauer (10.11.), dann zeigt sich, daß die Brutverluste während des Legens und Bebrütens praktisch gleich hoch ausfallen, während der Jungenaufzucht sind sie jedoch um etwa 25 % niedriger. Da die meisten Brutverluste auf das Konto von Nesträubern gehen (6.4.2.), läßt sich schließen, daß durch Räuber gefährdete Nester eher in den Anfangsstadien der Brut geplündert werden und daß Bruten, die bis zum Schlüpfen der Jungen überdauert haben, eine relativ größere Chance haben, vollends bis zum Ausfliegen der Jungen durchzukommen. Zu im wesentlichen ähnlichen Ergebnissen wie wir kam Stein (1974) an einer kleinen Stichprobe von 31 Nestern.

11.3. Sterblichkeit

Für die Sterblichkeit liegen Berechnungen von Kohler (1975) für das nördliche Deutschland, von Bairlein (1978) für die BRD und die Schweiz und von Fouarge (1981) für Belgien vor. Kohler (1975) berechnete nach der Methode von Lack (1951) eine jährliche Mortalitätsrate von 61 %. Bairlein (1978) hat zum einen die Totfunde der als nestjung und diesjährig beringten Mönchsgrasmücken der Vogelwarten Radolfzell, Wilhelmshaven/Helgoland und Sempach nach der (besser geeigneten) Methode von Haldane (1955) bearbeitet. Dabei ergab sich (für 109 Funde) eine Sterblichkeitsrate von $54 \pm 3{,}6$ %. Wurden mit derselben Methode Daten solcher Vögel bearbeitet, deren Alter bei der Beringung nicht bestimmt wurde, so ergab sich (für 189 Funde) eine ganz ähnliche Mortalitätsrate von $57{,}7 \pm 2{,}8$ %. Und wenn die Sterblichkeit mit Hilfe der „Kontrollfänge eigener Ringvögel" der Vogelwarten berechnet wurde, die Aufschluß über den Altersaufbau der Populationen geben (Abb. 72), ergab sich ein Wert von 60,9 %. Die Mortalitätsrate der Jungvögel

Abb. 72. Altersaufbau nach „Kontrollfängen eigener Ringvögel“ aus der BRD und der Schweiz. Durchgezogene Linie: beobachtete Häufigkeit, gepunktet: angepaßte Funktion. Nach Bairlein 1978

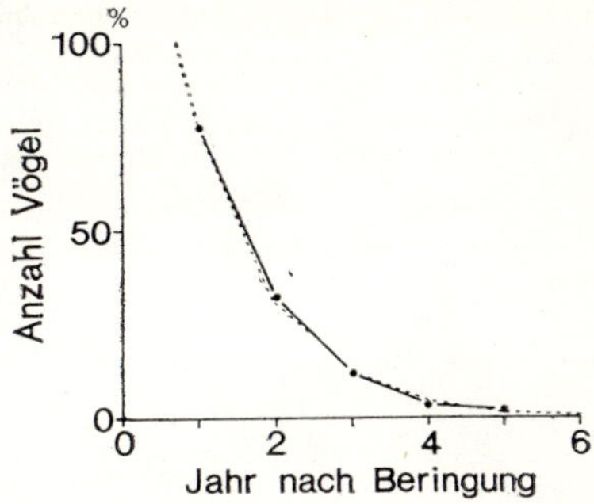

im ersten Jahr liegt wesentlich höher – sie betrug bis zum Erreichen der ersten eigenen Brutzeit nach den Ringfunden der Vogelwarten 68 %. In seiner eigenen Populationsstudie an süddeutschen Vögeln kommt Bairlein (1978) für die Mortalität der Altvögel zu einem Schätzwert von 50–60 %, für die Jungvögel im ersten Lebensjahr von 75 %. Fouarge (1981) berechnete für die belgischen Ringfunde eine Reihe von Mortalitätswerten nach der Formel von Halling Sørensen (1977), wobei er für die Altvögel auf eine Sterblichkeitsrate von 58 % kommt.

Damit liegt die Sterblichkeit mitteleuropäischer Mönchsgrasmücken nach recht verschiedenartigen Berechnungsmethoden und unterschiedlichem Ausgangsmaterial bei Altvögeln recht einheitlich in der Größenordnung von etwa 55–60 % und bei Jungvögeln im ersten Jahr bei etwa 70–75 %. Diese Werte liegen ganz im Rahmen der z. B. von Ricklefs (1973) angegebenen Richtwerte der Mortalität von im ersten Jahr brutreif werdenden Singvögeln, die 40–70 % für Altvögel und 70–80 % für Jungvögel betragen.

11.4. Alter

Systematische Berechnungen des Durchschnittsalters liegen nur von Bairlein (1978) vor. Daneben lassen sich gewisse Anhaltspunkte aus einer Übersicht von Fouarge (1981) gewinnen, in der Wiederfangraten von Vögeln aufgelistet sind, die als Jungvögel beringt und in nachfolgenden Zugperioden kontrolliert wurden. Bairlein (1978) berechnete aus den Totfunden der nestjung und diesjährig beringten Mönchsgrasmücken der Vogelwarten Radolfzell, Wilhelmshaven/Helgoland und Sempach nach der Methode von Meunier (1960) ein Durchschnittsalter von 1,8 Jahren. Aus dem Altersaufbau der „Kontrollfänge eigener Ringvögel“ der drei genannten Institute (Abb. 72) ergab sich ein mittleres Alter von 1,6 Jahren. Die Wiederfangraten belgischer Ringvögel gehen von über 50 % in der ersten Zugperiode auf knapp 0,5 % in der achten Zugperiode zurück und lassen einen ganz ähnlichen Altersaufbau annehmen wie die Berechnungen von Bairlein (1978). Für das Höchstalter fanden wir in dem europäischen Ringfundmaterial (Stand: 1989) folgende Beispiele für die Vögel mit der längsten bisher bekannt gewordenen Lebensdauer. (s. Tab. 10)

Gefangenschaftsbeobachtungen zeigen, daß die potentielle Lebensdauer deutlich über dem durch Ringfunde bekannt gewordenen Höchstalter liegt. Frau E. Walti,

Tabelle 10. Längste bekannt gewordene Lebensdauer von Mönchsgrasmücken anhand europäischen Ringfundmaterials

Zentrale	Ring-Nr.	Jahre	Monate	Tage
Radolfzell	CE 80344	12	11	20
* Arnhem	S 629541	11	—	—
Radolfzell	CE 62777	9	6	22
Radolfzell	H 235736	8	—	—
London	E 19153	8	—	—
* Radolfzell	HA 46162	8	—	—
Helgoland	9M 34607	7	—	......
Arnhem	S 221584	7	4	6
Paris	JK 227	7	—	—
Radolfzell	CC 10945	7	2	14

Bei den mit * gekennzeichneten Ringen ist das Alter der Vögel durch ungenaue Fundumstände nicht sicher belegt.

Mainz, eine ehrenamtliche Mitarbeiterin der Vogelwarte Radolfzell, konnte ein Mönchsgrasmücken-♂ 15 Jahre lang halten; im 16. Lebensjahr verunglückte der Vogel tödlich beim Anfliegen gegen eine Fensterscheibe. Von einem mindestens 15 Jahre lang gehaltenen Vogel berichtet auch von der Mühle (1856); 16 bzw. 14 Jahre nennen v. Czaplinski (1877) und Kepp (1925). Über ebenfalls hohe Lebensdauer von 12–10 Jahren berichten Beil (1976: 12 Jahre), Bernhoft-Osa (1945: über 11 Jahre), Schling (1969: 11Jahre) und Geiger (1974: mindestens 10 Jahre). Der Fall einer 25jährigen Mönchsgrasmücke, über den Neunzig (1922, nach Rausch) für Wien berichtet, erscheint zweifelhaft. In unserem Institut waren von 10 1968 handaufgezogenen und als Jungvögel gefangenen Mönchsgrasmücken, die in einem Langzeitversuch zur Untersuchung der endogenen Jahresperiodik gehalten wurden (7.1.), nach 10 Jahren noch 4 am Leben. Damit liegt die potentielle Lebenserwartung der Mönchsgrasmücke bei über 10 Jahren, im günstigsten Fall bei mehr als 15 Jahren.

11.5. Todesursachen

In Tabelle 11 sind die Todesursachen aufgelistet, wie sie sich nach dem europäischen Ringfundmaterial ergeben. Danach spielt menschliche Verfolgung eine dominierende Rolle. Auch die erste Rubrik der Tabelle mit unbekannten Todes- und Fundumständen enthält natürlich erfahrungsgemäß viele Fälle von getöteten Vögeln, für die lediglich die „Fundumstände" verschwiegen wurden. Auffallend sind die hohen Anteile von vom Menschen erbeuteter Mönchsgrasmücken in südlichen Ländern, und beachtlich sind die Prozentsätze der als Katzenbeute registrierten Mönchsgrasmücken vor allem in mehr nördlichen Ländern. Es ist anzunehmen, daß die Dunkelziffer der Katzenopfer beachtlich ist.

Bei der insgesamt relativ geringen Anzahl von etwa 2000 Funden ist davon auszugehen, daß die überwiegende Mehrzahl der Mönchsgrasmücken eines natürlichen Todes stirbt, in der freien Natur, wo die Ringe beringter Individuen nicht zu finden sind.

Tabelle 11. Todesursachen und Fundumstände beringter Vögel. Nach den Ringfunden der EURING-Datenbank 1987

Land	Anzahl Funde	Todesursache und z. T. Fundumstände unbekannt (%)	Von Menschen geschossen, getötet, gefangen oder vergiftet (%)	Von Katze erbeutet (%)	Verunglückt (%)	Natürliche Todesursachen (%)
Algerien	97	26,8	69,1	1,0	2,1	1,0
Belgien	12	50,0	—	16,7	25,0	8,3
BRD	103	56,3	1,0	2,9	37,9	1,9
Dänemark	19	57,8	5,2	5,3	31,6	—
DDR	14	50,0	—	21,4	21,4	7,2
England, Irland, Schottland	452	42,5	2,7	18,8	33,8	2,2
Finnland	61	42,6	—	1,6	14,8	41,0
Frankreich	357	66,9	9,0	7,0	13,7	3,4
Italien	86	20,9	77,9	—	—	1,2
Libanon	30	6,7	93,3	—	—	—
Marokko	136	27,2	66,2	—	2,2	4,4
Niederlande	81	25,9	3,7	13,6	42,0	14,8
Norwegen	6	—	16,7	33,3	50,0	—
Österreich	10	50,0	20,0	—	30,0	—
Portugal	66	33,3	63,7	—	—	3,0
Schweden	11	45,5	—	—	45,5	9,0
Schweiz	16	56,3	6,2	6,2	31,3	—
Spanien	400	19,5	74,5	—	4,5	1,5
Syrien	9	11,1	88,9	—	—	—
Tunesien	12	50,0	33,4	—	16,6	—
Zypern	12	25,0	75,0	—	—	—
Σ	1990	38,8	33,4	6,8	17,0	4,0

F o u a r g e (1981) kam bei einer Analyse der Todesursachen für 463 europäische Ringfunde zu recht ähnlichen Ergebnissen. Er bezifferte auch die Opfer, die auf das Anfliegen gegen Fensterscheiben zurückgingen: Sie machten 2,9 % der Funde aus.

11.6. S i e d l u n g s d i c h t e

Angaben zur Siedlungsdichte der Mönchsgrasmücke finden sich in der Literatur in sehr großer Anzahl, die sich in laufend erscheinenden Arbeiten weiter stark vermehren. Viele dieser Angaben sind jedoch wertlos oder schwer zu beurteilen. Häufig ist die Methode der Bestandserfassung nicht angegeben. Oft bleibt unberücksichtigt, daß der Erfassungsgrad der Mönchsgrasmücke bei Bestandsaufnahmen, die wesentlich auf der Zählung singender ♂ beruhen, nach Enemar (1959) u. a. nur bei knapp 60 % liegt und daß bei derartiger Erfassung selbst erfahrene Beobachter Fehler bis zur Größenordnung von 100 % machen können (Enemar 1962, s. auch die Übersicht in Berthold 1976 c). Und schließlich werden immer wieder pauschale Angaben für größere Regionen gemacht (s. u.), die über die Dichte bestimmter Biotope nichts aussagen. Wir schlüsseln daher die Daten auf in gesicherte Angaben aus weitgehend vollständigen Bestandserfassungen in verschiedenen Habitaten und in mehr oder weniger genaue Schätzungen und pauschale Angaben für größere Regionen.

Genaue Dichtebestimmungen in einzelnen Habitaten. In dicht besiedelten Habitaten können benachbarte Mönchsgrasmückenpaare minimale Nestabstände von nur 11–16,5 m haben (Berthold u. Querner 1984). Bei derartig oder ähnlich hoher Dichte führt z. B. das wiederholt vorgeschlagene Konstruieren von „Revieren" aus sich häufenden Einzelbeobachtungen von Altvögeln (z. B. Oelke 1974) nicht zu befriedigenden Ergebnissen – hier ist die genaue Erfassung von Brutbeständen nur durch umfassende Nestersuche möglich. Tabelle 12 gibt eine Übersicht über die bei vollständiger oder nahezu lückenloser Erfassung von Nestern erzielten Siedlungsdichtewerte für verschiedene, von der Mönchsgrasmücke sehr dicht besiedelte Habitate in Europa und Afrika. In beliebten Habitaten siedeln demnach bis zu 8, im Mittel etwa 4 Brutpaare (BP)/ha. Ähnlich hohe Werte werden auch für andere günstige Habitate in verschiedenen Regionen genannt: etwa 2 BP/ha für den Berliner Spreewald, Schiermann (1930), 8 und 5,5 BP/ha in sehr günstigen Habitaten in der Sowjetunion, Dement'ev u. Gladkov (1968), etwa 2 BP/ha

Tabelle 12. Siedlungsdichtewerte, die sich in Populationen mit hoher Dichte bei nahezu vollständiger Erfassung der Nester ergaben

Beschreibung des Untersuchungsgebietes	Mittlerer Nestabstand (in m ± s)	Anzahl der untersuchten Nester	Dichte (BP/ha)	Untersucher
Mischwald mit Jungwald am Neckar, Süddeutschland, etwa 24 ha	35 ± 17,8	über 50	2–8	Senk in Berthold u. Berthold 1973
Auwaldartiger Parkbereich von Schloß Möggingen, Süddeutschland, etwa 19 ha	67,8 ± 25,5	über 50	1–5	Bairlein 1978
Zwei Auwälder bei Radolfzell, Süddeutschland, etwa 20 ha	—	über 1000	2–8	Berthold u. Querner 1984
Immergrüner Eichenmischwald bei Meynes, Südfrankreich, etwa 4 ha	—	über 50	2–6	Berthold u. Mitarbeiter (unveröffentl.)
Lichter Bergwald und Streusiedlung bei Sao Jorge, Sao Tiago, Kapverdische Inseln, etwa 200 ha	—	über 60	1–4	Berthold u. Querner (unveröffentl.)

im Ismaninger Teichgebiet in Bayern, Konietzki (1971), rund 2,5 BP/ha im NSG Taubergießen am Rhein, Westermann u. Saumer (1974), und 4 BP/ha in einem Rheinauewald im Elsaß, Labhardt (1976). Und wir stellten in den in Tabelle 12 aufgeführten Auwäldern bei Radolfzell auf einigen Hektar Fläche bis zu 8 BP/ha fest. Zu Tabelle 12 ist weiter zu ergänzen, daß wir in weniger feuchten Laub- und Mischwäldern in niedrigen und mittleren Höhen Süddeutschlands sowie in sommergrünen und relativ trockenen Auwäldern Südfrankreichs auch bei intensiver Nestersuche regelmäßig nur Dichten von etwa 1 BP/ha oder darunter feststellten.

Richtwerte für größere Regionen. Merikallio hat bereits 1946 und 1958 Abschätzungen der Siedlungsdichte von Vögeln für Finnland vorgenommen. Für die Mönchsgrasmücke gibt er (1958) etwa 0,1 BP/km² an. Westermann u. Saumer (1974) haben den Bestand des NSG Taubergießen am Rhein bei einer Fläche von nur etwa 40 km² auf mindestens 2000 BP geschätzt. Sharrock (1976) gibt die mittlere Dichte für das südliche England mit etwa 12 BP/km² und die maximale Dichte mit 50 BP/km² an. Nach Teixeira (1979) siedeln in den Niederlanden maximal 13 BP/km², in Agrargebieten nur 0,6–3,7 BP/km². Bezzel, Lechner u. Ranftl (1980) geben für Bayern 4–6 BP/km² an, und Bezzel (1982) beziffert die durchschnittliche Dichte für die mitteleuropäische Kulturlandschaft allgemein auf die Größenordnung von 3–4 BP/km². In Bezzel (1982) finden sich viele weitere Angaben für verschiedene Habitate, Vegetationszonen, geographische Regionen usw. Aufgrund ihrer weiten vielfach flächendeckenden Verbreitung (6.1.) und ihrer hohen durchschnittlichen Siedlungsdichte gehört die Mönchsgrasmücke in vielen Gebieten ihres Verbreitungsgebiets jeweils zu den etwa 5 bis 10 häufigsten Vogelarten.

Gradienten. Die beiden vorstehenden Zusammenstellungen zeigen, daß die Siedlungsdichte der Mönchsgrasmücken in günstigen Bruthabitaten von den Kapverdischen Inseln bis nach Süddeutschland recht ähnlich hohe Werte von einigen bis zu einer Reihe von BP/ha erreichen kann. Wie weit derartig hohe Dichte über Süddeutschland hinaus nach Norden hin vorkommt, ist unbekannt. Nach Norden zu nimmt die Dichte jedenfalls immer mehr ab und erreicht z. B. in Finnland Werte, die im Mittel nur noch wenige Prozent der mitteleuropäischen Dichte betragen. Die Zusammenstellungen zeigen weiter, daß sehr hohe Dichte von zumindest mehreren BP/ha in Mitteleuropa vor allem in Auwäldern und in feuchten waldigen Gebieten mit Auwaldcharakter erreicht werden (6.1.), in Südeuropa auch in immergrünen Wäldern und in Afrika im Bergwald sowie in lockeren Siedlungen.

Dichte im Winterquartier. Durchschnittliche Werte für größere Gebiete sind bisher nicht bekannt. Aber bemerkenswert ist, daß die Mönchsgrasmücke im Winterquartier z. T. in ganz erstaunlich hoher Dichte vorkommt. Yeatman (1964) schätzte bei Überwinterern an der Mittelmeerküste in Südfrankreich aufgrund von Fangzahlen über 20 Individuen/ha. Und wir stellten in Südfrankreich in einem Auwaldgebiet in der Nähe der Alpillen 1984 durch systematischen Fang und durch Zählungen mehr als 50 Vögel/ha fest. Diese starke Konzentration erfolgte offenbar im Hinblick auf das örtlich begrenzte Angebot an Efeubeeren (12.1.). Damit erreicht die Dichte im Winterquartier z. T. Werte, die etwa das 2 bis 5fache der maximalen und das Vielfache der normalen Dichte zur Brutzeit betragen.

Relative Dichte zu anderen Grasmückenarten. Das Dichteverhältnis zur Gartengrasmücke ändert sich stark in Abhängigkeit von der geographischen Breite. Im Süden des Verbreitungsgebiets der Mönchsgrasmücke brütet die Gartengrasmücke nicht. In Südfrankreich kommen nach Untersuchungen von Affre (1975) Mönchs- und Gartengrasmücke im Verhältnis von fast 5 : 1 vor, s. auch Rettig (1987). Ein entsprechendes Verhältnis fanden wir bei über 1000 Nestfunden beider Arten in Süddeutschland (Berthold u. Querner 1984), wobei wir uns allerdings, soweit möglich (6.1.), auf von der Mönchsgrasmücke bevorzugte Habitate konzentriert haben. In demselben Gebiet kamen Schuster et al. (1983), vor allem bei Zählungen singender ♂, auf ein Verhältnis von 4 : 1. Für die Britischen Inseln errechnet sich nach Sharrock (1976) nur noch eine Relation von etwa 3–2 : 1, und für die Niederlande und Belgien geben Teixeira (1979) und Lippens u. Wille (1972) etwa gleichgroße oder sogar für die Gartengrasmücke stärkere Bestände an. Nach Norden hin wird die Gartengrasmücke schließlich noch häufiger, so daß sich für Finnland nach Merikallio (1958) ein Verhältnis von fast 70 : 1 für Garten- zu Mönchsgrasmücke ergibt. Bei diesen klaren, allgemeinen geographischen Trends ist zu berücksichtigen, daß die Gartengrasmücke bisweilen gebietsweise, z. B. in baumarmen Feuchtgebieten, auch in Mitteleuropa häufiger sein kann als die Mönchsgrasmücke (Berthold u. Schlenker 1988).

Über das Dichteverhältnis aller vier in Mitteleuropa häufigen Grasmückenarten geben vielleicht am ehesten die Fangzahlen des MRIP der Vogelwarte einigermaßen Auskunft, weil hier ohne Berücksichtigung der vielen regionalen Unterschiede zehn Jahre Vögel in großer Zahl aus weiten Teilen Europas gefangen wurden. Die Fangsummen betragen für alle drei Stationen zusammen für Mönchs-, Garten-, Klapper- und Dorngrasmücke 7409, 5827, 3033 und 1210 Individuen (Berthold et al. 1986 a). Sie stehen im Verhältnis 1 : 0,79 : 0,41 : 0,16 zueinander. Ein ganz ähnliches Verhältnis geben z. B. Handke u. Petermann (1986) für das Saarland an. Daß die Dorngrasmücke dabei einen so niedrigen Rang einnimmt, hängt sicher mit dem starken Rückgang der Art in weiten Teilen Europas seit 1968 zusammen (z. B. Berthold 1974, Berthold et al. 1986 b). Aus einer Zusammenstellung in Mönig u. Müller (1987) geht hervor, daß im Rheinland früher die Dorngrasmücke die häufigste Grasmückenart war – heute kommt sie noch im Verhältnis von etwa 1 : 30 zur Mönchsgrasmücke vor.

11.7. Bestand, Bestandsänderungen, Populationsreserven

Bestand. Seit Merikallio (1946, 1958) haben mehr und mehr Ornithologen versucht, die Brutvogelbestände ganzer Länder oder Landesteile durch Hochrechnung von Ergebnissen, die auf Probeflächen oder -streifen gewonnen wurden, abzuschätzen. Sie sind natürlich nicht genau, geben aber Anhaltspunkte für die Größenordnungen von Populationen und lassen gewisse Schlüsse auf die Kopfzahl der ganzen Art zu. Für einzelne Gebiete werden für die Mönchsgrasmücke folgende Bestände (Brutpaare) angegeben:

Belgien	55 000	Lippens u. Wille (1972)
BRD	1,3–5,5 Mio.	Rheinwald (1980)
England und Schottland	200 000	Sharrock (1976)

Finnland	10 000	Merikallio (1958)
Frankreich	3,5 Mio.	Rheinwald (1980)
Niederlande	30 000–50 000	Teixeira (1979)
Irland	1 500	Sharrock (1976)

Faßt man diese regionalen Schätzwerte zusammen, ergibt sich für das gesamte aufgelistete Gebiet ein ungefährer Bestand von 5–9 Mio. BP. Schließt man von diesen Werten auf das gesamte Verbreitungsgebiet der Art, kommt man auf einen hypothetischen Bestand von insgesamt etwa 70 Mio. Mönchsgrasmücken-Individuen. Demnach ist der Schätzwert von Moreau (1972) von 340 Mio., der auf Hochrechnung von Daten von Dement'ev u. Gladkov (1968) beruht, wohl viel zu hoch gegriffen. Eine nach den derzeit verfügbaren Daten gebotene Schätzung erscheint in der Größenordnung von 50–100 Mio. Mönchsgrasmücken realistisch.

Bestandsänderungen. Wie bei anderen Kleinvogelarten, so sind auch bei der Mönchsgrasmücke die kurz- und mittelfristigen Bestandsfluktuationen von Jahr zu Jahr und innerhalb einer Reihe von Jahren z. T. ganz erheblich. Das ist nicht verwunderlich, nachdem bekannt ist, daß es in einzelnen Jahren in mehr oder weniger großen Gebieten zu Brutverlusten kommen kann, von denen nahezu alle Nester betroffen sind. Manchmal bleiben die Ursachen dafür unbekannt (z. B. Konietzki 1971), in anderen Fällen können sie durch übermäßige Beraubung, z. B. durch den Wespenbussard (6.4.2.), oder durch Vernichtung der bodennahen Vegetation durch Unwetter verursacht werden (eigene Beobachtungen). Genaue Daten über die durchschnittliche Fluktuationsrate sind spärlich. Gnielka (1978, zitiert nach Bezzei 1982) ermittelte bei einer kleineren Brutpopulation von knapp 30 Paaren für einen Zeitraum von 14 Jahren an durchschnittlich etwa 30 Brutpaaren einen Variationskoeffizienten von etwa 24 %. Aus den Daten des MRIP der Vogelwarte erhielten wir einen entsprechenden Koeffizienten von knapp 40 % (Berthold u. Querner 1978 b, s. auch Berthold 1972). Dieser Wert ist sicher nach oben verzerrt, da auf dem Zug und beim Fang zusätzliche Variationen eintreten. Der von Gnielka (1978) berechnete Wert stimmt gut überein mit entsprechenden Koeffizienten, die wir für andere Kleinvogelarten aus kleineren Brutpopulationen erhielten (Berthold u. Querner 1978 b).

Verschiedene Mönchsgrasmückenpopulationen haben im Lauf der Zeit deutliche langfristige Bestandsveränderungen erfahren. Naumann (1849) schätzt die Bestände der Mönchsgrasmücke im zentralen Teil der heutigen DDR zu seiner Zeit, im Gegensatz zu vielen anderen Vogelarten, die bereits damals im Bestand abnahmen, als ausgeglichen ein. Nachdem Mönchsgrasmücken in Mitteleuropa ihre höchste Siedlungsdichte in Auwäldern erreichen (6.1., 11. 6.), ist anzunehmen, daß die Art in unserem Raum mit dem weitgehenden Verschwinden von Auwaldgebieten in den letzten Jahrhunderten erhebliche Bestandseinbußen erfahren hat. Aus neuerer Zeit sind hingegen nur mehr oder weniger deutliche Bestandszunahmen bekannt geworden. Nach Southern (1951) hat auf den Atlantischen Inseln die menschliche Besiedlung mit der Anlage von Pflanzungen, Gärten usw. in den letzten 200 Jahren zu einer erheblichen Bestandszunahme der Mönchsgrasmücke geführt (6.3.).

Über deutlichen Anstieg der Brutpopulationen in der jetzigen Zeit wird vor allem von den Britischen Inseln und aus Skandinavien berichtet (Flegg 1971, Haftorn 1971, v. Haartman 1973, 1978, Ruttledge 1983 u. a., Abb. 73 u. 74). Auf

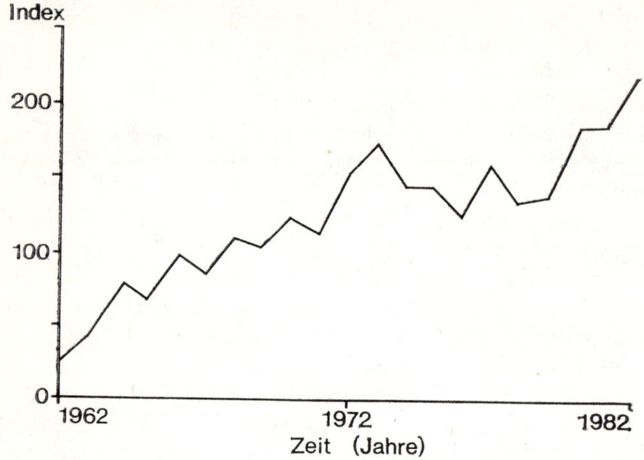

Abb. 73. Bestandsveränderung in Großbritannien in 20 Jahren im Farmland nach dem Brutvogelzensus des British Trust for Ornithology. Nach S i m m s 1985

den Britischen Inseln z. B. hat sich der Dichte-Index des „Common Birds Census“ des British Trust for Ornithology bis 1982 etwa verdoppelt (B a t t e n u. M a r c h a n t 1976, M a r c h a n t 1983, S i m m s 1985). Eine starke Zunahme der Mönchsgrasmücke, z. T. um über 100 %, wurde auch auf den britischen Vogelbeobachtungsstationen festgestellt, wo vor allem Durchzügler erfaßt werden (z. B. L a n g s l o w 1978, L e a c h 1981). Über starke Zunahme der überwinternden Zuzügler in England und Irland s. 5.4.

Für Mitteleuropa werden die Mönchsgrasmücken-Bestände als ausgeglichen bis leicht in Zunahme begriffen beurteilt. B e z z e l (1982) gibt für den Zeitraum seit 1850 einen „Bilanzwert“ (auf vielen Angaben beruhend) von + 0,63 an, der eine leichte Zunahme vermuten läßt. D e F r a i n e (1978), Ö l s c h l e g e l (1978), T e i x e i r a (1979), B a i r l e i n, D i e s s e l h o r s t u. W ü s t (1986) und M i t t e n d o r f e r (1987) sprechen für Belgien, die DDR, die Niederlande, Bayern und Oberösterreich von lokalen Zunahmen, andere Autoren betonen eher den ausgeglichenen Charakter von Populationen (z. B. H o f f m a n n in G l u t z 1962, S c h u s t e r et al. 1983). Die Fangzahlen des MRIP der Vogelwarte, die von Fänglingen aus weiten Teilen Europas stammen, zeigen für alle drei Stationen Tendenzen geringfügiger Bestandszunahmen an (Abb. 75).

Für stabile Populationsbestände sprechen auch die von P a e v s k i i (1985) mitgeteilten Fangzahlen aus der Sowjetunion (bis 1981), während Fangzahlen von den

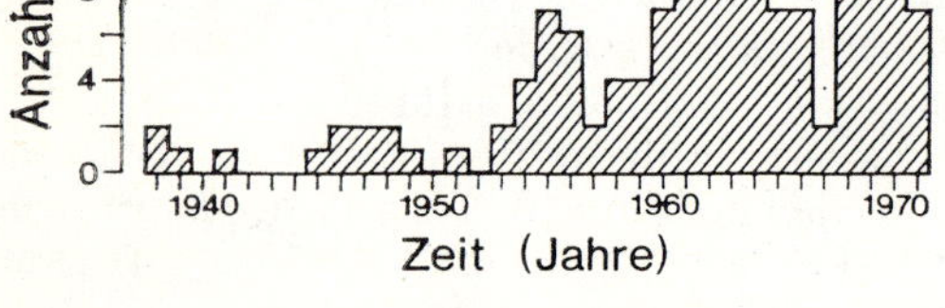

Abb. 74. Anzahl singender ♂ auf der Insel Lemsjöholm, Südfinnland, von 1938–1971. Nach v. H a a r t m a n 1973

Abb. 75. Bestandsveränderungen nach Fängen auf den Stationen des MRIP von 1974–1983. Die gestrichelten Regressionsgeraden geben die Tendenzen der Bestandsentwicklung an. Nach B e r t h o l d et al. 1986b

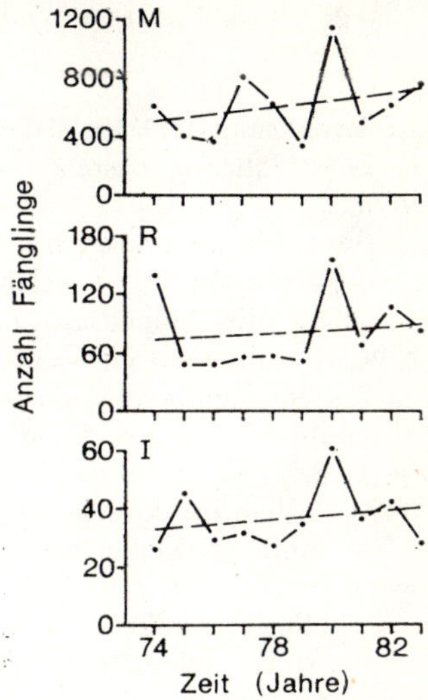

polnischen Stationen, allerdings nur für den Zeitraum von 1961–1970 angegeben (B u s s e 1973), eher rückläufig sind.

Die Ursachen für die starke Bestandszunahme auf den Britischen Inseln sind unklar (z. B. L e a c h 1981). In Skandinavien dürften Änderungen in der Wald- und Weidewirtschaft eine wesentliche Rolle gespielt haben (v. H a a r t m a n 1973, 1978, J ä r v i n e n u. V ä i s ä n e n 1977). Zudem ist denkbar, daß die Mönchsgrasmücke gebietsweise vom Rückgang einer Reihe anderer Vogelarten wie z. B. der Dorngrasmücke (z. B. B e r t h o l d 1974, B e r t h o l d et al. 1986 b) profitiert hat.

P o p u l a t i o n s r e s e r v e n. Über nichtbrütende Vögel in Populationen, die u. U. als Reserve für ausfallende Brutvögel in Frage kommen, ist wenig bekannt. B a i r l e i n (1978) stellte in seiner Populationsstudie in Süddeutschland in zwei Jahren 5 und 9% ledige ♂ fest. Da die Mönchsgrasmücke in Süddeutschland ein ausgewogenes Geschlechterverhältnis hat (10.2.), ist fraglich, ob z. B. auch nichtbrütende ♀ vorhanden waren oder ob vor allem ♂ in das günstige Gelände um Schloß Möggingen eingewandert waren. Diese und ähnliche Fragen bedürfen vieler weiterer Untersuchungen.

12. Ernährungsbiologie

S c h m i d t (1981) schreibt „Bei den meisten Grasmückenarten wissen wir eigentlich sehr wenig über die Zusammensetzung ihrer Nahrung". Das galt bis vor kurzem durchaus auch für die Mönchsgrasmücke (z. B. D e m e n t ' e v u. G l a d k o v 1968). Durch eine Reihe quantitativer Untersuchungen von Mageninhalten und Kotproben im Freiland während der Zugzeit und im Winterquartier sowie durch umfangreiche Untersuchungen gekäfigter Vögel hat sich unser Wissen über die Ernährungsbiologie der Mönchsgrasmücke in den letzten 20 Jahren stark erweitert.

12.1. Nahrung der selbständigen Vögel und Nestlingsnahrung

Die Ernährung der Mönchsgrasmücke ist durch viererlei besonders gekennzeichnet:
(1) Die Nahrung besteht ganzjährig sowohl aus tierischen wie pflanzlichen Anteilen,
(2) sie zeigt einen ausgeprägten Jahresgang in den beiden genannten Anteilen,
(3) die Nahrung der Mönchsgrasmücke ist ausgesprochen reichhaltig, und
(4) gehört die Mönchsgrasmücke in ihrem Verbreitungsgebiet zu den Kleinvogelarten, die am meisten Vegetabilien wie Beeren und Früchte verzehren und damit auch am meisten Samen verbreiten.

Ernährung zur Brutzeit. In der Brutperiode lebt die Mönchsgrasmücke überwiegend von tierischer Nahrung, die sie als nahezu ausschließlich klaubende Art vor allem im dünnen Gezweig, Blattwerk und in Blüten der Strauch- und Baumschicht sammelt. Dabei nimmt sie hauptsächlich kleinere Insekten aller Art auf, und zwar Imagines wie Larven, in erster Linie Kleinschmetterlinge, Falter, Käfer, Haut-, Zweiflügler, Schnabelkerfe u. a., daneben auch Spinnen, Asseln, kleine Schnecken, seltener auch kleine Regenwürmer u. a. Glatte Raupen werden bevorzugt, aber auch stark behaarte wie die der Nonne werden verzehrt. Insgesamt sind weit über 100 Beutetierarten beschrieben (z. B. Naumann 1897, Witherby et al. 1938, Steinfatt 1942, Hoffmann in Glutz 1962, Herrera 1978, Gardiazabal 1986). Eine recht detaillierte Auflistung für die UdSSR geben Dement'ev u. Gladkov (1968), aber systematische Analysen der tierischen Nahrung der Altvögel zur Brutzeit fehlen weitgehend. In Spanien spielen vor dem Heimzug Käfer eine herausragende Rolle, die fast die Hälfte der Beutetiere ausmachen, daneben auch Libellen und Wespen, von denen offen ist, ob sie entstachelt werden (Gardiazabal 1986).

Zu Beginn der Brutzeit verzehrt die Mönchsgrasmücke noch häufig Efeubeeren, von denen sie vielfach im Winter lebt (s. u.). Während der Brutzeit füttert sie z. T. ihre Jungen mit Beeren und nimmt dabei auch selbst welche zu sich, und gegen Ende der Brutzeit steigt der Verzehr von Beeren und Früchten stark an (s. u.).

Ernährung auf dem Zug und im Winterquartier. Unmittelbar nach dem Ausfliegen können Mönchsgrasmücken-Familien in Kirschbäume einziehen, wo alt und jung den reifen Kirschen zusprechen (14.3.). Selbständige Jungvögel suchen alsbald regelmäßig Beerensträucher, z. B. Heckenkirschen, Johannisbeeren, Holunder usw. auf, wo sie sich leicht in großer Anzahl fangen lassen (z. B. Schmidt 1964, Bairlein 1978). Magen- und Kotproben, die während der späten Brutzeit und der Wegzugperiode in Süddeutschland und während des Wegzugs und im Winter in Südeuropa gesammelt wurden, enthielten zu hohen Anteilen pflanzliche Nahrung (Abb. 76). Vegetabilien machen dabei vielfach den größten Teil der aufgenommenen Nahrung aus und werden den ganzen Tag über verzehrt. Brensing (1977) ermittelte in einem süddeutschen Rastgebiet in etwa 70 % aller Magenproben (durch Spülung am lebenden Vogel) Vegetabilien, ähnliches berichtet Burg (in Hoffmann in Glutz 1962).

Jordano u. Herrera (1981) fanden in Spanien bei Kotuntersuchungen z. T. in allen Stichproben Reste von Früchten, die in 45–92 % der Proben einen Anteil

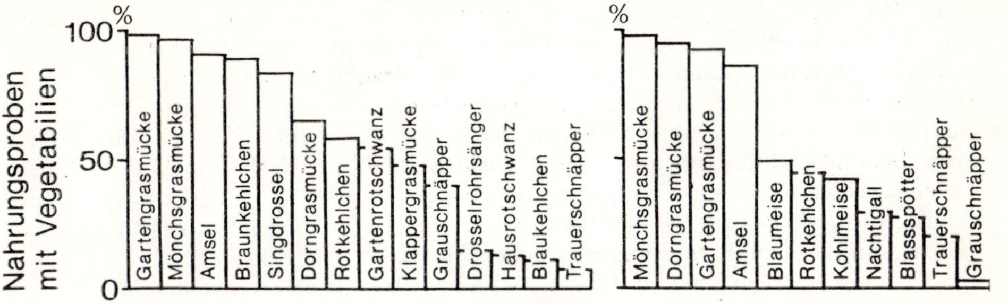

Abb. 76. Prozentsatz der Nahrungsproben, die Vegetabilien enthielten, im Vergleich zu anderen Arten. Links: während der Wegzugperiode in Süddeutschland, rechts: im Sommer in Spanien. Nach Brensing 1977 bzw. Jordano 1981

von über 95 % hatten. Nach Gardiazabal (1986) bestanden in Spanien von September bis April zwar nur 26 % aller Kotproben ausschließlich aus Vegetabilienresten (im Gegensatz zu 62 % bei der Gartengrasmücke), aber im September enthielten alle Kotproben einen Vegetabilienanteil, der über 90 % betrug. Er lag damit im September sogar über dem der Gartengrasmücke. Der Vegetabilienanteil der Mönchsgrasmücke bleibt den Winter hindurch hoch und fällt dann im Mittelmeerraum im März ab, bis im April nur noch Arthropoden verzehrt werden (Jordano u. Herrera 1981, Gardiazabal 1986, Tutman 1969). Auch auf dem Heimzug spielen Insekten eine große Rolle (Laursen 1978).

Für Mittel- und Nordeuropa ist der Verzehr von Beeren und Früchten von über 70 verschiedenen Pflanzenarten nachgewiesen (Übersichten Schuster 1930, Glasewald 1937, Olderog 1956, Möhring 1957 a, Berthold 1976 a), wobei den Früchten von Rotem und Schwarzem Holunder, Heckenkirsche, Brombeere, Faulbaum, roter Johannisbeere sowie Kirschen die größte Bedeutung zukommt. Im Winterquartier im Mittelmeerraum und in Afrika spielen die Früchte vieler weiterer Arten eine große Rolle, in Südfrankreich Efeubeeren (eigene Beobachtungen), in Spanien unter mindestens etwa 30 verschiedenen Arten vor allem die Früchte vom Erdbeerbaum sowie Oliven und Pistazien (Jordano u. Herrera 1981, Gardiazabal 1986), in Afrika von *Balanites, Zizyphys, Salvadora* u. v. a. m. (z. B. Morel u. Roux 1966, Moreau 1972, Pearson 1978), auf den Kapverden vom Wandelröschen (eigene Beobachtungen). Nach Finlayson u. Cortes (1982) spielen auf Gibraltar wie anderswo (z. B. in Jugoslawien, Tutman 1969) Feigen eine wichtige Rolle.

Obwohl Mönchsgrasmücken auf dem Zug und im Winterquartier in hohem Maße von Beeren und Früchten leben, so daß das Angebot dieser Nahrung sogar ihre Winterverbreitung mitbestimmt (13.4.), jagen sie dennoch auch in dieser Zeit ganz regelmäßig Insekten (z. B. van de Poll 1953, Cvitanic u. Novak 1966 bis 1968, Hampe 1973–1975, Hardy 1978, Gardiazabal 1986), die sie häufig zur Deckung ihres Grundnährstoffbedarfs dringend benötigen (12.2.). In Israel bevorzugt die Mönchsgrasmücke im Gegensatz zur Klappergrasmücke mehr fliegende Insekten und hat eine breitere Nahrungsnische als die dort seßhafte Samtkopfgrasmücke (Boren u. Safriel 1973, s. auch Laursen 1978).

Der Efeu ist wohl die bedeutendste Futterpflanze für die Mönchsgrasmücke. Zum einen werden Efeubeeren in weiten Teilen des Winterquartiers – von Großbritannien bis in den Mittelmeerraum – in großen Mengen verzehrt und können bei reichlichem Angebot zu enormen Konzentrationen von Mönchsgrasmücken führen (11.6.). Zum anderen spielen sie auf dem Heimzug und nach der Ankunft im Brutgebiet, vor allem bei Nachwintereinbrüchen, eine wichtige Rolle, und ihr Angebot ist sicher oft entscheidend für das Überleben von Frührückkehrern. In Notzeiten greifen Mönchsgrasmücken auch in der Brutperiode auf Efeubeeren zurück (Berthold 1976 a), und bei Nahrungsmangel können sie selbst zur Jungenaufzucht mit verwendet werden (Berthold 1984 b, Glutz 1986). So verzehrt die Mönchsgrasmücke Efeubeeren, wenn vorhanden und wenn erforderlich, praktisch das ganze Jahr hindurch, möglicherweise mit einer kurzen Unterbrechung in wenigen Sommermonaten (s. auch Forselius 1984 a, Tutman 1969, Guitian 1987).

Bei Überwinterungen in mehr nördlichen Teilen des Verbreitungsgebiets spielen neben Efeubeeren vor allem auch Mistelbeeren (in der Schweiz, Schifferli et al. 1980, wobei die Mönchsgrasmücke u. U. der effektivste Mistelverbreiter ist, Bollier 1987) und Beeren des Sanddorns (in der DDR, Müller 1972) eine wichtige Rolle. Für erfolgreiches Überwintern in großer Zahl wie neuerdings vor allem in England und Irland (5.4.) sind jedoch andere Nahrungsquellen erforderlich, die sich die Mönchsgrasmücke an vom Menschen angelegten Futterstellen erschlossen hat. Sie verzehrt hier regelmäßig Brot, Fett, Nüsse, Sämereien, Kartoffeln, Möhren, Fleisch, Gebäck, Käse u. a. m. und zeigt einmal mehr ihre große Anpassungsfähigkeit (z. B. Witherby et al. 1938, Tucker et al. 1949, Hoffmann in Glutz 1962, Gladwin 1969, Niehuis 1969, Gressel 1971, Braun 1973, Sabel 1973, van der Elst 1975, Hardy 1978, Wissing 1979, Hoffmann 1980, Conrads 1984, Übersicht in Leach 1981; s. auch Bannerman u. Bannerman 1965, Kühne 1986, Riesen 1986, Rösler 1986, Berthold 1987, Tenfelde 1987).

Ernährung in Notzeiten, außergewöhnliche Nahrung. Bei einer so anpassungsfähigen Art wie der Mönchsgrasmücke ist es nicht verwunderlich, daß sie in Notzeiten auf sehr verschiedenartige Nahrungsquellen verfällt und sich auch sonst bei entsprechendem Angebot außergewöhnlicher Nahrung zuwendet. Neben den oben genannten verschiedenartigen Futterstoffen, die Mönchsgrasmücken an Futterstellen für Vögel verzehren, können sie weitere Sämereien aufnehmen (Erbsen, Witherby et al. 1938, Sternkraut im Winter, Timmermann 1949, verschiedener Art in Wüsten, Paz 1987) und verschiedenartige Pflanzenteile (Blätter, Hoffmann in Glutz 1962, Paz 1987, Blüten und Blütenteile, Gardiazabal 1986). Blütenverzehr (u. a. von *Ulex* u. *Smilax*) konnte in Spanien von Gardiazabal (l. c.) in 11 % aller Kotproben nachgewiesen werden und kommt demnach zumindest regional wohl regelmäßig vor.

Verschiedentlich wurde die Aufnahme von Pflanzensäften beschrieben, so von austretendem Saft bei Verletzungen (Kornelkirsche, Möhring 1957 b, Weinstock, Schifferli 1984) und von Nektar (Pflaume, Prinzinger 1972, Jasmin, Hardy 1978, Aloe, Cortes 1982, Kaiserkrone, Forselius 1984 b). Auf Madeira beobachteten wir Nektaraufnahme an einer Reihe von üppig blühenden Bäumen *(Callistemon, Erythrina, Schotia)* so regelmäßig bei so vielen Individuen, daß man die Mönchsgrasmücke dort geradezu als fakultativen Nektarvogel bezeichnen kann (eigene Beobachtungen).

Nach Ash 1959, Ash, Jones u. Melville 1961 kommt es bei Blütenbesuchen, z. B. bei *Citrus*-Arten, auch zu Pollentransport und Blütenbestäubung, die aber nach Ford (1985) nur eine untergeordnete Rolle spielt.

Nestlingsnahrung. Über die Nestlingsnahrung sind wir sehr viel weniger gut unterrichtet als über die Nahrung der Altvögel. Eine umfassende quantitative Zusammenstellung liegt bisher nur von Korodi Gal (1965) für Rumänien vor. Mit der Halsringmethode wurde an einer Reihe von Nestern festgestellt: in den ersten Lebenstagen werden kleine weiche Raupen, Spinnen und Blattläuse gefüttert. Im Mittel erhält ein kleiner Nestling täglich etwa 66 Nahrungstiere, die 2,2 g wiegen. Ein Nestling verzehrt in seiner ganzen Nestlingszeit etwa 3600 Nahrungstiere, die rund 120 g wiegen, und die setzen sich aus menschlicher Sicht zu 16 % aus für Nutzpflanzen nützlichen, zu 72 % aus schädlichen und zu 12 % aus neutralen Tieren zusammen. Der Autor führt 75 verschiedene Nahrungskomponenten auf, von denen gewichtsmäßig Schmetterlinge (v. a. Raupen) an der Spitze stehen, gefolgt von Zweiflüglern, Hautflüglern, Käfern, Spinnen und Schnabelkerfen. Auch Nestlinge erhalten schon vielfach Beeren, Efeubeeren mindestens ab dem 5. Tag (Berthold 1984 b). Möhring (1957 a) beobachtete, daß an 10- bis 12tägige Jungvögel am Tag etwa sieben Beeren der Alpenjohannisbeere verfüttert wurden, die die Eltern bei etwa jeder dritten Fütterung mitbrachten.

Verdauung, Stoffwechsel, Samenverbreitung. Mönchsgrasmücken haben wie andere Kleinvögel eine rasche Verdauung. Nach Jordano (1987) ist bei der Gattung *Sylvia* mit einer Reihe von frugivoren Arten im Gegensatz zu rein insektivoren Schnäpperartigen eine kürzere Darmpassagezeit, aber auch eine relativ größere Darmlänge, insgesamt jedoch ein schnellerer Durchgang der Nahrung zu beobachten (etwa 4 mm/min gegenüber 2 mm/min). Möhring (1957 a) stellte schon 17–20 min nach Früchteverzehr die ersten Reste im Kot fest. Zieht man Nestlinge, die in der Natur Beeren erhielten, von Hand mit animalischer Nahrung weiter auf, verschwindet die Färbung des Kotes durch die Pflanzennahrung schon nach wenigen Kotabgaben vollständig.

Durch den starken Verzehr von Beeren und Früchten gehört die Mönchsgrasmücke zu den wichtigsten endozoischen Samenverbreitern unter unseren Kleinvögeln (z. B. Jordano u. Herrera 1981). Kerne von Beeren usw. werden vor allem mit dem Kot, aber auch in Speiballen (wohl vor allem bei Jungvögeln) abgegeben. Nach Möhring (1957 a) wird die Keimfähigkeit von Samen bei der Verdauung teils gefördert, teils beeinträchtigt. Hierüber würde sich eine systematische Untersuchung lohnen. Wie bei anderen Vogelarten ist auch bei der Mönchsgrasmücke die Toleranz gegenüber pflanzlichen Inhaltsstoffen, die für den Menschen giftig sind, sehr hoch. Mönchsgrasmücken verzehren viele für uns giftige und unverträgliche Früchte und können nach Möhring (1957 a) mindestens 9 g Seidelbastbeeren je Tag gut vertragen, nach unseren Beobachtungen ebenso über 30 g Faulbaumbeeren (Abb. 77).

Über den Nahrungs- und Energiebedarf und die Nahrungsausnützung liegen folgende Werte vor. Korodi Gal (1965) ermittelte bei Nestjungen einen Ausnützungskoeffizienten ihrer animalischen Nahrung von 59 %. In unseren Versuchsserien (Berthold 1976 a, b, eigene Beobachtungen) verzehrten erwachsene

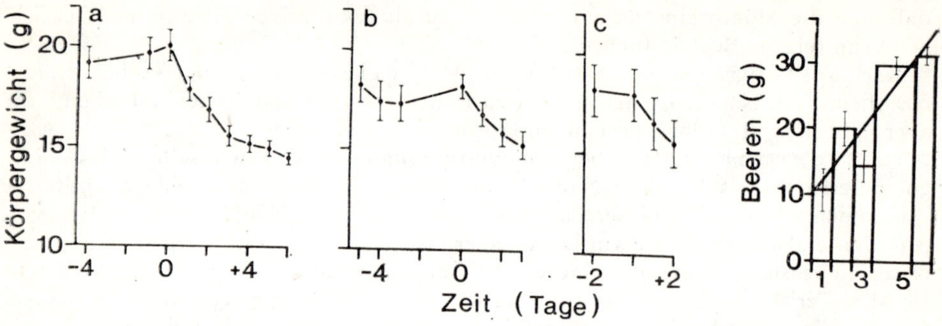

Abb. 77. Links: Körpergewichtsabfall bei reiner Beerennahrung (ab Tag 0, a: Faulbaum-, b: verschiedene, c: Efeubeeren), rechts: Anstieg des täglichen Beerenverzehrs bei reiner Beerennahrung. Nach Berthold 1976a

Mönchsgrasmücken bei rein animalischer Kost etwa 5–7 g Mehlwürmer/Tag, was einem Erhaltungsbedarf von etwa 150 Joule/Tag entspricht. Bei ad libitum Fütterung von Beeren benötigen sie zusätzlich nur knapp 3 g Mehlwürmer, um ihr Körpergewicht halten zu können. Jungvögel verzehren bei der Aufzucht in den ersten Lebenstagen 0,4–0,5 g Ameisenpuppen oder Bienenlarven (12.3.), später bis zu 15 g/Tag.

Die Verdauung der Mönchsgrasmücke verläuft im allgemeinen ohne mechanische Hilfsmittel wie Magensteine problemlos (z. B. bei jahrelanger Käfighaltung); Sandaufnahme wurde bisher nur von Glutz (1986) beschrieben.

12.2. Steuerung der Ernährung

Bei Arten wie der Mönchs- oder der Gartengrasmücke, die noch mehr Beeren verzehrt als die Mönchsgrasmücke (Brensing 1977, Gardiazabal 1986, Jordano 1987), aber auch bei vielen anderen fakultativen Beerenkonsumenten wie Drosseln, Rotkehlchen u. v. a. ist immer wieder die Frage aufgetaucht, was die Vögel zu zeitweiligem Früchteverzehr veranlaßt und worin möglicherweise Vorteile dieser Ernährung bestehen. Perzina (1888) hat bereits richtig erkannt, „daß die Grasmücken zur Fortpflanzungszeit ausschließlich Insektenfresser sind, welche nur, wenn durch schlechtes Wetter hervorgerufener Insektenmangel herrscht, ihre Jungen mit Beeren, bzl. Obst füttern". Und nach Cortes (1982) werden Aloeblüten besonders bei ungünstigem Wetter aufgesucht, wenn Insekten knapp sind. Dolnik u. Blyumental (1964) haben die Hypothese aufgestellt, omnivore Vogelarten könnten speziell zur Zugzeit eine ausschließliche Präferenz für kohlehydratreiche Früchte entwickeln, um auf diese Weise die Ausgangsstoffe für die Depotfettbildung zu gewinnen.

Die Mönchsgrasmücke gehört zu den wenigen Arten, für die durch unsere Langzeitstudien (Berthold 1976 a, b) systematische Untersuchungen zur Steuerung der jahreszeitlichen Nahrungswahl vorliegen. Wurde Mönchsgrasmücken mehr als 19 Monate lang unter kontrollierten Versuchsbedingungen animalische und vegetabilische Nahrung zur Auswahl geboten (Abb. 78), so zeigte sich: nur im ersten Lebensjahr kommt es gegen Ende der Jugendentwicklung zu einer einmaligen, mehr oder weniger ausgeprägten Bevorzugung von Beeren, die spätestens im ersten Winter, meist jedoch schon während der Zeit des Wegzugs, erlischt. Sie stellt keine ausschließliche Präferenz dar, sondern neben Beeren wird in erheblichem Umfang tierische Nahrung aufgenommen, und sie fällt nicht systematisch mit Körpergewichtserhöhungen und Depotfettbildung zusammen. Erhalten Mönchsgrasmücken nur Beeren, fällt ihr Körpergewicht in wenigen Tagen in lebensbedrohliche Bereiche ab, auch wenn die Vögel schließlich mehr als 30 g/Tag davon verzehren (Abb. 77). Ursache für diesen Abfall, der schließlich zum Tod führen würde, sind Protein- und Fettmangel (s. auch B a i r l e i n 1987 für die Gartengrasmücke). Verabreicht man nestjungen Mönchsgrasmücken reichlich Beeren zu ihrer animalischen Grundnahrung, so bleiben sie in Körpergewicht und Flügellänge deutlich zurück (Abb. 73), holen aber später den Rückstand wieder auf (B e r t h o l d 1976 b). Erhalten frisch gefangene Mönchsgrasmücken ihnen gut bekannte Beerennahrung und zusätzlich ihnen bislang unbekannte tierische Kost, z. B. Mehlwürmer, wird letztere bevorzugt.

Aus diesen Untersuchungen geht hervor:

(1) Die meist wässrigen und relativ protein- und fettarmen Beeren in Nord- und Mitteleuropa stellen für Mönchsgrasmücken keine ausreichende Nahrungsbasis dar (Nährstoffgehalte s. z. B. B e r t h o l d 1976 a), mit der sie allein ihr Körpergewicht

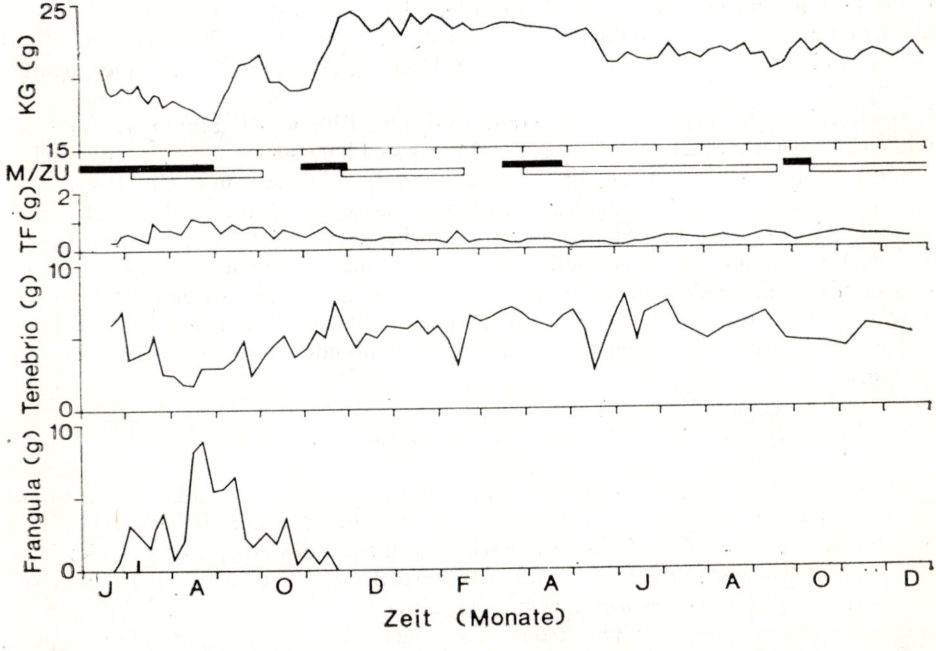

Abb. 78. Nahrungspräferenzen eines Einzelvogels bei 19monatiger Haltung in konstanten Bedingungen. KG: Körpergewicht, M/ZU: Mauser, Zugunruhe; TF, Tenebrio, Frangula: Verzehr von Trockenfutter (u. a. getrocknete Insekten), Mehlwürmern bzw. Faulbaumbeeren. Nach B e r t h o l d 1976a

halten oder gar erhöhen könnten; sie sind auf zusätzliche animalische Nahrung angewiesen, (2) Mönchsgrasmücken bevorzugen daher, wie auch andere Kleinvogelarten, Beeren und andere fleischige Früchte in Nord- und Mitteleuropa praktisch nie ausschließlich, sondern nehmen sie als Zusatznahrung auf, und zwar zum einen in Notzeiten und zum anderen, wenn erhöhter Nahrungsbedarf, vor allem in der Zugzeit für die Depotfettbildung, mit tierischer Nahrung allein schwer oder nicht zu decken ist.

Im Gegensatz zu tierischer Nahrung sind Beeren für Mönchsgrasmücken gänzlich entbehrlich – Mönchsgrasmücken können, wie Langzeitversuche zeigten, wohlbehalten ohne pflanzliche Kost gehalten werden (Berthold 1976 a). Es ist wahrscheinlich, daß Mönchsgrasmücken im Winterquartier, z. B. im Mittelmeerraum, in weit höherem Maß mit pflanzlicher Nahrung allein auskommen, weil die dort verzehrten Früchte vergleichsweise weit nährstoffreicher sind als Beeren in Nord- und Mitteleuropa (z. B. Hartwig 1886, Jordano u. Herrera 1981, Gardiazabal 1986). Dennoch verzehren Mönchsgrasmücken, wie die genannten Untersuchungen zeigen, auch im Winterquartier regelmäßig animalische Kost, so daß weitere Untersuchungen über Präferenzen und essentielle Nahrungsgrundlagen notwendig sind. Wiederholt ist auch angenommen worden, daß der Verzehr von Beeren, fleischigen Früchten und Pflanzensäften zumindest zeitweise der Wasseraufnahme dient (Dement'ev u. Gladkov 1968, Berthold 1976 a, Jordano u. Herrera 1981, Bairlein 1982 b, Gardiazabal 1986). Entsprechend ließe sich vielleicht die Beerenpräferenz junger Mönchsgrasmücken im Sommer deuten (Abb. 78).

Inwieweit beim Verzehr von Beeren, Früchten, Blüten, Blättern usw. auch geschmackliche Gründe, Farbpräferenzen (Diesselhorst 1972) oder spezifischer Hunger auf bestimmte Inhaltsstoffe wie Karotinoide, Glykoside usw. eine Rolle spielen, die z. B. für den Zug bedeutsam sein könnten, ist unbekannt. Einfache „Regeln" sind offenbar nicht leicht zu finden, so entdeckte z. B. Sorensen (1981) keine gesicherten Beziehungen zwischen der Bevorzugung und Menge der verzehrten Beeren und dem Gehalt an Protein, Kohlehydraten, Fett und Energie, so daß offenbar andere Faktoren auch eine Rolle spielen. In unseren Auswahlversuchen wurden ohne ersichtlichen Grund vor allem Beeren des Roten Holunders bevorzugt (Berthold 1976 a).

12.3. Fütterung bei Haltung und Zucht

Es würde den Rahmen dieser Monographie bei weitem sprengen, wollten wir hier die Fülle der Arbeiten und Kurzberichte abhandeln, die sich mit der Fütterung der Mönchsgrasmücke in Gefangenschaft beschäftigen. Statt dessen wollen wir hier kurz beschreiben, wie wir unter Einbeziehung früherer Erfahrungen alljährlich Hunderte von Mönchsgrasmücken praktisch problemlos aufziehen und halten.

Aufzucht. Für Vögel in den ersten Lebenstagen verwenden wir Ameisenpuppen, danach zunehmend mehr oder ausschließlich Bienenlarven (Berthold 1981). Gefüttert wird von 6–19 Uhr alle 45 min, bei Vögeln unter 3 Tagen alle 20 min. Tiefgefrorene vorjährige Ameisenpuppen und Bienenlarven werden 5mal täglich durch Eintauchen in eine wässrige Vitaminlösung mit Vitaminen angereichert (1 Tropfen

Protovita auf 90 cm^3 Wasser). Beide Futtermittel werden vor jeder Fütterung mit Kalk (Pulver von Hühnereischalen und Vitakalk) eingestäubt, um Knochendeformationen zu vermeiden.

H a l t u n g. Für die Dauerhaltung im Käfig erhalten die Vögel ein feuchtes Mischfutter, ein Trockenmischfutter und Mehlwürmer. Das feuchte Mischfutter setzt sich aus folgenden Gewichtsprozenten zusammen: gemahlene gekochte Hühnereier 46 %, gebrühte, abgetropfte und gemahlene Dickmilch 19 %, Zwiebackmehl 28 %, käufliches Insektentrockenfutter 6 %, Kalk (Vitakalk) 0,9 %, Mineralstoffmischung (Mauserpulver) 0,1 %. Dieses Mischfutter wird täglich frisch zubereitet und gefüttert.

Das trockene Mischfutter setzt sich aus folgenden Gewichtsprozenten zusammen: gemahlene Erdnüsse 22 %, Milchpulver 15 %, Sojamehl 15 %, Weizenkeime 15 %, Haferflocken 12 %, Dextropur 9 %, Hefeflocken 6 %, Vitakalk 3 %, gemahlene Brennesselblätter 1 %, Holzkohle 1 %, Osspulvit 1 %. Dieses Trockenmischfutter wird bei uns in Anlehnung an ein erprobtes Rezept von H ü t t e n (1971) hergestellt. Es wird von Mönchsgrasmücken sehr gern verzehrt und dient vor allem auch als Reserve, wenn beispielsweise das feuchte Mischfutter bei warmer Witterung zu verderben beginnt.

In den Mauserperioden bekommen die Vögel 10 Mehlwürmer/Tag, außerhalb der Mauser 3/Tag. Zudem erhalten sie 3mal wöchentlich frisches, mit Vitaminen angereichertes Trinkwasser (5 Tropfen Protovita/l, einmal zusätzlich Vitamin A in höherer Dosis: 4 Tropfen Arovit/l).

Z u c h t. Zuchtpaare in den Volieren erhalten dasselbe Grundfutter wie oben beschrieben, zusätzlich jedoch Mehlwürmer ad libitum.

E i n g e w ö h n u n g. Zur Eingewöhnung von Fänglingen eignen sich alle oben genannten Futtermittel, besonders jedoch Mehlwürmer. Sind Fänglinge ihrer Kotabgabe nach zu urteilen an Beeren gewöhnt, sollten zusätzlich Beeren verabreicht werden, die dann in der Regel gern angenommen werden. Nehmen Fänglinge in den ersten ein bis zwei Stunden der Eingewöhnungszeit kein Futter an, empfiehlt es sich, ihnen einige Mehlwürmer von Hand in den Schnabel und Rachen zu verabreichen.

13. Wanderungen

13.1. Zug- und Standvogelverhalten verschiedener Populationen

Die Mönchsgrasmücke ist überwiegend Zugvogel, aber das Zugverhalten ist bei verschiedenen Populationen sehr unterschiedlich ausgeprägt und z. T. bis in jüngste Zeit in Entwicklung begriffen (5.4.). Abb. 79 gibt eine schematische Darstellung für alle Populationen. Reine Standvögel (keine Zugaktivität, 13.7.) kommen wohl nur auf den Kapverdischen Inseln und sehr wahrscheinlich auf den Azoren und auf Madeira vor. Vögel der Kanarischen Inseln entwickeln Zugaktivität (13.7.) und wandern wahrscheinlich zwischen den Inseln, vielleicht z. T. zum afrikanischen Festland hinüber, das nur etwa 300 km entfernt ist.

Im Mittelmeerraum siedeln teilziehende Populationen. Die nördlichste bekannte

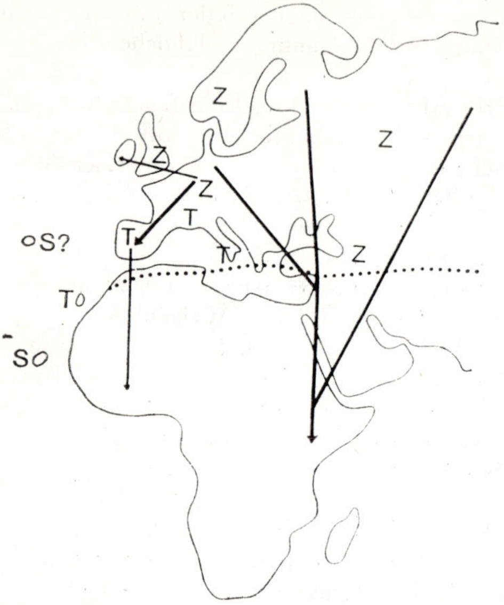

Abb. 79. Schematische Darstellung des Zugverhaltens. Dicke Pfeile: Haupt-, dünne: Nebenzugrichtungen, punktiert: Südgrenze der kontinentalen Brutverbreitung. Z: ausschließlich ziehende, T: teilziehende, S, S?: sichere bzw. fragliche Standvogelpopulationen. Nach Berthold 1988a

bewohnt das untere Rhonetal mit angrenzenden Gebieten und setzt sich nach umfangreichen Zugaktivitätsuntersuchungen aus etwa dreiviertel Zug- und einem Viertel Standvögeln zusammen (13.7.). In Italien reichen ausschließlich ziehende Populationen wahrscheinlich weiter nach Süden, und teilziehende Populationen kommen wohl erst südlich von Neapel vor (z. B. Lövei, Scebba u. Milone 1985, A. Farina, F. Spina briefl.).

Die genaue Grenze der Verbreitung anderer teilziehender Populationen ist unbekannt. Nördlich des Mittelmeerraumes leben nahezu ausschließlich ziehende Populationen (über geringfügige Überwinterungen s. 5.2.). Diese ziehenden Populationen wandern teils als Kurz- oder Mittelstreckenzieher in den Mittelmeerraum oder neuerdings nach England und Irland (5.4.) oder in geringerem Umfang als Weitstreckenzieher vom westlichen Verbreitungsbereich nach Westafrika und in stärkerem Maß aus östlichen Regionen (Skandinavien bis Sibirien) bis ins südliche Ostafrika.

Dabei können Mönchsgrasmücken wie ausgeprägte Zugvögel anderer Arten das Mittelmeer überqueren (z. B. Zink 1973, 1977), und ihre Fettreserven würden auch für Nonstopflüge über die Sahara ausreichen (3.5., Wood 1982). In welchem Umfang Mönchsgrasmücken die beiden ökologischen Barrieren im Nonstopflug überqueren, ist wie für andere Vogelarten auch (z. B. Bairlein 1985) offen, ebenso, inwieweit in der Überquerung Unterschiede zwischen Heim- und Wegzug bestehen (Zink 1973, Berthold 1988 c).

Geschlechts- und Altersunterschiede sind bei der Mönchsgrasmücke im Zugverhalten nur relativ gering ausgeprägt. So ergab sich z. B. aus dem umfangreichen Material über den Durchzug in Südfrankreich (Station Tour du Valat, Klein, Berthold u. Gwinner 1973) zwischen ♂ und ♀ beim Wegzug nur eine Differenz von 2 Tagen. Auf Vogelbeobachtungsstationen der Britischen Inseln gibt es z. T. im April mehr Beobachtungen von ♂, im Mai mehr von ♀ (Davis 1967), bei der Rückkehr ins Brutgebiet Hinweise auf späteres Eintreffen einjähriger ♂ (Bairlein 1978) und fallweise Unterschiede zwischen ♂ und ♀ in Durchzugsgebieten auf dem Heimzug (Horner 1980, s. auch Pedroli u. Gogel 1972, Lövei 1979, Lövei, Scebba u. Milone 1985 u. a.).

Im wesentlichen verläuft der Zug bei den beiden Geschlechtern weitgehend übereinstimmend ab. Über die Altersklassen sind wir weniger gut unterrichtet. Nach Gardiazabal (1986) treffen im spanischen Winterquartier zunächst diesjährige, später erst (ab Oktober) auch Altvögel ein. Das ist nicht verwunderlich, wenn man bedenkt, daß viele früh geschlüpfte Jungvögel schon mausern und sich auf den Wegzug vorbereiten können, wenn Altvögel z. T. noch brüten (8.1., 10.8., 13.2.). Vermuteter früherer Wegzug von Altvögeln (Bezzel 1963, Glutz 1986) läßt sich bisher nicht deutlich vom Dispersionsverhalten trennen (13.2.). Es bleibt künftigen genauen statistischen Analysen vorbehalten, eventuell gewisse Altersunterschiede im Ablauf des Wegzugs aufzudecken. Nach Murillo u. Sancho (1969) ziehen im Frühjahr in Spanien Altvögel vor Jungvögeln durch.

Für die folgenden allgemeinen Charakterisierungen der Art können jedoch die Daten aller Geschlechts- und Altersgruppen ohne Bedenken gemeinsam betrachtet werden. Weitere Erklärungen der Abb. 79 s. 13.3.–13.7., detaillierte Übersichten in Zink (1973), Klein, Berthold u. Gwinner (1973), Brickenstein-Stockhammer u. Drost (1956), Belopolsky u. Odintsova (1969), Fachausdrücke das Zugverhalten betreffend s. Schüz et al. (1971).

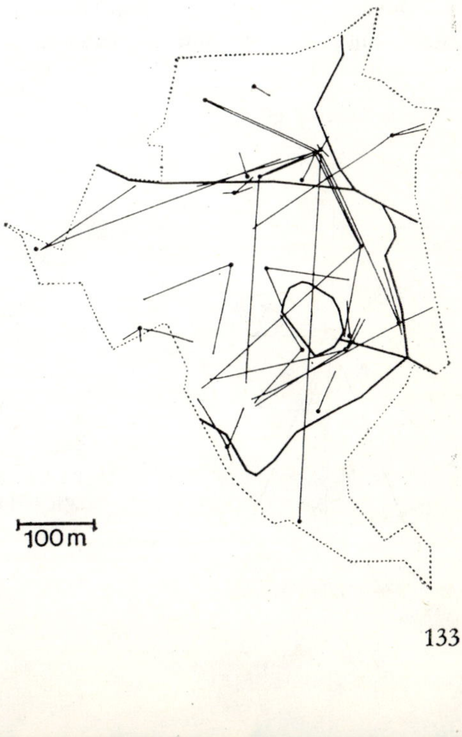

Abb. 80. Ortsbewegungen von beringten Jungvögeln nach dem Ausfliegen (gerade Linien) relativ zum Nest (Punkte) in Süddeutschland (dicke und punktierte Linien: Geländedarstellung). Nach Bairlein 1978

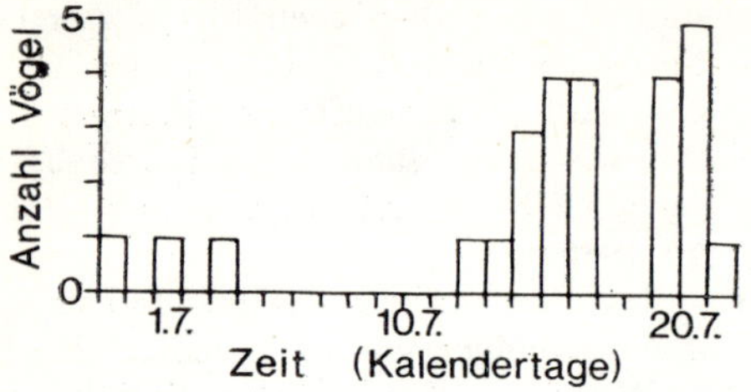

Abb. 81. Auftreten diesjähriger Zuwanderer in einer süddeutschen Population. Nach Bairlein 1978

13.2. Verlassen der Brutgebiete und Dispersion

Mönchsgrasmücken können – je nach dem Wegzugtermin der Population – ihre Bruthabitate erhebliche Zeit vor dem Wegzug verlassen. Das gilt, wie die Abb. 80 bis 84 zeigen, für Alt- und Jungvögel. Die Jungvögel streifen zunächst in der näheren und weiteren Umgebung ihrer Nester umher (Abb. 80). Sie tauchen in Brutgebieten in Süddeutschland aus benachbarten Populationen z. B. schon ab Anfang Juli auf, in beträchtlichem Umfang ab Mitte Juli, also lange vor Ende der Brutzeit und etwa zweieinhalb Monate vor dem Beginn des Wegzugs (Abb. 81). Bis zum Wegzug können sie nach allen Richtungen bis in beträchtliche Entfernungen dispergieren, wie die folgenden Beispiele zeigen.

In England und Irland kamen Wiederfunde beringter Jungvögel im Juli und August zu 87 % aus einem Umkreis von 25 km vom Beringungsort, ab September zu 79 % aus größeren Entfernungen, aber ebenfalls aus allen Richtungen (Abb. 82). 36 Wiederfunde in Belgien beringter Jungvögel stammten vor dem Wegzug zu 17 % vom Beringungsort, zu 19 % aus südwestlichen Richtungen und zu 64 % aus nördlichen Richtungen. Bis auf fünf Funde lagen alle unter 50 km; etwa einen Monat nach der Beringung betrug ihre mittlere Entfernung rund 30 km vom Beringungsort. Die mitt-

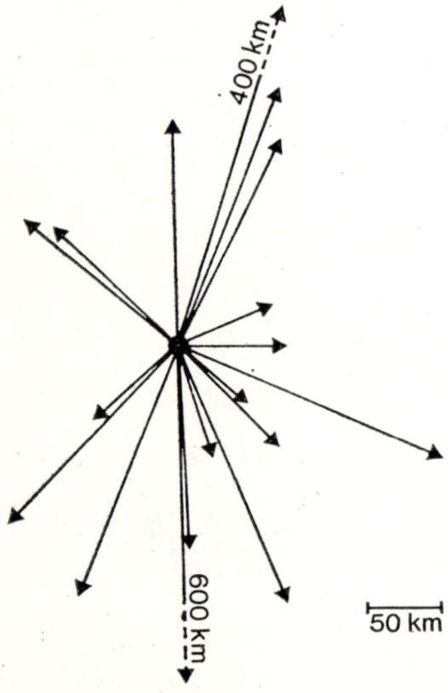

Abb. 82. Richtung und Entfernung dispergierender diesjähriger britischer Vögel von August bis Oktober. Nach Langslow 1979

Abb. 83 (Seite 135). Biologie der Wegzugperiode nach Daten des MRIP für die Mettnau-Halbinsel am Bodensee. EF: Erstfänge, KG: Körpergewicht, FL: Federlänge, EF_{WF}: Erstfänge, die später Wiederfänge ergeben, WF: Wiederfänge, VD: deren Verweildauer in Tagen, KM (E): Kleingefiedermauser in Einheiten, GM (E): Großgefiedermauser, Zahlen entlang der Abszisse: Jahrespentaden. Nach Berthold et al. 1990

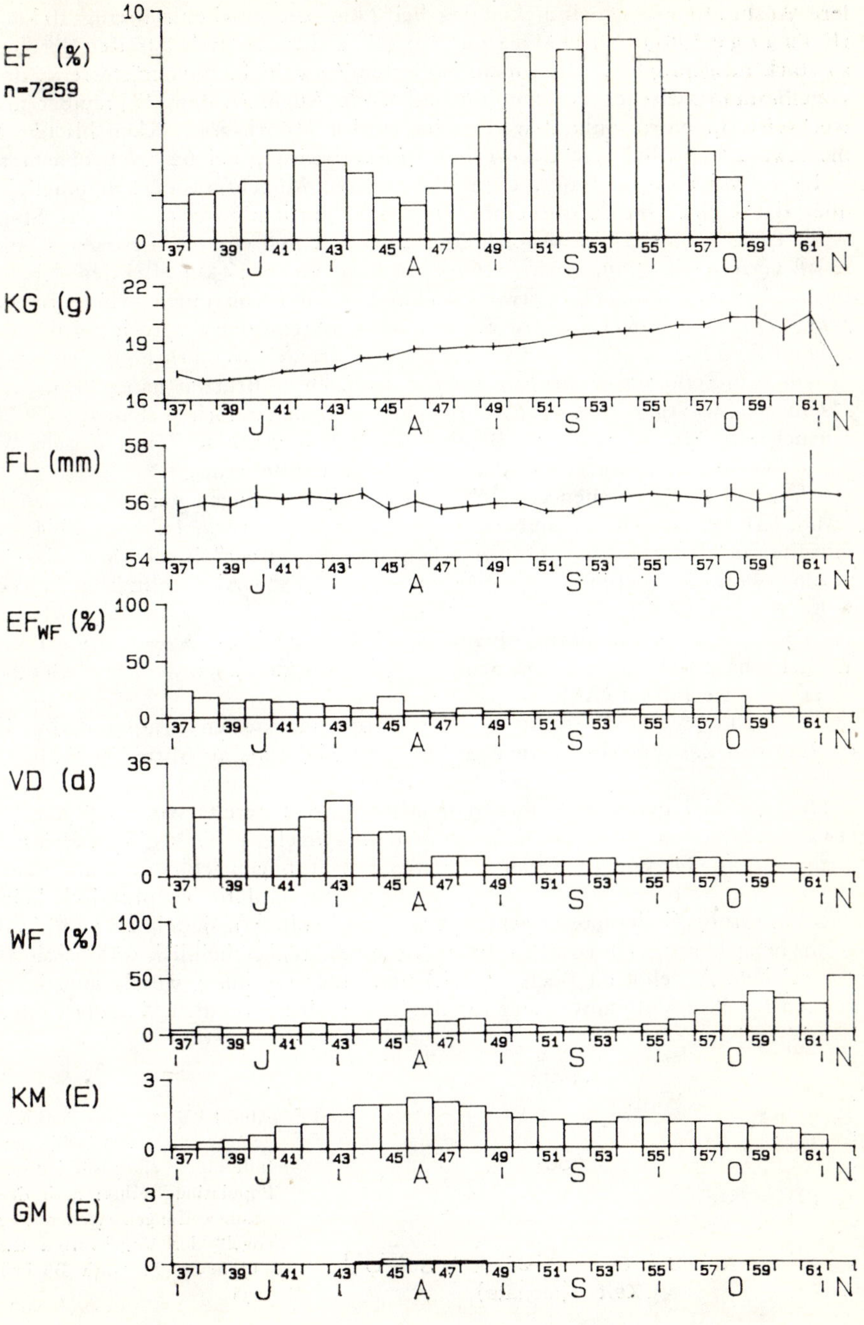
EF (%)
n=7259
KG (g)
FL (mm)
EF$_{WF}$ (%)
VD (d)
WF (%)
KM (E)
GM (E)
37 39 41 43 45 47 49 51 53 55 57 59 61
J A S O N

lere Ausbreitungsgeschwindigkeit lag bei 2 km, die maximale betrug 10 km je Tag (F o u a r g e 1981). Nach M a z z u c c o (1974) ist das Umherstreifen der Jungvögel so stark ausgeprägt, daß in einem isolierten Auwald in Niederösterreich der Jungvogelbestand zwischen Anfang Juli und Ende August/Anfang September mehrmals wechselte. In Nordfinnland werden im Herbst Mönchsgrasmücken bis 65° N, also bis etwa 2° nördlich der Grenze der Brutverbreitung bei 63° N beobachtet (M e r i l ä u. M i k k o l a 1967). Dort dispergieren Mönchsgrasmücken möglicherweise über das Gebiet ihrer Brutverbreitung nach Norden. Eine eingehende Studie von W o l f (1987) in Niederösterreich ergab: der offenbar endogen gesteuerte Jungvogelstrich verteilt die ♀ auf etwa 23–69 km², die ♂ auf 5–17 km². Bei den ♀ beträgt die Dispersionsgeschwindigkeit etwa 0,18 km/Tag, und von ihnen kehren im nächsten Jahr weniger ins elterliche Brutgebiet zurück als von den ♂. Auch bei der Mönchsgrasmücke dürfte das Umherstreifen nach der Brutzeit wesentliche Bedeutung für die Prägung auf potentielle Brutgebiete für die nächste Brutzeit haben. Entsprechende Nachweise, wie sie für andere Arten vorliegen, stehen jedoch noch aus.

Auch Altvögel können ihre Bruthabitate schon geraume Zeit vor dem Wegzugbeginn verlassen. Dafür gibt es dreierlei eindeutige Befunde:
(1) Die auf Fangstationen erzielten Gipfel von Fänglingen vor der Wegzugperiode (Abb. 83) gehen auch auf umherstreifende Altvögel zurück. J e n n i (1984) z. B. ermittelte für die Zeit „nachbrutzeitlichen Umherstreifens" in der Schweiz eine Zusammensetzung von rund 70 % Jungvögeln und 30 % Altvögeln, s. auch B e z z e l (1963).
(2) Die Analyse der „Kontrollfänge eigener Ringvögel" der Vogelwarten Radolfzell, Wilhelmshaven/Helgoland und Sempach zeigt ein Verlassen der Bruthabitate schon ab etwa Mitte Juli an (Abb. 84), und
(3) B a i r l e i n (1978) stellte in seiner farbig markierten Brutpopulation in Süddeutschland das Verschwinden von Altvögeln ebenfalls ab Mitte bis Ende Juli fest (Abb. 84).

Die Altvögel beginnen demnach in Mitteleuropa bereits vor Ende der Brutzeit, etwa einen halben Monat nach den ersten Jungvögeln, z. T. aus ihren Bruthabitaten abzuwandern. Da Ringfunde aus größeren Entfernungen fehlen und auf Fangstationen in unmittelbarer Nachbarschaft großer Brutpopulationen praktisch keine Altvögel in Großgefiedermauser gefangen werden (Abb. 83), siedeln sie wohl in der Regel in benachbarte Gebiete ihrer Brutreviere um. Wahrscheinlich wählen sie Gebiete mit reichem Angebot an Beeren (12.1.) und guter Deckung, wo sie günstige Bedingungen für ihre Vollmauser und für die Vorbereitung für den Wegzug finden.

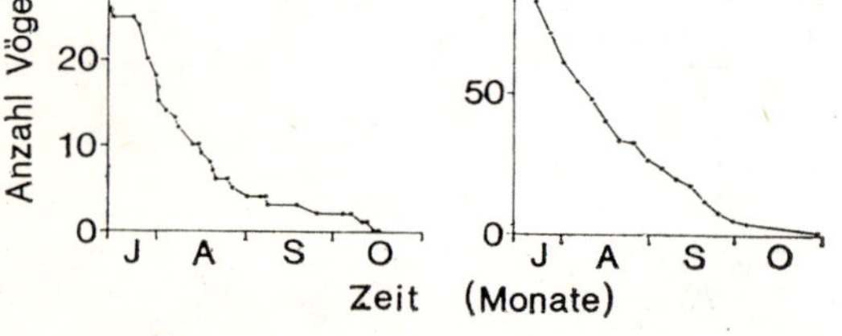

Abb. 84. Abzug aus dem Brutgebiet. Links: von farbig markierten Individuen einer süddeutschen Population, rechts: nach den „Kontrollfängen eigener Ringvögel" der Vogelwarten Radolfzell und Sempach. Nach B a i r l e i n 1978

13.3. W e g z u g

13.3.1. *Richtungen, Zugscheiden*

Die Zugrichtungen der verschiedenen Populationen sind schematisch in Abb. 79 dargestellt. Sie streuen bei verschiedenen Populationen und bei einzelnen Populationen auch während des Zugablaufs ganz erheblich. Die Brutvögel Mitteleuropas wandern aus den westlichen Bereichen hauptsächlich in südwestlicher Richtung, aus den östlichen Teilen mehr in südöstlicher Richtung ab. So entsteht im Bereich von etwa 12 ° bis 15 °E eine Art Zugscheide, die aber nicht scharf zwischen Populationen trennt, sondern in einem breiten Mischgebiet Zugrichtungen von SW bis SE einschließt. Außerdem ziehen auch die Vögel der Britischen Inseln z. T. in südöstlicher Richtung fort, und auf dem Kontinent wandern Vögel nördlich von etwa 52 ° mehr in südlicher Richtung als Vögel niedrigerer Breiten. Mitteleuropäische Mönchsgrasmücken ziehen im letzten Vierteljahrhundert zunehmend nach NW in Winterquartiere, die vor allem in England und Irland liegen (5.4.). Dadurch entsteht in Mitteleuropa eine zweite Zugscheide, die Zieher nach SW und nach NW trennt, und zwar stärker als die oben genannte Zugscheide. Ausführliche Übersichten und nähere Einzelheiten s. vor allem Z i n k (1973), K l e i n , B e r t h o l d u. G w i n n e r (1973), W o o d (1982) und H e l b i g u. W i l t s c h k o (1987). K l e i n , B e r t h o l d u. G w i n n e r (1973) haben für drei Regionen die mittleren Wegzugrichtungen berechnet. Sie liegen für Vögel südlich von 52 °N und westlich von 15 °E bei 196 °, für Vögel östlich von

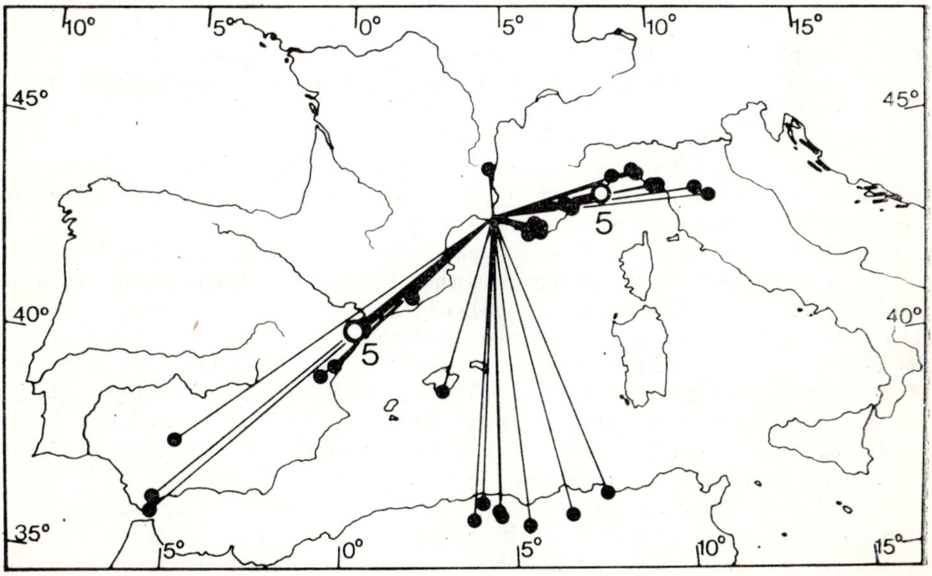

Abb. 85. Wiederfunde im Herbst in der Camargue, Südfrankreich, beringter Vögel im ersten Winter. Nach Z i n k 1977

15 °E bei 142 ° und für Vögel nördlich von 52 °N bei 188 °. Änderungen der Zugrichtungen während des Zugablaufs sind z. T. belegt und teilweise aus den Zugverhältnissen zu schließen. Mönchsgrasmücken, die z. B. im Herbst in Südfrankreich beringt wurden, sind im ersten Winter weit gestreut im W, S und E wiedergefunden worden (Abb. 85).

Wahrscheinlich hat sich ein Großteil vor allem der nach E und NE gezogenen Vögel von der Meeresküste leiten und damit von seiner ursprünglichen südlichen Zugrichtung abbringen lassen. Damit hätte das Mittelmeer bei einem Teil dieser Vögel als abweisende Barriere gewirkt. Es ist aber nicht auszuschließen, daß die stark ost- und westwärts gerichteten Bewegungen keinen eigentlichen Zug mehr darstellen, sondern eher das für Mönchsgrasmücken vielfach typische „Nomadisieren“ im Winterquartier widerspiegeln (13.4.). Vögel, die über die Iberische Halbinsel hinaus in westafrikanische Winterquartiere weiterwandern, müssen ihre Zugrichtung sicher häufig mehr auf S drehen. Das könnte im Bereich des Mittelmeeres entweder allmählich oder in einem „Zugknick“ geschehen wie bei der Gartengrasmücke (Gwinner u. Wiltschko 1978).

Im östlichen Mittelmeer, in den angrenzenden Teilen der arabischen Halbinsel und im nördlichen Ostafrika ist teilweiser Trichterzug mit verschiedenartigen Richtungsänderungen anzunehmen. Insgesamt ist der Zug der Mönchsgrasmücke, was das Wandern in bestimmten Richtungen und Sektoren anbelangt, als Breitfront- bis geleiteter Breitfrontzug zu bezeichnen (Schüz et al. 1971, Klein, Berthold u. Gwinner 1973).

13.3.2. *Zeitlicher Ablauf, Geschwindigkeit*

Der eigentliche Wegzug der Mönchsgrasmücke in die Winterquartiere setzt zunächst bei den nördlichen Populationen ein und erfaßt dann die mitteleuropäischen Populationen (im Gegensatz zur Gartengrasmücke, bei der die verschiedenen Populationen mehr gleichzeitig zum Wegzug aufbrechen, Klein, Berthold u. Gwinner 1973). Die wegziehenden Vögel der teilziehenden Populationen im Mittelmeerraum verlassen möglicherweise ihre Brutgebiete relativ früh, ehe nordische Zuzügler eintreffen (s. u. und Lövei, Scebba u. Milone 1986).

Beginn des Wegzugs. In Skandinavien setzt der Wegzug bereits Mitte Juli ein, in dem Breitenbereich von den Britischen Inseln über Osteuropa bis Asien im August, und in Mitteleuropa im wesentlichen ab Ende August/Anfang September. Der Wegzug ist dabei etwas vom Längengrad abhängig, indem er im E früher und im W später beginnt; Einzelheiten s. Klein, Berthold u. Gwinner (1973), Zink (1973), Dement'ev u. Gladkov (1968), Fouarge (1981), Riddiford u. Findley (1981), Höser u. Oeler (1987) u. a. Ziehende Vögel (vor allem junge ♀ der südfranzösischen Teilzieherpopulation) entwickeln bereits ab Mitte August Zugaktivität (Zugunruhe, 13.7.).

Zugablauf. Der Zugablauf der Mönchsgrasmücke ist selbst innerhalb einzelner Populationen sehr großer individueller Variation unterworfen, daher quantitativ schwer zu erfassen und kann deshalb hier nur in Grundzügen behandelt werden. Er ist für die ganze Art ausführlich in Klein, Berthold u. Gwinner (1973) dargestellt, für einzelne Populationen vor allem von Fouarge (1981). Durchzugsmuster von Fang- und Beobachtungsstationen mit überregionaler Bedeutung finden sich außer in der Übersicht von Klein, Berthold u. Gwinner (1973) vor allem in Riddiford u. Findley (1981) für britische Stationen, in Jenni (1984) für die Schweiz und in Berthold et al. (1990) für Mitteleuropa, s. Abb. 83. Der Beginn des hauptsächlichen Wegzugs und Durchzugs der europäischen Populationen fällt im nördlichen Teil des Verbreitungsgebietes auf Ende August/Anfang September, weiter im Süden mehr in den September. Ziehende Vögel stellt man im Norden des kontinentalen Verbreitungsgebiets bis gegen Anfang Oktober, in weiten Teilen des übrigen Verbreitungsgebiets bis Ende Oktober/Anfang November fest. Insgesamt erstreckt sich der Zug bis in den Winter hinein, teilweise werden feste Überwinterungsplätze wohl erst im Januar bezogen (s. u.). Genauer läßt sich der sehr langhingezogene Wegzug der Mönchsgrasmücke allgemein kaum fassen. Zum einen erstreckt er sich bei der Art insgesamt von Juli bis Januar über sieben Monate, zum anderen hat Bairlein (1978) an einer farbig markierten Population in Süddeutschland festgestellt, daß selbst in einem kleinen Gebiet vom Verschwinden der ersten Brutvögel im Juli bis zum Wegzug der letzten Individuen Mitte Oktober 90 Tage verstreichen können. Nach den „Kontrollfängen eigener Ringvögel" der Vogelwarten (Bairlein 1978) werden in Mitteleuropa Angehörige der Brutpopulationen sogar bis Ende Oktober im Brutgebiet angetroffen.

Geschwindigkeit. Hier gilt es zu unterscheiden zwischen

(1) der Fluggeschwindigkeit einzelner Individuen, mit der sie in aktiven Phasen der Zugzeit auf ihr Winterquartier zufliegen (häufig als Zuggeschwindigkeit bezeichnet) und

(2) dem Vorrücken von Individuen und Populationen in Richtung auf das Winterquartier, also der Geschwindigkeit des Zugablaufs.

Für die Fluggeschwindigkeit während des Zuges liegen für die Mönchsgrasmücke keine Messungen vor, hier sind wir auf Berechnungen und Schätzungen (13.7.) angewiesen. Die Geschwindigkeit des Zugablaufs hängt ab von der Fluggeschwindigkeit während des Zuges, von der Häufigkeit und Länge aktiver Zugphasen (der Zugschübe) und von der Anzahl und Dauer der Zwischenaufenthalte in Rastgebieten. Da sich alle genannten Größen während des Zuges ändern können, variiert auch die Geschwindigkeit des Zugablaufs innerhalb der Zugperiode beträchtlich (s. u.).

Klein, Berthold u. Gwinner (1973) haben für die Wegzugperiode Mediane für die Durchzugsmuster der Mönchsgrasmücke für eine Reihe von Statio-

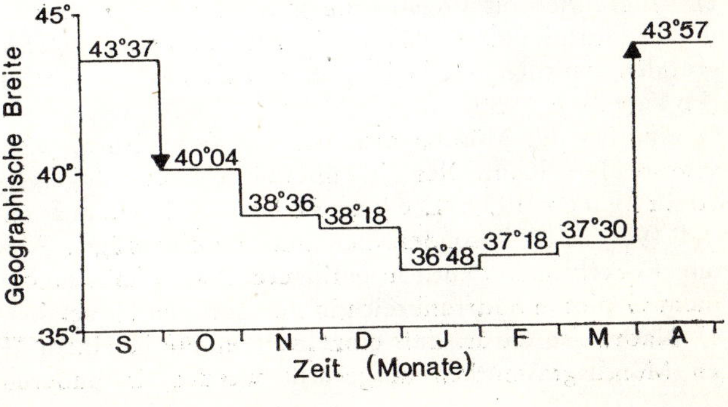

Abb. 86. Das Vorrücken belgischer Brutvögel ins Winterquartier und zurück ins Brutgebiet nach Ringfunden. Nach Fouarge 1981

nen berechnet, aus denen man Vorstellungen über die Geschwindigkeit des Zugablaufs gewinnen kann. Nach Ringfunden ergibt sich für die Mönchsgrasmücke im Durchschnitt eine mittlere tägliche Vorrückgeschwindigkeit von knapp 50 km (für die schneller ziehende Gartengrasmücke betrug sie reichlich 70 km), wobei Brutvögel nordischer Populationen schneller ziehen als die südlicher. Fouarge (1981) hat für belgische Ringvögel etwa 22 km/Tag für Oktober, 17 km für November und 14 km für Dezember errechnet. Er hat das Vorrücken der belgischen Mönchsgrasmücken veranschaulicht, indem er die durchschnittlichen geographischen Breiten der Ringfunde über die Zeit aufgetragen hat (Abb. 86). Daraus ersieht man, mit gewissen Vorbehalten hinsichtlich regionaler jahreszeitlicher Unterschiede in der Wiederfundrate, relativ raschen Zugablauf im September, der dann bis Dezember an Geschwindigkeit abnimmt, und Fortsetzung der Südwärtsbewegung bis in den Januar hinein.

Abschließend sei bemerkt, daß sich bei der Berechnung der Medianwerte des Durchzugs auf der Biologischen Station Tour du Valat in Südfrankreich herausstellte, daß sich die Werte für den Wegzug seit 1954 zunehmend verfrühten, und zwar um durchschnittlich 0,53 Tage im Jahr (Klein, Berthold u. Gwinner 1973, s. auch Höser u. Oeler 1987). Die Ursache dafür liegt wohl in der relativen Bestandszunahme nordischer, früh wegziehender Populationen (11.7.).

13.4. Überwinterung

Die Winterquartiere im Bereich von Atlantik und Mittelmeer werden vereinzelt ab August, in zunehmendem Maß ab September erreicht, wenn viele andere Arten schon weitergezogen sind. Funde von Zuzüglern in Nordafrika liegen im wesentlichen erst ab Dezember/Januar vor (z. B. Zink 1969, 1973, Klein, Berthold u. Gwinner 1973, Fouarge 1981, Wiltschko u. Rodriguez 1986). In Kenia und Uganda treffen die ersten Vögel Ende Oktober/Anfang November ein, und der Durchzug dauert wohl auch dort bis Dezember an (Pearson 1978). Mönchsgrasmücken können Winterquartiere wiederholt aufsuchen und damit Überwinterungsplatztreue zeigen (11.1.). Aber neben diesen ortstreuen Vögeln gibt es viele, die in den Monaten Dezember und Januar, wenn der eigentliche Wegzug im wesentlichen abgeschlossen ist, im Bereich der Winterquartiere erhebliche Ortsveränderungen erkennen lassen.

Für dieses „Nomadisieren" gibt es viererlei Nachweise:

(1) Ringfunde von Vögeln, die gegen Ende der Zugzeit im Winterquartier beringt und im anschließenden Winter in ganz anderen Teilen des Winterquartiers wiedergefunden wurden (Klein, Berthold u. Gwinner 1973, Zink 1973, Finlayson 1980),

(2) eine bei der Mönchsgrasmücke im Vergleich zu anderen Arten geringe Wiederfangrate bei Kontrollen in überwinternden Vogelgesellschaften (Herrera u. Rodriguez 1979, Debussche u. Isenmann 1984, nach Gardiazabal 1986 u. U. besonders bei den ♂ ausgeprägt). Abb. 87 zeigt die im Vergleich zum Rotkehlchen deutlich geringere Aufenthaltsdauer von Mönchsgrasmücken in einem Gebiet in Südfrankreich in der Zeit von November bis Februar.

(3) Nachweise dafür, daß einzelne Gebiete in einem Winter von nur relativ wenigen Mönchsgrasmücken aufgesucht werden, in anderen Wintern von sehr vielen.

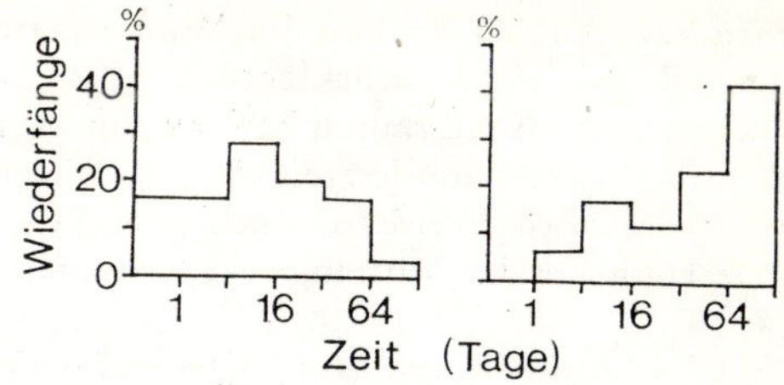

Abb. 87. Verweildauer von Wiederfängen im Winterquartier in Südfrankreich, November bis Februar, links von der Mönchsgrasmücke, rechts vom Rotkehlchen. Nach Debussche u. Isenmann 1984

Auf Gibraltar z. B. kann die Anzahl zugezogener Überwinterer in verschiedenen Jahren bis zum 6fachen schwanken (Finlayson 1980), in anderen Gebieten Spaniens bis zum 9fachen (Jordano 1984, 1985, Rodriguez, Cuadrado u. Arjona 1986).
(4) Verfrachtungsversuche im Winterquartier von Benvenutti u. Ioalè (1980) ergaben weniger Rückkehrer ins Fanggebiet als bei anderen Arten.

Dieses Nomadisieren und die erheblichen Gebiets- und zeitweisen Dichteschwankungen im Winterquartier sind in erster Linie abhängig vom Nahrungsangebot, vor allem von Früchten wie z. B. Oliven, Beeren (z. B. Sultana 1972, Zink 1973, Pearson 1978, Finlayson 1980, Debussche u. Isenmann 1984, Rodriguez, Cuadrado u. Arjona 1986), über Efeubeeren s. 12.1. Derartige Abhängigkeit der Überwintererdichte ist auch für afrikanische Winterquartiere wahrscheinlich (z. B. Senegal, Morel u. Roux 1966). Vorläufig ist offen, ob es bei der Mönchsgrasmücke auch ausgesprochene Winterflucht gibt, die u. U. auch für einen Teil der Bewegungen im Winterquartier ausschlaggebend sein könnte. Einige wenige Ringfunde (13.6.) lassen Winterflucht als möglich erscheinen. Auf Inseln wie den Kanaren wird Vertikalzug beobachtet (K. Emmerson, mündl.), der möglicherweise auch anderswo vorkommt.

Das Geschlechterverhältnis der Überwinterer ist in verschiedenen Winterquartieren wohl z. T. unterschiedlich. Auf den Britischen Inseln überwintern nach Leach (1981) ♂ und ♀ im Verhältnis von etwa 1,5 : 1, in Belgien nach Fouarge (1981) hingegen von etwa 1 : 1. In der südfranzösischen Teilzieherpopulation zeigen von den Jungvögeln fast doppelt soviele ♀ wie ♂ Zugverhalten (Berthold 1986). Da jedoch der Prozentsatz im Brutgebiet überwinternder Altvögel dieser Population unbekannt ist, läßt sich das Geschlechterverhältnis für Alt- und Jungvögel insgesamt nicht abschätzen. Für die in Südfrankreich überwinternde gemischte Population mit einem Anteil von mindestens 25 % nordischen Zuzüglern (13.7.) ergab sich ein Geschlechterverhältnis von ♂ : ♀ von 59 : 41 (eigene Beobachtungen), für Spanien (nach Gardiazabal 1986) von annähernd 1 : 1. Der Aufenthalt im Winterquartier kann bis zu acht Monaten betragen (Gardiazabal 1986).

13.5. Heimzug

13.5.1. *Richtungen*

Soweit wir wissen, stimmen die Richtungen des Heimzugs im wesentlichen mit denen des Wegzugs überein. Da der Heimzug z. T. schneller erfolgt als der Wegzug (13.5.2.), Mönchsgrasmücken mit großer Regelmäßigkeit in ihre alte Brutheimat zurückkehren (11.1.) und im Winterquartier nicht selten quer zur Wegzugrichtung liegende Strecken zurücklegen (13.3.1, 13.4.), ist anzunehmen, daß der Heimzug vom letzten Winteraufenthalt aus oft direkt und mehr geradlinig erfolgt als der Wegzug bis hin zum letzten Ort des Winteraufenthalts. Im östlichen Mittelmeerraum findet möglicherweise schwach ausgeprägter Schleifenzug statt, in dem Vögel auf dem Heimzug das Mittelmeer stärker umfliegen als auf dem Wegzug (Z i n k 1973).

13.5.2. *Zeitlicher Ablauf, Geschwindigkeit*

B e g i n n d e s H e i m z u g s. Über den Beginn des Heimzugs sind wir wesentlich schlechter unterrichtet als über den Beginn des Wegzugs. Einmal sind die Mönchsgrasmücken im Winterquartier so wenig ortsfest (13.4.), daß sich erste Zugbewegungen schwer erfassen lassen, und zum anderen liegen kaum entsprechende Untersuchungsergebnisse vor. Nach den wenigen brauchbaren Daten von Fang- und Beobachtungsstationen und den Ringfunden zu urteilen (z. B. Abb. 86), setzt der Heimzug bereits im Februar mit geringer Intensität ein. Afrikaüberwinterer erreichen Südspanien ab Anfang März (R o d r i g u e z 1985).

Z u g a b l a u f. Der Zugablauf beim Heimzug ist bei der Mönchsgrasmücke wie der des Wegzugs selbst innerhalb einzelner Populationen sehr großer individueller Variation unterworfen und daher quantitativ schwer zu erfassen. Auch er kann hier nur in Grundzügen umrissen werden. Literatur über ausführliche Darstellungen s. 13.3.2.

Gute Anhaltspunkte für das Einsetzen des Heimzugs in größerem Umfang liefern bei der Mönchsgrasmücke wie auch bei anderen Arten die Daten der mittleren Ankunft im Brutgebiet. Die Ankunftsdaten einzelner Jahre können bei dieser relativ früh heimziehenden Art selbst in eng begrenzten Gebieten sehr stark schwanken, vor allem bei den zuerst ankommenden Populationen. Die Variationsbreite betrug in Süddeutschland im Radolfzeller Raum reichlich drei Wochen (Tab. 13), und N e u b a u e r (1975) kam in Sachsen in acht Jahren auf fast einen Monat (14. April bis 12. Mai). Nach den mittleren Ankunftsdaten kehren die Mönchsgrasmücken jedoch in der Regel zügig ins Brutgebiet zurück, demnach ist um diese Zeit der Hauptheimzug in vollem Gang. Wie Tabelle 13 zeigt, verschieben sich die mittleren Erstbeobachtungen vom Genfer Becken in der Schweiz von etwa Mitte März bis in den Raum Nowgorod in der nördlichen UdSSR um über zwei Monate. Weitere Ankunftsdaten s. z. B. R e n d a h l (1959/1960), K l e i n , B e r t h o l d u. G w i n n e r (1973), F o u a r g e (1981), R i d d i f o r d u. F i n d l e y (1981).

Über das Vorrücken der Mönchsgrasmücke in Richtung Brutheimat unterrichten uns Daten relativ weniger Fangstationen (K l e i n , B e r t h o l d u. G w i n n e r 1973) und für belgische Vögel die gegen die Zeit aufgetragenen Ringfunde in Abb. 86. Demnach verändern die im Mittelmeerraum überwinternden Vögel ihre Position von Januar bis März nur geringfügig um knapp einen Breitengrad nordwärts, im April hingegen sprunghaft bis ins Brutgebiet. Damit in Einklang stehen die Untersuchungen von B a i r l e i n (1978) über die Rückkehr süddeutscher und mitteleuropäischer Vögel ins Brutgebiet. Sowohl eine individuell markierte kleine Brutpopulation als auch die nach den „Kontrollfängen eigener Ringvögel" der Vogelwarten rekonstruierte Gesamtpopulation treffen ab Ende März vereinzelt, hauptsächlich aber im April im Brutgebiet ein (Abb. 52). Die Abb. zeigt weiter, daß sich

Tabelle 13. Beispiele für die mittlere Ankunft im Brutgebiet in verschiedenen Regionen, vor allem Mitteleuropas

Gebiet	mittlere Ankunft	Zeitraum	Autor
Raum Genf, Schweiz	13. März	1930–1950	Hoffmann (in Glutz 1962)
Gmunden, Oberösterreich	4. April (22. 3.–14. 4.)	1960–1986	Mittendorfer (1987)
Radolfzell, Baden-Württemberg	31. März (± 5,2, 19. 3.–9. 4.)	1953–1974	Bairlein (1978)
Undingen, Baden-Württemberg	18. April (10. 4.–28. 4.)	1925–1952	Fischer (1953)
Werdenfelser Land, Bayern	12. April (6. 4.–20. 4.)	13 Jahre	Bezzel u. Lechner (1978)
Steigerwald-Rhön, Bayern	11. April (29. 3.–27. 4.)	1952–1978	Bandorf u. Laubender (1982)
Bad Homburg, Hessen	12. April (1. 4.–20. 4.)	1992–1933	Gebhardt u. Sunkel (1954)
Bonn, Nordrhein-Westfalen	4./5. April (17 3.–21. 4.)	42 Jahre	Mildenberger (1984)
Lübeck, Schleswig-Holstein	22. April (10. 4.–5. 5.)	1897–1933	Hagen (1934)
Seebach, Thüringen	21. April	20 Jahre	v. Knorre et al. (1986)
Losgehnen, ehem. Ostpreußen (bei Bartoszyce, Nordostpolen)	2. Mai (19. 4.–10. 5.)	40 Jahre	Tischler (1941)
Raum Nowgorod, UdSSR	17. Mai	20 Jahre	Manteifel (1949) in Dement'ev u. Gladkov (1968)
Raum Kiew, UdSSR	28. April (24. 4.–3. 5.)	8 Jahre	Manteifel (1949) in Dement'ev u. Gladkov (1968)

die Ankunft bis gegen Mitte Mai hinzieht – das sind von der mittleren Ankunft (Tab. 13) an gerechnet etwa eineinhalb Monate. Weiter nach Norden zu fällt die Hauptankunft und damit auch der hauptsächliche Zug mehr in den späten April und in den Mai (Tab. 13, Rendahl 1959/1960, Klein, Berthold u. Gwinner 1973, Riddiford u. Findley 1981 u. a.). Garcia (1983) beobachtete in seiner quantitativen Untersuchung bei Oxford, daß sich die Brutpopulation von etwa Mitte April bis gegen Ende Mai aufbaute.

Die afrikanischen Winterquartiere sind im wesentlichen bis März geräumt, Nachzügler werden jedoch von April bis Juni angetroffen (Zink 1973, Curry-Lindahl 1981). Damit erstreckt sich der Heimzug der Art insgesamt von Februar bis Juni über etwa fünf Monate; die letzten Heimkehrer dürften wohl erst dann eintreffen, wenn sich die ersten Jungvögel frühbrütender Populationen bereits aus dem elterlichen Revier ausbreiten (13.2.). Die Winterquartiere im Mittelmeerraum werden im wesentlichen geräumt, bevor Langstreckenzieher wie die Gartengrasmücke eintreffen.

Geschwindigkeit. Über die Unterscheidung von Fluggeschwindigkeit und Geschwindigkeit des Zugablaufs s. 13.3. Aus den von Fouarge (1981) errechneten durchschnittlichen geographischen Breiten von Ringfunden belgischer Mönchsgrasmücken für die einzelnen Monate vom Beginn des Wegzugs bis zum Ende des Heimzugs läßt sich ein wesentlicher Unterschied zwischen Wegzug und Heimzug erkennen. Wie Abb. 86 zeigt, benötigen die Vögel für die Strecke über etwa sechs Breitengrade hinweg, die sie im Frühjahr von März bis April bewältigen, im Herbst drei bis vier Monate. Demnach verläuft der Heimzug sehr viel schneller. Es gibt dreierlei weitere Hinweise darauf, daß der Heimzug bei der Mönchsgrasmücke in der Regel rascher verläuft,

(1) die auf dem Heimzug geringere Verweildauer in Rastgebieten (in Israel, Lavee, Safriel u. Meilijson 1988, in Süddeutschland, eigene Beobachtungen),

(2) Ringfunde (Abb. 86) und

(3) gehäuftes Eintreffen in warmen Wetterperioden (13.7.); s. auch Hilgerloh (1986 a).

Eingehende quantitative Untersuchungen fehlen bisher jedoch. Nach Untersuchungen von Rodriguez (1985) und Hilgerloh (1986 b) in Südspanien dauert dort der Durchzug von Afrikaüberwinterern im Frühjahr länger als im Herbst. Bei der Berechnung der Medianwerte des Durchzugs auf der Biologischen Station Tour du Valat in Südfrankreich zeigte sich, daß sich die Werte seit 1954 im Frühjahr zunehmend verspäteten (um 0,86 Tage im Jahr). Über entsprechende Verfrühung im Herbst und Erklärung dieser Änderungen s. 13.3.2. Über Verfrühung des Rückkehrtermins in Oberösterreich s. Mittendorfer (1987).

13.6. Ausgewählte Ringfunde, Wiederfundraten

Ringfunde wurden in großer Zahl verwendet, um z. B. die Wandergeschwindigkeit auf dem Weg- und Heimzug zu ermitteln (13.3.2., 13.5.2.) oder die Zugkarte (in Abb. 39) zusammenzustellen. Hier sollen besonders aufschlußreiche Funde näher behandelt werden. Die höchsten durch Ringfunde bekannt gewordenen Zugleistungen liegen für den Weg- und Heimzug bei etwa 200–240 km/Tag (z. B. 2200 km in höchstens 11 Tagen von Schlesien (Słask) nach Zypern, 240 km in einem Tag von Belgien nach Texel, 1620 km in maximal 7 Tagen von Belgien nach Südspanien; Trettau 1934, Zink 1973, Fouarge 1981). Wechselnde Wahl von Winterquartieren derselben Vögel von Jahr zu Jahr werden durch Funde sowohl aus Mitteleuropa als auch aus Südeuropa/Nordafrika belegt (z. B. 18. Januar 1962 Nordfrankreich – 30. Januar 1963 Südfrankreich, 660 km SSW, Zink 1973). Im zweiten Winter könnte es sich um Winterflucht aus einem zunächst weiter nördlich gewählten Winterquartier handeln. Im Winter in Gibraltar beringte Vögel wurden in darauffolgenden Wintern zum einen bis in Frankreich, zum anderen bis in Marokko angetroffen (Finlayson 1980). Winterflucht legen zwei Funde nach Wintereinbrüchen auf den Britischen Inseln nahe: von Anfang November bis Anfang Januar 530 km SSW und von Ende Oktober bis Ende Dezember 260 km SW (Anonymus

Tabelle 14. Ringfunde der Mönchsgrasmücke (nach Z i n k 1973, G. Z i n k briefl. und EURING-Data Bank)

A) in Afrika südlich 30° N				
Marokko	Paris 275385	1. 7. 64	Blois	47.35 N 01.20 E
		1. 3. 66	Goulimine	28.56 N 10.04 W
Spanisch Sahara	Bruxelles A 8133099	7. 7. 73	Berg	50.56 N 04.32 E
		24. 10. 73	Bu Craa	27.09 N 13.12 W
	London B 150615	4. 9. 82	Rickmansworth	51.37 N 00.30 W
		(17. 4. 84)	Boujdour	26.06 N 14.33 W
Senegal	Bruxelles 2A 48321	3. 9. 64	Knokke-Zwin	51.22 N 03.22 E
		24. 1. 65	St. Louis	16.01 N 16.30 W
	Helgoland O 846819	7. 7. 72	Merscheid	51.09 N 07.03 E
		6. 2. 73	Foundiougne	14.08 N 16.28 W
	London KP 28330	12. 9. 77	Beachy Head	50.44 N 00.15 E
		(19. 11. 77)	Palmarin	14.01 N 16.46 W
	London A 209625	3. 7. 79	Souther Wood	52.27 N 00.34 W
		(8. 9. 80)	Lama	14.17 N 13.45 W
	Paris 2597745	30. 8. 79	Kembs	47.41 N 07.30 E
		(2. 5. 80)	Koungheul	13.59 N 14.48 W
	London KV 59841	4. 8. 80	Tring	51.49 N 00.40 W
		15. 9. 82	Bignona	12.48 N 16.18 W
Guinea-Bissau	London KX 82082	16. 9. 78	Grimston	53.48 N 00.03 W
		23. 8. 80	Bacar Cassama	12.08 N 15.49 W
Nigeria	Bruxelles 9A 37933	4. 10. 66	Waasmunster	51.06 N 04.05 E
		(2. 1. 67)	Coast of Nigeria	06.27 N 03.28 E
Mauretanien	London C 320131	16. 9. 84	Newbourn	52.12 N 01.18 E
		29. 4. 86	Belinabe	16.12 N 13.32 W
Guinea	London B 576663	24. 7. 82	Kings Lynn	52.43 N 00.34 E
		(2. 3. 85)	Bolongo	08.30 N 09.24 E
B) von Beringungen in Afrika südlich 30° N				
Kenya	Nairobi J 19219	20. 11. 68	bei Yala	00.06 N 34.33 E
		11. 4. 71	bei Chukak (Iran)	29.50 N 51.39 E
Äthiopien	London HV 17537	30. 10. 71	Lake Abiata	07.36 N 38.40 E
		10. 9. 72	Damaskus (Syrien)	33.30 N 36.19 E
	London JJ 19430	20. 2. 72	bei Dilla	06.27 N 38.11 E
		2. 5. 73	El Mina (Libanon)	34.27 N 35.49 E
	London JJ 21251	27. 1. 74	bei Dilla	06.27 N 38.11 E
		21. 4. 74	Beirut (Libanon)	33.52 N 35.29 E
	London KC 56497	1. 4. 77	bei Bahar Dar	11.38 N 37.25 E
		20. 4. 79	Sofar (Libanon)	33.50 N 35.40 E
Sudan	Nairobi J 113058	31. 12. 78	Mt. Kinyeti	03.56 N 32.52 E
		16. 5. 80	Ottenby (Schweden)	56.12 N 16.24 E

Fortsetzung Tab. 14

	Nairobi J 160061	17. 10. 80	Erkowit	18.45 N 37.10 E
		14. 11. 82	Nikosia (Cypern)	35.11 N 33.23 E
	Nairobi J 160417	6. 1. 81	Imatong	04.01 N 31.51 E
		4. 5. 82	Zahle (Libanon)	33.50 N 35.55 E
Senegal	Paris SC 4077	10. 4. 62	Richard Toll	16.25 N 15.42 W
		28. 4. 65	Bordeaux (Frankreich)	44.50 N 00.34 W
Ägypten	Radolfzell BT 43913	22. 9. 82	Wüstenstation	29.00 N 29.20 E
		23. 9. 84	bei Port Sudan (Sudan)	19.48 N 37.03 E

1977). Die durch Ringfunde ermittelten maximalen Zugstrecken betragen rund 5000 km (von Mitteleuropa bis West- und Ostafrika, Zink 1973, Fouarge 1981). Es ist aber anzunehmen, daß Vögel aus Sibirien und Skandinavien bis in südostafrikanische Winterquartiere bis zu 8000 km, jährlich also etwa 16000 km weit wandern.

Da die Überwinterung der Mönchsgrasmücke südlich der Sahara im Hinblick auf Ausmaß, Herkunft der Überwinterer u. a. weitgehend unbekannt ist und die geringe Wiederfundrate von nur reichlich einem halben Prozent (0,58 % für mit Ringen der Vogelwarte Radolfzell gekennzeichnete Mönchsgrasmücken, Zink 1969) nur geringe Zunahme von Fernfunden erwarten läßt, werden im folgenden alle südlich der Sahara (südlich 30° N) erzielten Funde aufgeführt (s. Tab. 14).

13.7. Zugunruhe, Steuerung des Zugverhaltens

Die Mönchsgrasmücke ist ein reiner Nachtzieher. So kennzeichnet sie schon Naumann (1897), und von tagsüber wandernden Mönchsgrasmücken ist auch nach ihm zu keiner Zeit und von nirgendwo berichtet worden. Von den umfangreichen Untersuchungen auf Fangstationen der Vogelwarte Radolfzell gibt es zudem keine Hinweise auf gerichtete tageszeitliche Aktivität, die als Zugverhalten geringer Intensität gedeutet werden könnte.

Mönchsgrasmücken wandern nach allen Informationen, die wir haben, einzeln. Das Abwandern aus den Brutrevieren erfolgt individuell über sehr lange Zeit (13.2.), in Rastgebieten lassen sich in der Regel keine Familien- oder Gruppenverbände beobachten, und Brutpartner treffen unabhängig voneinander ein und bilden Paare erst im Brutrevier (10.2.). Somit müssen Mönchsgrasmücken alle Leistungen auf dem Zug allein vollbringen, insbesondere müssen Jungvögel ihr art- oder populationsspezifisches Winterquartier allein auffinden.

Zugunruhe. Wie andere typische Nachtzieher, so zeigt auch die Mönchsgrasmücke während der Zugzeit, wenn sie im Käfig gehalten wird, nächtliche Aktivität. Diese sogenannte Zugunruhe äußert sich hauptsächlich in Flügelschwirren („Ziehen im Sitzen"), begleitet von Hüpfaktivität. Sie läßt sich gut quantitativ erfassen in sogenannten Registrierkäfigen, d. h. in Käfigen mit beweglichen Sitzstangen, die auf Mikroschaltern gelagert sind. Springt ein Vogel eine bewegliche Sitzstange an, wird beim Niederdrücken ein elektrischer Stromkreis geschlossen, und die so verursachten elektrischen Impulse können mit Zeitmarkenschreibern, Computern usw. fortlaufend registriert werden (Übersicht Berthold 1971 b, 1975, 1988 a, Berthold et al. 1972). Wir haben bisher die Zugunruhe von Vögeln aus Finnland im Norden bis zu den Kanarischen Inseln im Süden untersucht (Vögel von den Kapverdischen Inseln haben als ausschließliche Standvögel keinerlei Zugunruhe entwickelt). Dabei stimmte die Zugunruhe des ersten Wegzugs in Anfang und Ende gut, soweit aus dem Freiland bekannt, mit dem populationsspezifischen Beginn und Ende des Wegzugs überein. Außerdem stand die Menge der Zugunruhe in enger Beziehung zur Zugstrecke. Wie Abb. 88 zeigt, entwickelten die nord- und mitteleuropäischen Weit- und Mittelstreckenzieher viel Zugunruhe, die südfranzösischen Teilzieher erheblich weniger und die Vögel der Kanarischen Inseln nur sehr kleine Mengen. Bei den beiden ausschließlich ziehenden nordischen Populationen kamen alle Versuchsvögel in Zugunruhe, bei den südfranzösischen teilziehenden nur etwa drei Viertel und bei den kanarischen nur knapp ein Viertel.

Die Zugunruhe spiegelt somit das Zugverhalten der einzelnen Populationen sowohl im Hinblick auf die Zugstrecke als auch in Bezug auf die Anteile ziehender und nichtziehender Individuen sehr gut wider. Sie ist demnach unmittelbarer Ausdruck des Zugverhaltens (s. u.). Unsere Beobachtung, daß die Zugunruhe von Mönchsgrasmücken aus Süddeutschland bei etwa 20 % der Vögel sehr hohe Werte aufweist, läßt vermuten, daß ein Teil der Vögel südlich der Sahara Winterquartier bezieht. Ähnliches nimmt Langslow (1979) an, und Rodriguez (1985) schätzt, daß etwa 18 % der in Südspanien auf dem Wegzug gefangenen Vögel nach Afrika weiterziehen.

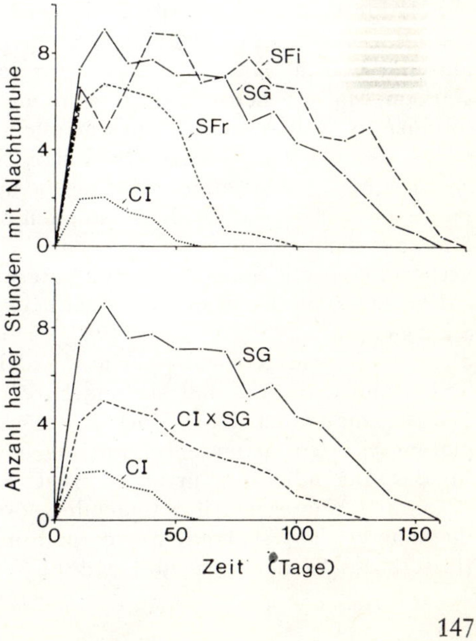

Abb. 88. Zugunruhemuster. Oben: von Vögeln von vier Populationen, unten: von zwei Populationen und deren Hybriden. SFi: Südfinnland, SG: Süddeutschland, SFr: Südfrankreich, CI: Kanarische Inseln. Nach Berthold u. Querner 1981

Einige Vögel können in einzelnen Zugnächten die ganze Nacht über zugunruhig sein. Die Zeit des Flügelschwirrens beträgt dabei allerdings nur etwa 50 % dieser Zeitspanne, also etwa sechs Stunden. Multipliziert man diesen Wert mit der von Pennycuick (1969) berechneten mittleren Fluggeschwindigkeit von etwa 25 km je Stunde, so ergibt sich für eine derartige Zugnacht eine theoretische maximale Streckenleistung von etwa 150 km; bei sehr hoher Zugaktivität, oder wenn Vögel etwas in die Hellzeit hineinzögen, könnten auch etwa 200 km erreicht werden. Sie liegt recht genau in der Größenordnung der durch Ringfunde bekanntgewordenen maximalen Zugstrecken je Tag (13.6.). In der Regel entwickeln Mönchsgrasmücken jedoch in Nächten, in denen sie zugunruhig sind, weit geringere Mengen an Zugunruhe, was ihrem normalen Zugverhalten und langsamen Vorrücken entspricht (13.3.2.).

Bei Fänglingen kann neben der Zugunruhe eine Eingewöhnungs- und Winterunruhe auftreten, die die Untersuchung der Zugunruhe stören kann. Beide kann man durch Handaufzucht (14.1.) umgehen. Bei länger gekäfigten Individuen beobachtet man ferner häufig Sommerunruhe, die ebenfalls das Studium der Zugunruhe beeinträchtigen kann (Näheres s. vor allem Berthold 1980).

Endogene Jahresperiodik und Photoperiodizität. Wie in 7.1. u. Abb. 45 dargestellt, wird die Zugunruhe regelmäßig durch eine endogene Jahresperiodik hervorgerufen, die sehr wahrscheinlich auch die Zugdisposition (hormonelle Vorbereitungen für den Zug, Depotfettbildung u. a., s. Berthold 1971 b, 1975) steuert. Auf diese endogene Steuerung der Zugaktivität hat die Photoperiode modifizierenden Einfluß. Hält man Vögel in relativ kurzen Tagen, setzt die Zugunruhe früher ein, hält man sie in langen Tagen, ist es umgekehrt. Im Kurztag gehaltene Vögel entwickeln zudem insgesamt weniger Zugaktivität (Berthold et al. 1972).

Angeborene Zug-Zeitprogramme und Sollrichtungen. Die populationsspezifische Ausprägung der Zugunruhe und ihre Steuerung durch eine endogene Jahresperiodik ließen vermuten, daß wesentliche Eigenschaften der Zugaktivität wie ihr jahreszeitliches Auftreten, die Menge und das zeitliche Muster in starkem Maße genetisch fixiert sind und somit vererbt werden. Das konnten wir in einem Kreuzungsexperiment vor allem für die Menge der Zugunruhe nachweisen (Abb. 88): Hybriden zwischen kanarischen und süddeutschen Mönchsgrasmücken entwickelten intermediäre Zugunruhemuster. Demnach ist die Zugunruhe zumindest bei den Vögeln dieser Populationen populationsspezifisch genetisch fixiert. Da sie zudem, wie oben gezeigt, auf die Zugstrecke der jeweiligen Population ausgerichtet ist, stellt sie ein endogenes, ererbtes Zug-Zeitprogramm dar.

Für die Mönchsgrasmücke ist nach den Untersuchungen von Kramer (1949), Sauer (1957), Neusser (1987), Helbig u. Wiltschko (1987) und vor allem nach dem Kreuzungsversuch von Berthold et al. (1988, 7.2.) außerdem höchstwahrscheinlich, daß sie angeborene populationsspezifische Sollrichtungen für den Wegzug besitzt. Die Mönchsgrasmücke liefert damit z. Zt. die gründlichsten und umfangreichsten Befunde für die sogenannte Vektoren-Navigations-Hypothese, die für das Auffinden des für unerfahrene, erstmals wandernde Jungvögel zunächst unbekannten Winterquartiers folgendes postuliert. Die Jungvögel starten, wenn ihnen ihr innerer Jahreskalender, eventuell in Verbindung mit photoperiodischen Einflüssen, das Startzeichen gibt, und sie wandern dann solange in ihrer angeborenen

Zugrichtung, wie sie ihr ererbtes Zug-Zeitprogramm zugaktiv hält. Wenn das Programm endet, hören sie auf zu ziehen und befinden sich aufgrund der Programmierung „automatisch“ in ihrem populationsspezifischen Winterquartier. Dort können sie sich durch Präferenz der ökologischen Gegebenheiten geeignete Überwinterungsplätze aussuchen. Es spricht vieles dafür, daß der Zugablauf in der Tat weitgehend von diesen endogenen Programmen gesteuert wird, Umwelteinflüsse auf dem Zug gering sind und erst bei der Wahl geeigneter Überwinterungsplätze im Winterquartier stärker wirksam werden. Näheres s. in den Übersichten von Berthold (1988 a) und Gwinner (1986 b).

Die angeborenen Sollrichtungen dürften auf dem Zug durch einen oder mehrere Kompasse wie Magnetfeld- und Sternkompaß verifiziert werden, ähnlich wie bei der Gartengrasmücke (Näheres s. z. B. Gwinner u. Wiltschko 1978, Wiltschko 1987). Ein Magnetfeldkompaß wurde für die Mönchsgrasmücke von Viehmann (1979) nachgewiesen.

Steuerung des Teilzieherverhaltens. Bei der Mönchsgrasmücke konnte erstmals der Steuerungsmechanismus des Teilzieherverhaltens einer wandernden Tierart aufgeklärt werden. Von den beiden Hypothesen, die zum einen die Erbanlagen (Lack 1943/44, „Genetische Hypothese“) und zum anderen die Konstitution, das Dominanzverhalten und die spezifische Umweltsituation als ausschlaggebend ansahen (Kalela 1954), erwies sich erstere als zutreffend. Wenn wir von der südfranzösischen teilziehenden Population mit einem Anteil von 77 % Vögeln, die Zugaktivität entwickeln („Zieher“), und 23 %, die keine produzieren („Nichtzieher“), einerseits nur Zieher und andererseits nur Nichtzieher miteinander in unseren Volieren brüten ließen, so verstärkten sich die beiden Merkmale Ziehen und Nichtziehen bereits in der ersten Nachkommengeneration erheblich (Abb. 89). Beide Eigenschaften werden demnach in hohem Maße vererbt, oder anders ausgedrückt: ob in einer Teilzieherpopulation wie der der südfranzösichen Mönchsgrasmücke ein Individuum eher Stand- oder Zugvogel sein wird, ist im wesentlichen bereits mit der Befruchtung durch die Kombination der Erbanlagen der Eltern bestimmt.

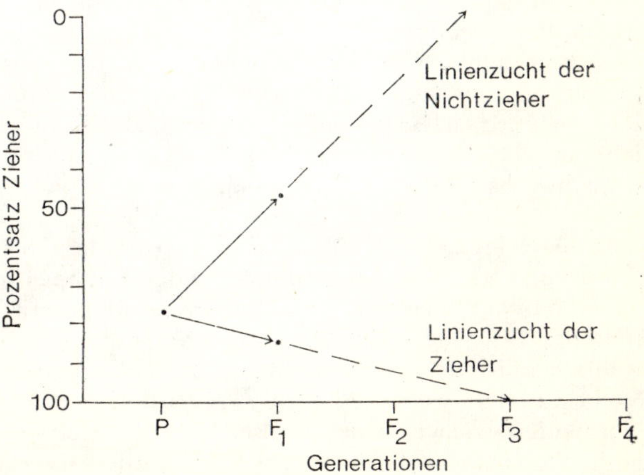

Abb. 89. Ergebnis der Linienzucht von nicht ziehenden Individuen (Nichtzieher × Nichtzieher) und von ziehenden Vögeln (Zieher × Zieher) einer teilziehenden Population aus Südfrankreich. Ausgezogene Linien: Linienzucht von der Parental- (P) bis zur F_1-Generation, gestrichelt: hypothetische Änderung der Zusammensetzung der Populationen bei fortgeführten Linienzuchten. Nach Berthold u. Querner 1982b und Berthold 1988a

Die Vererbbarkeit des Zugtriebs ließ sich auch besonders deutlich zeigen, wenn wir Vögel der nichtziehenden Population der Kapverdischen Inseln mit ziehenden der süddeutschen Population kreuzten. Von den Hybriden zeigten bereits in der ersten Nachkommengeneration 38 % eine beträchtliche Menge an Zugaktivität (Berthold et al. 1988).

Aus dem Linienzucht- (Reinzucht-) Experiment mit den südfranzösischen Mönchsgrasmücken (Abb. 89) läßt sich weiter folgendes ableiten. Würde erstens die Zucht von Ziehern bzw. Nichtziehern untereinander über die erste Nachkommengeneration hinaus fortgesetzt und würden sich zweitens die Merkmale Ziehen und Nichtziehen weiter etwa in linearer Weise verstärken, so würde es jeweils nur ungefähr drei Generationen dauern, bis auf genetischer Basis eine nicht mehr ziehende bzw. eine ausschließlich ziehende Population entstanden wäre. Damit wären Mönchsgrasmücken in der Lage, geradezu „blitzschnell" selbst auf drastische Umweltveränderungen mit der jeweils günstigsten Zusammensetzung ihrer Population aus Ziehern und Nichtziehern zu reagieren. Inzwischen konnten wir durch weitere Linienzucht nachweisen, daß aus der südfranzösischen Teilzieherpopulation zwar nicht schon nach 3, aber immerhin nach 5 bis 6 Generationen eine nicht mehr oder fast nicht mehr ziehende oder eine nahezu ausschließlich ziehende Population entstehen kann (Berthold 1988 a, 1988 b). Die in diesen Linienzuchtversuchen ermittelte potentielle Evolutionsgeschwindigkeit gehört zu den höchsten, die bei Wirbeltieren bekannt geworden sind.

Bei der südfranzösischen Teilzieherpopulation ist das Zugverhalten besonders an das weibliche Geschlecht gebunden. Bei unseren Zugunruheuntersuchungen erwiesen sich etwa doppelt soviele erstjährige ♀ wie ♂ als zugaktiv. Will man diesen Unterschied erklären, muß man sich weiter fragen, warum die südfranzösische Mönchsgrasmückenpopulation überhaupt Teilzieherverhalten aufweist und teilweise das Brutgebiet verläßt, wenn doch Mönchsgrasmücken anderer Populationen unter anderem gerade nach Südfrankreich ziehen, um dort zu überwintern. Wenn man die ökologische Situation im Winter betrachtet, bietet sich folgende plausible Erklärung an. In Südfrankreich kommt es im Winter zumindest gebietsweise zu sehr starken Konzentrationen von Mönchsgrasmücken (11.6.) und dabei zu intraspezifischer Konkurrenz an günstigen Nahrungsplätzen (12.1.). Mindestens ein Viertel der überwinternden Mönchsgrasmücken sind nordische Zuzügler, die relativ größer sind und daher wohl vielfach dominant sein dürften (eigene Beobachtungen). Teilweiser Wegzug der südfranzösischen Brutpopulation könnte daher in erster Linie der Verminderung innerartlicher Konkurrenz dienen. In diesem Falle wäre gut verständlich, daß gerade die schwächste Gruppe – die erstjährigen ♀ – vor den nordischen Zuzüglern ausweicht.

Näheres hierzu sowie über Selektionsvorteile von Nichtziehern und Ziehern, über die bevorzugte Paarbildung in den beiden Gruppen u. a. s. die Übersicht in Berthold (1986). Inzwischen sind überwiegend genetische Grundlagen für die Steuerung des Teilzieherverhaltens auch für eine Reihe weiterer Arten nachgewiesen oder wahrscheinlich gemacht worden; dazu s. die Übersicht in Berthold (1984 a).

Selektionsvorteile für Nordwestzieher. Seit etwa einem Vierteljahrhundert ziehen Mönchsgrasmücken in steigender Anzahl von Mitteleuropa nach NW in neue Winterquartiere, vor allem in England und Irland (5.4.). Man fragt sich, wie dieses Zugverhalten zustande kam und wo seine Selektionsvorteile liegen. Bei dem breitgefächerten Wegzug mitteleuropäischer Mönchsgrasmücken (13.3.1.) sind wahrscheinlich immer wieder Vögel auch auf die Britischen Inseln gelangt. Gelegentlicher NW-Zug ist durchaus im Randbereich der normalen Variationsbreite der Zugrichtungen mitteleuropäischer Mönchsgrasmücken zu sehen, und es bedurfte wohl keiner besonderen Mutation für sein Entstehen (Rice 1970). Aber erst nach dem zweiten Weltkrieg stehen Mönchsgrasmücken in England in steigendem Maße vom Menschen angelegte Futterplätze für Vögel zur Verfügung, die für erfolgreiches Überwintern notwendig sind (12.1.) und eine wesentliche Ursache für die Zunahme erfolgreicher Überwinterer sein dürften. Dazu kommen eine ganze Reihe möglicher weiterer Vorteile. Nach NW anstatt in den Mittelmeerraum wandernde Mönchsgrasmücken ziehen in relativ kürzere Tageslichtdauer. Das dürfte nach den Ergebnissen über photoperiodische Einflüsse auf die Zugunruhe (s. o.) ihre Zugaktivität eher beenden, so daß sie bereits auf den Britischen Inseln Winterquartier beziehen können, obwohl der Zugweg dorthin um etwa ein Drittel kürzer ist als in die ursprünglichen Winterquartiere im Mittelmeerraum.

Die relativ kurzen Wintertage, die sie im höheren Norden erleben, dürften ihre sogenannte Refraktärperiode (Zeit der Unempfindlichkeit gegenüber photoperiodischen Reizen, bedingt durch Langtage) früher beenden als im Süden. Damit könnten sie im Frühjahr eher zugaktiv werden, und ihre Gonaden könnten früher reifen. Bei ohnehin kürzerem Heimweg sollten sie dadurch früher im Brutgebiet eintreffen, folglich die besten Reviere besetzen können und eine Reihe weiterer Vorteile für ihre Fortpflanzung erlangen. Zudem dürften sie an Nachwintereinbrüche besser angepaßt sein als Rückkehrer aus dem Mittelmeerraum. Diese Liste der möglichen Vorteile wird zur Zeit experimentell überprüft (Berthold, Querner u. Terrill, in Vorb.). Schon wenn ein Teil dieser Vorteile den Überwinterern im NW zugute käme, könnte er dieses neuartige Überwinterungsverhalten rasch verstärken.

Modifizierende Klimafaktoren. Zug- und Überwinterungsverhalten sind bei der Mönchsgrasmücke deutlich mit klimatischen Faktoren korreliert. Diese Faktoren haben z. T. wohl auch unmittelbaren modifizierenden Einfluß auf die ausgeprägten endogenen Programme der Art. Dabei ist der unmittelbare Einfluß äußerer Faktoren möglicherweise beim Heimzug groß, beim Wegzug gering. Was Korrelationen anbelangt, so liegt die NE-Grenze der hauptsächlichen Winterverbreitung im Mittelmeerraum im Bereich der 10° Winterisotherme, die Zeiten des Weg- und Heimzugs sind abhängig von der geographischen Länge, und diese Längengradabhängigkeit ist im Frühjahr geringer ausgeprägt als im Herbst (Klein, Berthold u. Gwinner 1973). Erstankünfte fallen häufig in Warmwetterperioden (Bairlein 1978), und der Haupteinzug ins Brutgebiet ist wohl in erheblichem Umfang von dem dort und in den Durchzugsgebieten herrschenden Wetter abhängig (Fouarge 1981). Nach Czeschlik (1976) zeigt die Mönchsgrasmücke im Versuch deutliche Reaktionen auf Wetterfaktoren, und nach Viehmann (1982) könnten im Frühjahr Hochdruckwetterlagen mit NE-Winden Umkehrzug auslösen.

Nach Ringfunden (13.6.), Zugunruhemessungen (s. o.) und Berechnungen, z. B. von Pennycuick (1969), liegt die maximale Zugleistung der Mönchsgrasmücke in der Größenordnung von 200 km je Nacht. Aufgrund des allgemein rasch verlaufenden Heimzugs (13.5.2.) spricht manches dafür, daß Mönchsgrasmücken im Frühjahr nicht selten mit derartigen Streckenleistungen bei günstigen Bedingungen innerhalb weniger Nächte vom Winterquartier zum Brutgebiet heimeilen (z. B. Wood 1982).

Beim Wegzug liegen die Verhältnisse wohl ganz anders. Wie Abb. 83 für Süddeutschland zeigt, nimmt die Verweildauer vor der Zeit des Wegzugs (von durchschnittlich etwa zwei Wochen) ab und liegt innerhalb der gesamten Wegzugperiode recht konstant bei etwa vier Tagen. Sie ist demnach wohl nur in geringem Maß von wechselnden Umwelteinflüssen abhängig und eher wesentlicher Bestandteil des endogenen Zug-Zeitprogramms. Auch bei Zugunruhemessungen treten regelmäßig Nächte ohne Zugaktivität auf, die wahrscheinlich programmierte Ruhepausen darstellen (Berthold 1978 b). Aus der Gleichförmigkeit der Verweildauer ergibt sich auch eine über die Zugzeit recht konstante Wiederfangrate (Abb. 83). Ihr Anstieg am Ende der Wegzugperiode wird bedingt durch eine geringe Anzahl von Vögeln mit sehr niedrigem Körpergewicht. Diese Vögel treibt wahrscheinlich der Hunger und vielleicht auch das Unvermögen weiterzuziehen, ständig umher, denn sie zeigen auffallend hohe tageszeitliche Aktivitätsmuster (Brensing 1988), und dabei gelangen sie recht häufig wieder in die Fangnetze.

14. Bedeutung für den Menschen

14.1. Haltung und Zucht

In den folgenden drei Abschnitten über Haltung, Zucht und künstliche Aufzucht wird ausführlich unser derzeitiger Wissensstand dargestellt und interessante historische Bezüge werden hergestellt. Das geschieht nicht, um die inzwischen stark zurückgegangene Käfighaltung der Mönchsgrasmücke erneut zu propagieren. Sie hat sich jedoch inzwischen als eine gut zu züchtende Art erwiesen und bietet damit vor allem für vielfältige wissenschaftliche Grundlagenforschung neue Möglichkeiten. Darüberhinaus ist sie einer der wenigen einheimischen Weichfresser, der bei entsprechender Kenntnis auch von Liebhabern leicht in Volieren über Generationen vermehrt werden kann.
Haltung. Die Mönchsgrasmücke ist leicht in gutem Zustand weit über ihre normalerweise im Freiland erreichte Lebenserwartung (11.4.) hinaus zu halten, wenn einige Voraussetzungen beachtet werden (s. u.). Die Mönchsgrasmücke war einer der beliebtesten Käfig- und Stubenvögel, der seit altersher von den Kanarischen Inseln bis nach Mitteleuropa vielerorts, z. T. in großer Zahl, gehalten wurde (z. B. Bolle 1857, Koenig 1890, Naumann 1897). Selbst die melanistische Schleiergrasmücke (3.7.) wurde schon gegen Ende des 19. Jh. lebend von Madeira nach Deutschland gebracht (z. B. Wilcke 1883).

Man hielt den Mönch – diesen „lieblichen Sänger" (Naumann 1897) – vor allem seiner schönen Stimme wegen, und man sah ihn deshalb z. B. auf Madeira früher „vor jedem Haus in Käfigen" (Hartwig 1886). In Wien hatten sich im 18. Jh. eigene Kennerkreise gebildet, die sich ausschließlich dem „Schwarzblattl", vor allem seinem Gesang, widmeten und besonderen Wert auf schöne „Überschläge“ legten. Davon waren „der Endauslaut *‚Tijihou'* der allgemeinste, der auf *‚Huidijoh'* der allerseltenste und schönste und der auf *‚Haidijoh'* der bekannteste und beliebteste“ (Rausch 1899). Man unterschied ferner Schläger oder Doppelschläger, Überschläger oder Doppelüberschläger und Vor- oder Zurück- oder Repetierschläger. Welche Blüten die damalige Vogelliebhaberei trieb, zeigt die weitergehende Beschreibung von Rausch (l. c.): „Erstere Vögel sind einfache, vor- und zurücksingende Doppelüberschläger, während unter letzteren auch doppelt vor- und zurücksingende Doppelüberschläger vorkommen“ (s. auch v. Pleyel in Naumann 1897).

Heute ist die Haltung im Süden durch mangelndes Interesse, in vielen europäischen Ländern durch gesetzliche Bestimmungen stark eingeschränkt. In der BRD z. B. ist jetzt die Entnahme von Nestlingen und Fänglingen der Mönchsgrasmücke aus der Natur zum Zwecke der Käfighaltung für Liebhaber durch die Bundesartenschutzverordnung vom 25. August 1980 vollständig untersagt. Danach ist außerdem die Haltung von Mönchsgrasmücken für Liebhaber nur dann erlaubt, wenn die gehaltenen Vögel nachgewiesenermaßen aus Zuchten bereits gehaltener Elternvögel stammen und wenn entsprechende Genehmigungen zur Haltung und Zucht nach dem neuen Tierschutzgesetz (s. u.) vorliegen.

Bei der Haltung und Eingewöhnung von Mönchsgrasmücken ist im einzelnen folgendes zu beachten. Handaufgezogene Jungvögel werden am besten im Alter von etwa 30–35 Tagen von ihren Nestgeschwistern getrennt und zur Einzelhaltung an Käfige gewöhnt. Das geht in der Regel mühelos, wenn die Vögel in den ersten Tagen noch solange betreut werden, bis sichergestellt ist, daß sie selbständig ausreichend Futter aufnehmen. Sind Fänglinge einzugewöhnen, so eignen sich Jungvögel besser als Altvögel (Naumann 1897), was sich u. a. in weit geringerer Eingewöhnungsunruhe ausdrückt (13.7.).

Bei der Eingewöhnung von Fänglingen sind die Käfige zuerst mit Tüchern abzudecken, um starke Beunruhigungen oder gar Verletzungen der zunächst sehr scheuen Vögel zu vermeiden (Naumann 1897). Die mehr oder weniger stark auftretende nächtliche Eingewöhnungsunruhe läßt sich weitgehend unterdrücken, wenn die Vögel nachts so weit wie möglich im Dunkeln gehalten werden. Für die erste Eingewöhnung empfiehlt sich zudem ein kleiner Käfig, in dem der Vogel stets dem Futter nahe ist. Nach Naumann (1897) band man Mönchsgrasmücken zur Eingewöhnung früher auch die Flügelspitzen zusammen, was jedoch unnötig ist. Über das rasche und sichere Gewöhnen an Futter s. 12.3.

Für die artgerechte Haltung steckt heutzutage in einer ganzen Reihe von Ländern die Tierschutzgesetzgebung den Rahmen ab. Für die BRD z. B. schreibt das Tierschutzgesetz in der neuen Fassung vom 12. August 1986 in Artikel 1 vor: „Wer ein Tier hält, betreut oder zu betreuen hat, muß das Tier seiner Art und seinen Bedürfnissen entsprechend angemessen ernähren, pflegen und verhaltensgerecht unterbringen, darf die Möglichkeit des Tieres zu artgemäßer Bewegung nicht so einschränken, daß ihm Schmerzen oder vermeidbare Leiden oder Schäden zugefügt werden“. Um diese Forderungen zu erfüllen, eignen sich nach unseren Erfahrungen folgende Käfige. Werden die Vögel nur zeitweilig, z. B. den Winter über gekäfigt und können die übrige Zeit in Volieren leben, so reichen Käfige von etwa 40 cm Länge, 25 cm Breite und 35 cm Höhe aus, um ihre Flugfähigkeit voll zu erhalten. Außerdem zeigen Mönchsgrasmücken in derartigen Käfigen auch bei längerer Haltung normale jahresperiodische Vorgänge und normales Verhalten (7.1.). In Käfigen der genannten Größe sind Vögel nach der Mauser und meist auch lange Zeit danach in ihrem Gefiederzustand von Wildfängen kaum zu unterscheiden (Abb. 5).

Um Gefiederabnutzungen, die vor allem während der Zeit der Zugunruhe (13.7.) eintreten können, möglichst zu vermeiden, sollten Mönchsgrasmücken bei längerer Käfighaltung in größeren Käfigen gehalten werden. Am besten eignen sich sogenannte Weichfresserkäfige mit geschlossener Hinterwand, geschlossenen Seitenwänden und einem lichtdurchlässigen Stoffdach, die wenigstens 50 cm lang sein sollten. Vogelliebhaber, die früher Mönchsgrasmücken in tadellosem Zustand zu halten bemüht waren, um sie auf Ausstellungen vorzeigen zu können, befanden Käfige von 36 × 18 × 24 cm Größe für ausreichend (Rausch 1899).

Mönchsgrasmücken können auch sehr gut ganzjährig in Volieren gehalten werden. Sie sind, da sie auch in der Natur regelmäßig bis in hohe Breiten erfolgreich überwintern (5.2.), unempfindlich gegen winterliches Wetter mit Temperaturen bis zu etwa –25 °C. Bei Volierenhaltung im Winter ist lediglich sicherzustellen, daß die Vögel jederzeit ausreichend Futter und Wasser oder Schnee zur Verfügung haben.

Zucht. Die Mönchsgrasmücke wird mindestens seit Ende des 19. Jh. (Perzina 1888) in Gefangenschaft gezüchtet, und über erfolgreiche Zuchten liegen seitdem viele Berichte vor (Domke 1892, Gengler 1903, Neunzig 1922, Bauer 1967, Kracht 1968 u. a.). Die meisten Berichte beziehen sich auf einzelne oder wenige Bruten. Sie zeigen, daß die Mönchsgrasmücke immer wieder gezüchtet wird, aber längst nicht so regelmäßig wie etwa Kanarienvögel, Wellensittiche u. a. Neben der häufigen Zucht in Volieren konnten Mönchsgrasmücken z. T. auch in größeren Käfigen gezüchtet werden (z. B. Bauer 1967: 80 × 40 × 55 cm).

Wir haben in der Vogelwarte in Radolfzell 1970 damit begonnen, geeignete Methoden für die Zucht von Mönchsgrasmücken in großem Umfang zu entwickeln, vor allem für genetische Untersuchungen (7.2., 13.7.). Gegenwärtig züchten wir Mönchsgrasmücken alljährlich mit etwa 45 Brutpaaren in 45 Einzelvolieren. Von diesen Brutpaaren brüten jährlich im Mittel etwa 80 %, und der jährliche Gesamtbruterfolg schwankt zwischen etwa 80 und 110 Jungvögeln. Seit 1977 haben wir in unseren Volieren insgesamt über 500 Mönchsgrasmücken gezüchtet. Die wichtigsten Voraussetzungen für diese regelmäßigen Zuchten sind nach unseren Erfahrungen folgende:

(1) Die Brutpaare benötigen geräumige Volieren, die in unserem Institut 3 × 3 mal 2 m messen. In großen Käfigen (von 100 × 50 × 50 cm) kam es zwar zur Eiablage, aber nicht zur regelmäßigen Bebrütung der Gelege.

(2) Die Volieren sollen am günstigsten in einem Gelände stehen, in dem die Art normalerweise brütet. Das Gelände soll offen, licht und sonnig sein, aber eher feucht (Abb. 21). Ungünstig sind Hanglagen, an denen die Volieren längere Zeit des Tages der prallen Sonne ausgesetzt sind.

(3) Die Volieren sind naturnah zu bepflanzen. Als günstiger Nestträger eignet sich als immergrüner Strauch *Thuja,* umgeben von Brennesseln, Schilf, Weiderich usw. Sehr vorteilhaft ist Bewuchs der Volierenwände mit Labkraut, Winden u. ä.

(4) Den Vögeln sind in den Volieren überdachte dunkle Nischen als Verstecke einzurichten. Brutpaare benachbarter Volieren benötigen Sichtschutz, z. B. durch Rohrmatten.

(5) Gegen Katzen, Marder, Eulen u. a. sind in der Regel doppelte Drahtwände und teilweise Abdeckungen der Volieren mit durchsichtigen Kunststoffplatten erforderlich.

(6) Die Volierenböden sind zum Schutz gegen eindringende Wiesel, Mäuse usw. mit eingegrabenem Drahtgeflecht zu schützen.

(7) Futter ist in frei aufgehängten Futterampeln anzubieten, so daß es vollständig vor Mäusen und Niederschlag geschützt ist. Futter und Wasser sind selbstverständlich täglich frisch zu geben.

(8) Damit die Vögel zu Beginn der regionalen Brutperiode der Art brutbereit sind, müssen sie lange zuvor paarweise in die Volieren gebracht werden. Für unser Gebiet ist der beste Termin Anfang März, vor der mittleren Erstankunft der freilebenden Brutvögel.

(9) Die ausgewählten Brutpartner werden zunächst in ihren Käfigen in die Volieren gebracht, und die beiden Käfige werden unter einem Überdach nebeneinander aufgehängt.

(10) Nach etwa einwöchiger Eingewöhnungszeit werden zunächst die ♀, ungefähr eine Woche danach die ♂ aus ihren Käfigen in die Voliere gelassen. Auf diese Weise wird die Anpaarung erleichtert, und Aggressionen, vor allem der ♂, werden vermindert.

(11) Auch nach erfolgreicher Anpaarung – selbst bei späteren Ersatzbruten – kann es noch zu heftigen Aggressionen, vor allem der ♂, kommen. Um zu verhindern, daß ♂ ihre ♀ (weit seltener umgekehrt) schließlich am Boden überfallen, festhalten und tothacken, sind laufende Kontrollen erforderlich. Sehr aggressive ♂, die ihre ♀ jagen und deren ♀ zätschend klagen, kommen für einige Tage in ihren Käfig zurück oder werden ausgetauscht.

(12) Nach 5 bis 6 Monaten Volierenaufenthalt kommen die Vögel in ihre Käfige zurück, damit sie sich nicht durch Nachbruten überanstrengen und zu Beginn der Vollmauser wieder an die Käfige gewöhnt sind. Über die Fütterung von Brutvögeln und deren Junge in den Volieren s. 12.3.

K ü n s t l i c h e A u f z u c h t. Die Aufzucht vom Ei ab ist bei der Mönchsgrasmücke schwierig. Das gilt gleichermaßen für von Altvögeln erbrütete wie für im Brutschrank geschlüpfte Jungvögel (die im Brutschrank aus hochbebrüteten Eiern bei etwa 39 °C regelmäßig zügig schlüpfen, kräftig sind und ganz normal erscheinen). Bei Jungvögeln beiderlei Herkunft gelingt die Aufzucht nur bisweilen (bei uns bisher in etwa 15 Fällen), häufig jedoch nicht. Wenn sie mißlingt, bleiben die Jungen meist nach anfänglich normalem Wachstum nach wenigen Tagen in der Entwicklung zurück, wirken bleich und sterben schließlich. Von den erfolgreich aufgezogenen Jungvögeln erscheinen manche vollkommen normal entwickelt, andere eher schwächlich.

Die Ursachen für diese Entwicklungsunterschiede und für das häufige Mißlingen der Aufzucht vom Ei ab sind unbekannt. Sie müssen jedoch in den ersten beiden Lebenstagen nach dem Schlüpfen begründet sein, denn vom dritten Tag ab, z. T. schon vom zweiten Tag an, lassen sich junge Mönchsgrasmücken mit geeignetem Futter (12.3.) ohne Schwierigkeiten aufziehen (Abb. 22). Wichtig ist, daß sie warm gehalten werden. Nach unseren Erfahrungen ist am dritten Tag eine Temperatur von etwa 30 °C günstig, die in den folgenden drei Tagen allmählich auf Zimmertemperatur verringert wird. Es wäre sehr interessant, die Schwierigkeiten der Aufzucht vom Ei an, die bei der Mönchsgrasmücke entstehen, in einer systematischen Untersuchung aufzuklären. Dabei wären wahrscheinlich vergleichende Untersuchungen an anderen Arten, bei denen die Aufzucht eher gelingt, hilfreich (z. B. Mittelstaedt 1950, Lanyon u. Lanyon 1969, Gwinner et al. 1987).

Aufzucht mit gefangenen Vögeln und Pflegeeltern. Nach Bolle (1857) und Naumann (1897) kann man sich Jungvögel von ihren Eltern aufziehen lassen, indem man die Jungen in einen Käfig gibt und ihn am Neststandort plaziert, oder indem man die Eltern sogar zu den Jungen sperrt. Im ersteren Fall beschaffen die Altvögel das Futter in der Natur selbst, in letzterem muß es dargereicht werden. Mönchsgrasmücken ziehen als Ammen auch andere Arten auf, z. B. Gartengrasmücken, Zilpzalpe und Buchfinken (Gengler 1903). Mönchsgrasmükkeneier von wertvollen Zuchten kann man ohne Schwierigkeiten anderen brütenden Mönchsgrasmücken unterschieben. Am günstigsten ist Zulegen zu oder teilweiser oder gänzlicher Austausch von Gelegen, die sich in ähnlichem Bebrütungszustand befinden. Nach unseren Erfahrungen kommen als weitere Pflegeeltern für Mönchsgrasmücken vor allem Gartengrasmücken in Frage, die Mönchsgrasmücken wohl so regelmäßig und gut aufziehen wie eigene Junge. Teichrohrsänger sind manchmal gut, manchmal weniger gut geeignet, und mit Meisen, Heckenbraunelle, Sumpfrohrsänger u. a. haben wir nur negative Erfahrungen gemacht. Nach Hirt (1967) zogen in der Voliere Goldammern junge Mönchsgrasmücken auf.

14.2. Wissenschaftliche Bedeutung und Untersuchungsmethoden

Wissenschaftliche Bedeutung. Die Mönchsgrasmücke hat durch eine Reihe von Eigenschaften relativ große wissenschaftliche Bedeutung erlangt. Vor allem durch ihr häufiges Vorkommen (11.6., 11.7.), ihr stark differenziertes Zugverhalten (13.1.) und die Eigenart, sich gut halten und züchten zu lassen (14.1.), ist sie für die Entwicklung mehrerer Forschungsprogramme entscheidend ausschlaggebend gewesen: vor allem für das „Grasmückenprogramm" der Vogelwarte Radolfzell (1.), ein Forschungsprogramm über die „Genetik des Vogelzugs" und damit für die Evolutionsbiologie (7.2, 13.7.) sowie für regionale Studien wie die detaillierte Analyse der räumlich-zeitlichen Struktur einer Brutpopulation (10.3., 11.1., 13.2.) oder die Ökophysiologie überwinternder Populationen (13.1., 13.4.). In der Vogelwarte Radolfzell ist sie dabei im Verlauf der letzten rund 20 Jahre zu der am vielseitigsten untersuchten Vogelart geworden. Aufgrund ihrer weiten Verbreitung spielt sie auch in vielen anderen Untersuchungen von Afrika bis ins nördliche Europa eine oft wichtige Rolle, z. B. bei bioakustischen Studien (3.8.).

Untersuchungen bei Haltung in Käfig und Voliere. Wie in 14.1. dargestellt, lassen sich Mönchsgrasmücken ausgezeichnet in Käfig und Voliere halten, züchten und etwa vom dritten Tag nach dem Schlüpfen von Hand aufziehen. Auf Methoden der Haltung, Zucht, Aufzucht sowie auf spezielle physiologische Untersuchungsmethoden soll hier nicht näher eingegangen werden; sie sind entweder, soweit hier sinnvoll, in 14.1., 12.3., 7., 8. und 13.7. behandelt oder der dort angeführten Literatur zu entnehmen.

Untersuchungen im Freiland. Die Mönchsgrasmücke eignet sich nicht nur hervorragend zu Untersuchungen an gehaltenen und gezüchteten Individuen, sondern auch sehr gut zu Studien im Freiland. Unter den Freibrütern ist sie diejenige Vogelart, von der man in Wäldern und waldartigen Biotopen von den Kapverden im Süden bis ins nördliche Mitteleuropa die meisten Nester findet – eine ideale Voraussetzung für viele brutbiologische Untersuchungen.

Mönchsgrasmücken lassen sich fast überall leicht mit Netzen (vor allem Nylonnetzen, sogenannten „Japannetzen") fangen, nehmen den Fang auch im Nestbereich nicht übel und können ohne Schwierigkeiten individuell markiert werden. Die häufigste und einfachste Markierungsmethode ist die Beringung mit Aluminium- und Farbringen. Bei Einarbeitung gelingt es recht gut, geeignete Farbringkombinationen auch bei den relativ versteckt lebenden und sehr beweglichen Mönchsgrasmücken im Feld abzulesen (z. B. Bairlein 1978). Für spezielle Untersuchungen können Mönchsgrasmücken sehr gut mit Gefiederfarben eingefärbt werden, die im Freien leicht zu erkennen sind und lange halten (z. B. Remacrylfarbstoffe, Berthold, Gwinner u. Klein 1970).

Die Mönchsgrasmücke ist ein gutes Beispiel dafür, daß Populationen bei sorgsamer Arbeit auch bei sehr intensiver Untersuchung einschließlich nahezu vollständiger Beringung aller Vögel und bei fast lückenloser Erfassung der Nester sowie häufigen Nestkontrollen nicht beeinträchtigt werden. In einer derartigen mehrjährigen Untersuchung von Bairlein (1978) waren Bruterfolg, Rückkehrquote und Ortstreue ganz normal und entsprachen z. T. den maximal zu erwartenden Werten (11.1, 11.2.). Bei Populationsstudien ist u. a. ganz besonders darauf zu achten, daß die Jungvögel im richtigen Alter (von 5 bis 8, am besten von 6 oder 7 Tagen) beringt werden, damit sie nicht vorzeitig aus dem Nest springen (9.8.).

Die Wiederfundraten (Zufallsfunde) sind bei der Mönchsgrasmücke wie bei anderen relativ versteckt und im wesentlichen außerhalb menschlicher Siedlungen lebenden Kleinvögeln recht niedrig. Sie liegen in der Größenordnung von etwa einem halben Prozent (z. B. Zink 1969). Demnach sind für Untersuchungen, die auf Zufallsfunde aufbauen, Beringungen in großem Umfang erforderlich. Bedingt durch die ausgeprägte Brutortstreue (11.1.) ist die Wiederfangrate von Rückkehrern ins Brutgebiet hoch. Dagegen sind die Wiederfangraten im Winterquartier und auf dem Durchzug infolge weit geringerer Ortstreue gering (11.1.).

Die Mönchsgrasmücke gehört zu denjenigen Arten, an denen eine neue Methode des Flügelmessens systematisch erprobt wurde - das Messen der Federlänge. Dabei wird der aus der Flügelhaut herausragende Teil der 8. Handschwinge (von außen gezählt der 3.) mit einem Metallmaßstab, der mit einem Anschlagstift versehen ist, gemessen. Diese Methode, bei der nur die zu messende Feder auf dem Maßstab geradegestrichen, nicht aber die Flügelwölbung durch Druck reduziert zu werden braucht, hat mehrere Vorteile. Sie ist
(1) auch von Ungeübten viel leichter zu erlernen als das Messen der gesamten Flügellänge,
(2) sie gefährdet die zu messenden Vögel nicht, und
(3) sie vermindert Abweichungen zwischen den Meßwerten verschiedener Bearbeiter um etwa zwei Drittel.
Vergleichende Untersuchungen zeigen, daß diese einfache Methode ganz entsprechend wie andere Flügelmaße jahreszeitliche Änderungen der Flügelmaße u. a. er-

kennen läßt, nur eben wesentlich genauer (Näheres s. Berthold u. Friedrich 1979). Auf der EURING-Tagung 1987 in Greifswald wurde beschlossen, die Ermittlung der Federlänge allgemein einzuführen.

14.3. Jagd, Verfolgung und wirtschaftliche Bedeutung

Jagd und Verfolgung sowie wirtschaftliche Bedeutung im Hinblick auf Nutzen und Schaden für den Menschen sind bei der Mönchsgrasmücke im allgemeinen von geringer Bedeutung, gebietsweise spielen sie jedoch eine größere Rolle. In Mitteleuropa wurden Mönchsgrasmücken früher wohl eher gelegentlich als absichtlich in Dohnen, Sprenkeln, Tränk- und Strauchherden, Fangkäfigen und Netzen erbeutet oder geschossen, und es bestanden wohl auch gewisse Hemmungen, den „angenehmen Sänger" zu verspeisen, obwohl sein Fleisch nach Naumann (1897) „ein vortreffliches Gericht giebt".

Im Süden war und ist die Jagd zu Speisezwecken weit mehr verbreitet. Zum einen sprechen die Rückmeldungen beringter Vögel z. B. aus südeuropäischen Ländern eine deutliche Sprache (11.5.), zum anderen verdeutlichen uns Berichte wie z. B. von Bucknill (1909), welches Ausmaß lokale Verfolgung annehmen kann. Er berichtet, daß die Mönchsgrasmücke auf Zypern auf dem Wegzug zum Verzehr mit Leim gefangen wurde, wobei einzelne Bauern an einem Tag 10 bis 12 Dutzend fingen! Die Vögel wurden entweder frisch gehandelt und wie Lerchen zubereitet oder in Landwein eingelegt und dann als „äußerst schmackhafte" Vorspeise gereicht. Darüber berichtet bereits der Engländer John Locke, der Zypern 1553 bereiste (Bannerman u. Bannerman 1958), und schon Gessner (1557) beschreibt verschiedenartige Zubereitung und Verwendung der Mönchsgrasmücke in Südeuropa, z. B. zur Füllung von Schweinebraten. Er empfiehlt: „Und so du sy gebraten haben wilt so bind vier mit sampt den koepffen und fuessen umb den bratspiß ...".

Obwohl die Mönchsgrasmücke heute auch in ihrem südlichen Verbreitungsgebiet weitgehend geschützt ist, werden immer noch alljährlich viele Individuen erbeutet und verspeist, aber Abschätzungen der Menge der getöteten Vögel sind sehr schwierig. Für Zypern nennt Anonymus (1987) für 1986 1,6 Mio für Speisezwecke getötete Kleinvögel, die meisten davon sind Mönchsgrasmücken.

Mönchsgrasmücken stiften nur in sehr geringem Umfang Schaden für den Menschen. Das geschieht bisweilen, worauf schon Naumann (1897) hinweist, in Kirschbäumen. In einem Kirschbaum mit reifen weichen Früchten kann sich z. B. eine Familie mit ihren Jungen tagelang aufhalten und in dieser Zeit eine große Zahl von Früchten anpicken und teilweise aushacken. Ähnliche Schäden können durch Anpicken von Aprikosen, Weinbeeren, Birnen u. a. entstehen (z. B. Möhring 1957 a), in Südeuropa durch den Verzehr vor allem von Oliven (z. B. Rodriguez, Cuadrado u. Arjona 1986). Bisweilen können Mönchsgrasmücken einzelne Sträucher der roten Johannisbeere oder Stauden von Gartenhimbeeren in kurzer Zeit plündern (s. auch 12.1.). Alles in allem sind diese Schäden jedoch gering, da sich Mönchsgrasmücken selten in großer Zahl und über längere Zeit an einzelnen Futterpflanzen aufhalten.

Zweifellos bringen Mönchsgrasmücken, abgesehen davon, daß sie durch ihren

Gesang außerordentlich viel Freude bereiten, dem Menschen auch in verschiedener Hinsicht Nutzen. Zum einen sammeln sie schädliche Insekten aus Blüten von Nutzpflanzen ab (Naumann 1897) und vertilgen eine ganze Reihe weiterer Schädlinge für vom Menschen angelegte Kulturen (12.). Zum anderen spielen sie, da sie wie nur wenige andere Arten in großem Umfang die verschiedensten Beeren verzehren (12.), bei der Verbreitung von beerentragenden Pflanzen, die auch für den Menschen nützlich sind, eine große Rolle. Wenn auch im einzelnen nicht näher untersucht, so dürften sie ganz wesentlich zur Verbreitung von Holunder, Waldhimbeere, Brombeere u. a. beitragen.

15. Schutzmaßnahmen

Erfreulicherweise ist die Mönchsgrasmücke derzeit nirgendwo in ihrem Bestand gefährdet – ihre Bestände sind vielmehr stabil oder sogar mehr oder weniger ansteigend (11.7.), so daß besondere Schutzmaßnahmen, die über den allgemeinen Singvogelschutz hinausgehen, gegenwärtig entbehrlich sind. Dennoch findet die Mönchsgrasmücke, vor allem seit dem Rückgang unserer Auwälder (einem stark von ihr bevorzugten Biotop, 6.1.), längst nicht mehr überall günstige Lebensräume. Brutbiotope lassen sich vielerorts leicht verbessern durch das Anpflanzen von vor allem einheimischen Sträuchern und jungen Koniferen, durch das Wachsenlassen von Staudenfluren und durch das Liegenlassen von abgestorbenem Gestrüpp (10.4.). Auch künstliche Nistbüschel werden angenommen (Pfeifer u. Keil 1958, Pfeifer 1973).

Einzelne Nester lassen sich z. T. mit Drahtschutzhauben schützen (Lenz 1979). Derartige Schutzhauben, die sich z. B. in Siedlungen zur Abwehr von Katzen empfehlen, sollten nach unseren Erfahrungen entweder während der Eiablage oder zur Zeit der Jungenaufzucht angelegt werden, da sie beim Anbringen während der Bebrütung Altvögel vertreiben können. Ihre Wirkung ist jedoch relativ gering.

Gebietsweise können erhebliche Verluste von Bruten entstehen, wenn Schonungen, Beerenkulturen usw. zur Brutzeit ausgemäht oder durchforstet werden. Solche Maßnahmen, die neben der Mönchsgrasmücke auch Bruten von Gartengrasmücke, Heckenbraunelle, Laubsängern u. a. gefährden, sollten daher erst ab August durchgeführt werden.

Da die Mönchsgrasmücke in großem Umfang Beeren verzehrt (12.1.), lassen sich viele ihrer Aufenthaltsgebiete durch Anpflanzen beerentragender Sträucher verbessern. Schon einzelne Sträucher, in der Nähe von Brutbiotopen gepflanzt, können viele Vögel anlocken (z. B. Bairlein 1978). Nach Versuchen über die Bevorzugung einzelner Beerenarten (Berthold 1976 a) und nach vielen Beobachtungen empfehlen sich in Mitteleuropa am meisten Holunder (rot und schwarz), Faulbaum, Himbeere und Heckenkirsche. Für Rastplätze in mehr trockenen Gebieten sind Holunder, Heckenkirsche, Himbeere und auch Brombeere besonders geeignet, in allen etwas feuchteren Gebieten der Faulbaum. Er zeichnet sich, wie unsere langjährigen Untersuchungen auf der Mettnauhalbinsel am Bodensee zeigen, dadurch aus, daß er jedes Jahr und fast alle Jahre reichlich fruchtet und etwa vier Monate lang reife Beeren trägt. Von seinem Beerenangebot scheinen in dem genannten Rastgebiet sowohl das Rastverhalten als auch das Körpergewicht der Mönchsgrasmücke beeinflußt zu werden (B e r t h o l d u. Mitarbeiter, in Vorb.).

Wie in 5.2. dargestellt, spielt Efeu für überwinternde Mönchsgrasmücken gebietsweise eine große Rolle. Dasselbe gilt für Rückkehrer ins Brutgebiet, wo Efeubeeren für das Überleben von Vögeln bei Nachwintereinbrüchen sicher häufig eine entscheidende Rolle spielen (12.1.). Efeubestände, die das Fruchtreifealter erreicht haben, sind demnach für heimkehrende Mönchsgrasmücken (wie für eine ganze Reihe anderer Vogelarten) bei kritischer Ernährungslage eine Überlebensgarantie und sollten entsprechend geschont oder angelegt werden. Ihre Beeren können in Notzeiten auch zur Jungenaufzucht dienen (12.1).

16. Vergleiche mit anderen Grasmückenarten

Wie vor allem in 5.1., 6., 11.6., 11.7. und 12. gezeigt, ist die Mönchsgrasmücke nicht nur die Grasmückenart mit dem größten Verbreitungsgebiet, sondern sie ist gegenwärtig auch mit Abstand die häufigste und erfolgreichste Art mit den stabilsten Bestandsverhältnissen.

Die Reihe der Grasmückenarten mit südlicher Verbreitung umfaßt mehr oder weniger spezialisierte Bewohner bestimmter Lebensräume wie Garriguen, Strauchheiden usw., und sie stehen selbst in ihren relativ engen Verbreitungsgebieten in ihrer Dichte noch häufig hinter der Mönchsgrasmücke zurück.

Von den Arten, mit denen die Mönchsgrasmücke ihre nördlichen Verbreitungsgebiete teilt, ist die Sperbergrasmücke in weiten Gebieten verschwunden (Übersicht B a u e r u. T h i e l c k e 1982), die Bestände der Dorngrasmücke sind sehr stark reduziert, die der Klappergrasmücke ebenfalls gering und in letzter Zeit rückläufig, und nur die Gartengrasmücke hat gebietsweise sehr hohe Dichte und allgemein stabile Bestände (Übersicht B e r t h o l d et al. 1986 b). Die Gartengrasmücke erreicht jedoch die Mönchsgrasmücke im Gesamtbestand bei weitem nicht und ist ihr zudem, wo sie mit ihr konkurrieren muß, unterlegen (6.4.1.).

Zumindest in Teilen des nördlichen Verbreitungsgebiets hat die Mönchsgrasmücke in letzter Zeit als einzige Art ganz erheblich im Bestand zugenommen, vermehrt sich wohl auch gegenwärtig noch (11.7.), und Teilpopulationen richten sich gegenwärtig ein neues Winterquartier im Nordwesten ein und entwickeln neue Überwinterungsstrategien (5.4.). Diese hervorragende Stellung unter den Grasmücken verdankt die Mönchsgrasmücke ihrer außergewöhnlichen Vielseitigkeit in
(1) der Wahl ihrer Brutbiotope (6.1.),
(2) der Ernährung (12.),
(3) den Überwinterungsstrategien (5.4., 13.4.),
(4) ihrem Durchsetzungsvermögen gegenüber Konkurrenten (9.6.) und
(5) ihrer Anpassungsfähigkeit an neue ökologische Situationen (5.4., 12.).

Schwierigkeiten hat die Mönchsgrasmücke bisher, sich in stärkerem Maße in höheren geographischen Breiten als Brutvogel anzusiedeln. Wie vor allem die Untersuchungen aus Finnland zeigen (10.7., 10.8.), ist es ihr bisher nicht gelungen, nach Norden hin die Gelegegröße deutlich zu erhöhen und einen frühen Brutbeginn einzurichten. Hier ist sie der Gartengrasmücke deutlich unterlegen. Bei der hohen Evolutionsgeschwindigkeit anderer Eigenschaften, nämlich des Zugverhaltens (13.7.), ist nicht ausgeschlossen, daß die Mönchsgrasmücke auch in der Brutbiologie schon in naher Zukunft Anpassungen entwickeln wird, die ihr verstärkte Ausbreitung nach Norden ermöglichen. Theoretisch könnten sich die Zunahme der Gelegegröße um ein Ei und die Verfrühung der Brutzeit um etwa zehn Tage auf genetischer Grundlage durchaus in einem Zeitraum von nur etwa zehn Jahren entwickeln (s. z. B. v. Noordwijk, v. Balen u. Scharloo 1981 a, b).

Kurz gesagt ist die Mönchsgrasmücke sowohl in der Gruppe der etwa 15 Grasmückenarten als auch allgemein unter den Singvögeln ein außergewöhnlich erfolgreicher Generalist mit ungemein vielfältigen ökologischen Beziehungen und rezenten Entwicklungen, die weitere interessante Anpassungen erwarten lassen.

17. Offene Fragen

Obwohl die Mönchsgrasmücke zu den am besten untersuchten Singvogelarten gehört, gibt es dennoch viele Fragen, die unbeantwortet sind, und eine Reihe von Bereichen, die nur wenig befriedigend untersucht sind. Von den Hauptkapiteln dieses Bandes ausgehend, sind gut oder sehr gut untersucht die Kennzeichen, das Körpergewicht, Gefieder und Mauser, Lautäußerungen, die Verbreitung, physiologische und genetische Steuerungsgrundlagen, Jahres- und Tagesperiodik, die Fortpflanzungsbiologie und die Wanderungen. Entsprechend lückenhaft sind die anderen, hier nicht genannten Bereiche. So ist z. B. die systematische Stellung, vor allem auch in Bezug auf die südlichen („Mittelmeer"-) Grasmücken unklar (4.1.). Ebenso ist die derzeitige Unterartengliederung unbefriedigend (4.2.). Offen sind ferner viele ökologische Beziehungen, so z. B. zu konkurrierenden Arten im Brutgebiet und Winterquartier, die Rolle der einzelnen Feinde und der Einfluß von Parasiten (6.). Wenig untersucht sind weite Bereiche des Verhaltens, z. B. des Ausdruckverhaltens, der Nahrungssuche und der Sozialstrukturen (9.). Ebenso fehlen weiterführende Erkenntnisse in der Populationsbiologie (11.), etwa über Todesursachen, Sterblichkeit u. a., um z. B. die gegenwärtigen Bestandszunahmen erklären zu können, oder in der Ernährungsbiologie, um etwa die unterschiedlichen Ernährungsstrategien in verschiedenen Verbreitungsgebieten und Jahreszeiten verstehen zu können. Zu den hier skizzierten Bereichen sind in den einzelnen Kapiteln z. T. konkrete Fragen formuliert, die Interessenten auf offene Probleme aufmerksam machen sollen. Ihre Bearbeitung mag dazu beitragen, die beliebte Mönchsgrasmücke noch besser kennenzulernen, als uns das heute möglich ist.

18. Danksagung

Unser herzlicher Dank richtet sich zum ersten an die über tausend ehrenamtlichen Mitarbeiter, die uns seit Beginn des „Grasmückenprogramms" zunächst in diesem Programm, dann im MRI-Programm und im Rahmen vieler anderer Untersuchungen wie bei Beringungs- und Beobachtungsaktionen geholfen haben, Daten über die Mönchsgrasmücke zusammenzutragen. Ihnen allen ist dieser Band gewidmet. Er gilt zum zweiten den Regierungen von Finnland, Frankreich, der Republik der

Kapverdischen Inseln, Spanien und verschiedenen Ländern der Bundesrepublik Deutschland, die uns durch Ausnahmegenehmigungen die Untersuchung von Mönchsgrasmücken aus Finnland, weiten Teilen Mittel- und Südeuropas sowie von den Kanarischen und Kapverdischen Inseln ermöglicht haben. Zum dritten geht er an all die Institute, die uns in Europa und Afrika in vielfältiger Weise bei Untersuchungen oder mit Daten unterstützt haben. Und schließlich bezieht er den Verlag für die gute Zusammenarbeit und die großzügige Ausstattung dieses Bandes mit ein.

19. Literaturverzeichnis

Leider ist es nicht möglich, im Rahmen dieses Bandes die Literatur über die Mönchsgrasmücke vollständig aufzuführen, da die einschlägigen Arbeiten und Berichte in die Tausende gehen. Auch von den uns bekannten Arbeiten können wir hier aus Platzgründen nur eine beschränkte Auswahl von reichlich 500 auflisten; weitere Literatur ist vor allem den mit (Ü) gekennzeichneten neueren Übersichtsarbeiten zu entnehmen. Literatur ist bis Januar 1988 berücksichtigt.

Affre, G. (1975): Dénombrement et distribution géographique des Fauvettes du genre *Sylvia* dans une région du midi de la France. - Alauda 43: 229–262; Aleknonis, A. (1976): Clutch size of woodland birds of Lithuania. - Ekol. ptic litovsk. SSR: 107–113; Alexander, B. (1898): An ornithological expedition to the Cape Verde Islands. - Ibis 4: 74–118; Altum, B. (1868): Eine ornithologische Morgenexcursion. - J. Orn. 16: 206–211; Andrew, D. G. (1964): Birds in Ireland during 1960–62. - Brit. Birds 57: 1–10; Anonymus (1977): Blackcaps abound. - BTO News 85: 7; Anonymus (1987): Cyprus – 1,6 million birds killed illegally in 1986. - Orn. Soc. Middle East 18: 19–20; Anzinger, F. (1900): Ist die Verschlechterung unseres heimischen Vogelgesanges als eine allgemeine oder nur teilweise anzusehen? - Gef. Welt 29: 228–229, 236–237; Aschoff, J. (1981): Handbook of Behavioral Neurobiology IV: Biol. Rhythms. New York u. London; Ash, J. S. (1959): Pollen contamination of birds. - Brit. Birds 52: 424–426; dgl., P. H. Jones u. R. Melville (1961): The contamination of birds with pollen and other substances. - Brit. Birds 54: 93–100; dgl. (1969): Spring weights of trans-Saharan migrants in Morocco. - Ibis 111: 1–10; Athen, A. (1925): Atlantische Vögel. - Gef. Welt 54: 38–39

Bäsecke, K. (1936): Mönchsgrasmücke als Spötter. - Beitr. Fortpfl. Vögel 12: 164; Bairlein, F. (1975): Nachweis einer Zweitbrut bei der Mönchsgrasmücke. - Vogelwarte 28: 93–94; dgl. (1978): Über die Biologie einer südwestdeutschen Population der Mönchsgrasmücke *(Sylvia atricapilla)*. - J. Orn. 119: 14–51 (Ü); dgl., P. Berthold, U. Querner u. R. Schlenker (1980): Die Brutbiologie der Grasmücken *Sylvia atricapilla, borin, communis* und *curruca* in Mittel- und N-Europa. - J. Orn. 121: 325–369 (Ü); dgl. (1981): Ökosystemanalyse der Rastplätze von Zugvögeln. - Ökol. Vögel 3: 7–137; dgl. (1982a): Bestimmung von Folgebruten aus Legemustern. - J. Orn. 123: 214–216; dgl. (1982b): Vogelkirschen und Schneebeeren als Nestlingsnahrung bei Garten- und Mönchsgrasmücke *(Sylvia borin* und *S. atricapilla)*. - Vogelwelt 103: 230–231; dgl. (1985): Offene Fragen der Erforschung des Zuges paläarktischer Vogelarten in Afrika. - Vogelwarte 33: 144–155; dgl., G. Diesselhorst u. W. Wüst (1986): Avifauna Bavariae. Bd. 2. Altötting, S. 1169–1174; dgl. (1987): Nutritional requirements for maintenance of body weight and fat deposition in the long-distance migratory Garden Warbler,

Sylvia borin (Boddaert). - Comp. Biochem. Physiol. 86 A: 337–347; dgl. (1988): Mönchsgrasmücke. In: J. Hölzinger, Die Vögel Baden-Württembergs, im Druck; Bandorf H., u. H. Laubender (1982): Die Vogelwelt zwischen Steigerwald und Rhön. Bd. 2. Münnerstadt u. Schweinfurt; Bannerman, D. A., u. W. M. Bannerman (1958): Birds of Cyprus. Edinburgh u. London; dgl. (1963): Birds of the Atlantic Islands. Bd. 1. ebd.; dgl. (1965, 1968): Birds of the Atlantic Islands. Bd. 2 u. 4. ebd.; Batten, L. A. (1972): Reversing Blackcaps. - BTO News 52: 4; dgl., u. J. H. Marchant (1976): Bird population changes for the years 1973–74. - Bird Study 23: 11–20; Bauer, K. (1967): Über die Zucht der Mönchsgrasmücke. - Gef. Welt 91: 53–55, 70–72; Bauer, S., u. G. Thielcke (1982): Gefährdete Brutvogelarten in der Bundesrepublik Deutschland und im Land Berlin: Bestandsentwicklung, Gefährdungsursachen und Schutzmaßnahmen. - Vogelwarte 31: 1–209; Bauer, W., O. v. Helversen, M. Hodge u. J. Martens (1969): Catalogus Faunae Graeciae. Bd. 2. Thessaloniki; Bechstein, J. M. (1807): Gemeinnützige Naturgeschichte Deutschlands. Bd. 3. Leipzig; Beil, A. (1976): Mönchsgrasmücke wird 14 (15) Jahre alt. - Gef. Welt 100: II/7; Belopolsky, L., u. N. Odintsova (1969): Character of migration of warblers of the genus *Sylvia* in the Courland Spit according to catching data in 1957–1966. - Commun. Baltic Commiss. Study Bird Migr. 6: 78; Benson, S. V. (1970): Birds of Lebanon and the Jordan Area. London u. New York; Benvenutti, S. R., u. P. Ioale (1980): Homing experiments with birds displaced from their wintering grounds. - J. Orn. 121: 281–286; Bergmann, H.-H. (1976a): Ontogenese und Koordination der Streckbewegungen junger Grasmücken *(Sylvia* spec., Sylviidae, Passeriformes). - Zool. Jb. Physiol. 80: 346–359; dgl. (1976b): Konstitutionsbedingte Merkmale in Gesängen und Rufen europäischer Grasmücken (Gattung *Sylvia). -* Z. Tierpsychol. 42: 315–329 (Ü); dgl. (1977a): Mönchsgrasmücke *(Sylvia atricapilla)* lernt Leiergesang. - J. Orn. 118: 288–293; dgl. (1977b): Über Verbreitung und Eigenschaften eines erlernten Motivs in den Reviergesängen einer westfranzösischen Population der Mönchsgrasmücke *(Sylvia atricapilla).* - Vogelwarte 29: 101–110; dgl., u. H.-W. Helb (1982): Stimmen der Vögel Europas. München, Wien, Zürich; dgl., u. dgl. (1987): Vogelstimmenkunde: Auch Vögel haben Dialekte. - Voliere 10: 138–144; Berndt, R. (1932): Mönchsgrasmückenmännchen, *(Sylvia a. atricapilla* (L.), brütet und füttert nach Verlust des Weibchens allein weiter. - Orn. Mber. 2: 48–49; dgl., u. W. Meise (1962): Naturgeschichte der Vögel. Bd. 2. Stuttgart; Bernhoft-Osa, A. (1945): Bidrag til munkens – *Sylvia atricapilla* (L) – biologi i bur. - Stavanger Mus. Årsh.: 130–137; Bernis, F. (1956): Acerca del canto y migracion de *Sylvia atricapilla* en la Peninsula. - Ardeola 3: 43–49; Berthold, P. (1969): Die Laparotomie bei Vögeln. Ein Hilfsmittel zur Geschlechtsbestimmung und zur Beobachtung des Gonadenzyklus. - Zool. Garten 37: 271–279; dgl., E. Gwinner u. H. Klein (1970) Vergleichende Untersuchung der Jugendentwicklung eines ausgeprägten Zugvogels, *Sylvia borin,* und eines weniger ausgeprägten Zugvogels, *S. atricapilla.* - Vogelwarte 25: 298–331 (Ü); dgl. (1971a): Dependence of timing and pattern of annual events on the date of birth in birds. - Proc. Int. Union Physiol. Sci. 9: 623; dgl. (1971b): Physiologie des Vogelzugs. In: E. Schüz, Grundriß der Vogelzugskunde. Berlin u. Hamburg, S. 257–298; dgl. (1972): Über Rückgangserscheinungen und deren mögliche Ursachen bei Singvögeln. - Vogelwelt 93: 216–226; dgl., u. H. Berthold (1971): Über jahreszeitliche Änderungen der Kleingefiederquantität in Beziehung zum Winterquartier bei *Sylvia atricapilla* und *S. borin.* Vogelwarte 26: 160–164; dgl., E. Gwinner u. H. Klein (1971): Circannuale Periodik bei Grasmücken *(Sylvia).* - Experientia 27: 399; dgl., dgl., u. dgl. (1972a): Circannuale Periodik bei Grasmücken. I. Periodik des Körpergewichts, der Mauser und der Nachtunruhe bei *Sylvia atricapilla* und *S. borin* unter verschiedenen konstanten Bedingungen. - J. Orn. 113: 170–190; dgl., dgl., u. dgl. (1972b): Circannuale Periodik bei Grasmücken. II. Periodik der Gonadengröße bei *Sylvia atricapilla* und *S. borin* unter verschiedenen konstanten Bedingungen. - ebd. 113: 407–417; dgl., dgl., dgl., u. P. Westrich (1972): Beziehungen zwischen Zugunruhe und Zugablauf bei Garten- und Mönchsgrasmücke (*Sylvia borin* und *S. atricapilla).* - Z. Tierpsychol. 30: 26–35; dgl., u. H. Berthold (1973): Zur

Biologie von *Sylvia sarda balearica* und *S. melanocephala*. - J. Orn. 114: 79–95; dgl. (1974): Die gegenwärtige Bestandsentwicklung der Dorngrasmücke *(Sylvia communis)* und anderer Singvogelarten im westlichen Europa bis 1973. - Vogelwelt 95: 170–183; dgl. (1975): Migration: Control and Metabolic Physiology. In: D. S. Farner u. J. R. King, Avian Biology. Bd. 5. New York, San Francisco. London, S. 77–128; dgl., u. R. Schlenker (1975): Das „Mettnau-Reit-Illmitz-Programm" - ein langfristiges Vogelfangprogramm der Vogelwarte Radolfzell mit vielfältiger Fragestellung. - Vogelwarte 28: 97–123; dgl. (1976a): Über den Einfluß der Nestlingsnahrung auf die Jugendentwicklung, insbesondere auf das Flügelwachstum, bei der Mönchsgrasmücke *(Sylvia atricapilla)*. - Vogelwarte 28: 257–263; dgl. (1976b): Animalische und vegetabilische Ernährung omnivorer Singvogelarten: Nahrungsbevorzugung, Jahresperiodik der Nahrungswahl, physiologische und ökologische Bedeutung. - J. Orn. 117: 145–209 (Ü); dgl. (1976c): Methoden der Bestandserfassung in der Ornithologie: Übersicht und kritische Betrachtung. - ebd. 117: 1–69; dgl., F. Bairlein, u. U. Querner (1976): Über die Verteilung von ziehenden Kleinvögeln in Rastbiotopen und den Fangerfolg von Fanganlagen. - Vogelwarte 28: 267–273; dgl. (1977): Proteinmangel als Ursache der schädigenden Wirkung rein vegetabilischer Ernährung omnivorer Singvogelarten. - J. Orn. 118: 202–205; dgl. (1978a): Brutbiologische Studien an Grasmücken: Über die Nistplatzwahl der Mönchsgrasmücke *Sylvia atricapilla* im Fichten-*Picea abies*-Wald. - ebd. 119: 287–297; dgl. (1978b): Das Zusammenwirken von endogenen Zugzeit-Programmen und Umweltfaktoren beim Zugablauf bei Grasmücken: Eine Hypothese. - Vogelwarte 29: 153–159; dgl. (1978c): Circannuale Rhythmik: Freilaufende selbsterregte Periodik mit lebenslanger Wirksamkeit bei Vögeln. - Naturwiss. 65: 546; dgl., u. U. Querner (1978a): Über die Brutleistung der Mönchsgrasmücke *Sylvia atricapilla*. - J. Orn. 119: 114; dgl., u. dgl. (1978b): Über Bestandsentwicklung und Fluktuationsrate von Kleinvogelpopulationen: Fünfjährige Untersuchungen in Mitteleuropa. - Orn. Fenn. 56: 110–123; dgl. (1979): Über die photoperiodische Synchronisation circannualer Rhythmen bei Grasmücken *(Sylvia)*. - Vogelwarte 30: 7–10; dgl., u. W. Friedrich (1979): Die Federlänge: Ein neues nützliches Flügelmaß. - ebd. 30: 11–21; dgl. (1980): Untersuchung der Nachtunruhe diesjähriger und adulter sowie handaufgezogener und gefangener *Sylvia atricapilla*. - Vogelwarte 30: 255–259; dgl. (1981): Bienenbrut statt Ameisenpuppen als Futtermittel zur Handaufzucht nestjunger Singvögel. - J. Orn. 122: 97–98; dgl., u. U. Querner (1981): Genetic basis of migratory behavior in European warblers. - Science 212: 77–79; dgl., u. dgl. (1982a): Genetic basis of moult, wing length, and body weight in a migratory bird species, *Sylvia atricapilla*. - Experientia 38: 801–802; dgl., u. dgl. (1982b): Partial migration in birds: experimental proof of polymorphism as a controlling system. - ebd. 38: 805; dgl. (1983a): Blütenstaub als „Haftfarbe" bei der Mönchsgrasmücke *(Sylvia atricapilla)*. - Orn. Mitt. 35: 62; dgl. (1983b): Genetic basis of bird migration. - Orn. Fenn. 3: 14–16; dgl. (1984a): The control of partial migration in birds: a review. - Ring 10: 120–121; dgl. (1984b); Beeren des Efeus *(Hedera helix)* als Nestlingsnahrung der Mönchsgrasmücke *(Sylvia atricapilla)*. - Vogelwarte 32: 303–304; dgl., u. U. Querner (1984): Minimale Nestabstände bei Garten- und Mönchsgrasmücke *(Sylvia borin* und *S. atricapilla)*. - ebd. 32: 304–305; dgl. (1986): Wintering in a partially migratory Mediterranean Blackcap *(Sylvia atricapilla)* population: strategy, control, and unanswered questions. - Proc. Ist Conf. Birds Wint. Medit. Reg. 1984. Suppl. - Ric. Biol. Selvag. Bologna 10: 33–45 (Ü); dgl., D. Brensing u. G. Heine (1986): Tageszeitliche „Fangmuster" von Kleinvögeln und deren Bedeutung. - J. Orn. 127: 515–517; dgl., G. Fliege, U. Querner u. R. Schlenker (1986): Erfolgreicher Abschluß des „Mettnau-Reit-Illmitz-Programms" der Vogelwarte Radolfzell: Übersicht über die technischen Daten und über Anschlußprogramme. - Vogelwarte 33: 208–219; dgl., dgl., dgl., u. H. Winkler (1986): Die Bestandsentwicklung von Kleinvögeln in Mitteleuropa: Analyse von Fangzahlen. - J. Orn. 127: 397–437 (Ü); dgl. (1987): Mönchsgrasmücke *(Sylvia atricapilla)* an Futterplätzen. - Orn. Mitt. 39: 17; dgl. (1988a): The control of migration in European warblers. - Acta Congr. Int. Orn. 19: 215–249 (Ottawa 1986) (Ü); dgl. (1988b): Evolutionary aspects of migratory behavior in European warblers. - J. evol. Biol.

1: 195–209; dgl. (1988c): The biology of the genus *Sylvia* – a model and a challenge for Afro-European co-operation. - Tauraco 1: 3–28 (Ü); dgl., u. R. Schlenker (1988): *Sylvia atricapilla* (Linnaeus 1758) - Mönchsgrasmücke. In: U. N. Glutz v. Blotzheim u. K. M. Bauer, Handbuch der Vögel Mitteleuropas. Bd. 12. Wiesbaden (im Druck) (Ü); dgl., W. Wiltschko, U. Querner u. H. Miltenberger (1988): The transmission of migratory behavior into a nonmigratory bird population. Experientia (im Druck); dgl., G. Fliege, G. Heine, U. Querner u. R. Schlenker (1990): Der Kleinvogelzug in Mitteleuropa. - Vogelwarte, Sonderheft (in Vorb.); Bezzel, E. (1963): Zum Durchzug und zur Brutbiologie von Grasmücken *(Sylvia)*. - ebd. 22: 30–35; dgl., u. F. Lechner (1978): Die Vögel des Werdenfelser Landes. Greven; dgl., dgl., u. H. Ranftl (1980): Arbeitsatlas der Brutvögel Bayerns. Greven; dgl. (1982): Vögel in der Kulturlandschaft. Stuttgart; Biebach, H. (1977): Das Winterfett der Amsel *(Turdus merula)*. - J. Orn. 118: 117–133; Blondel, J. (1970): Synécologie des passereaux résidents et migrateurs dans le midi méditerranéen français. Centre Régional Doc. Pédagogique, Marseille; Bochenski, Z. (1985): Nesting of the *Sylvia* Warblers. - Acta Zool. Cracov. 29: 241–328; Boertmann, D., S. Sørensen u. S. Pihl (1986): Sjældne fugle på Færøerne i arene 1982-1985. - Dansk. Orn. Foren. Tidssk. 80: 121–130; Bolle, C. (1854): Bemerkungen über die Vögel der canarischen Inseln. - J. Orn. 2: 447–462; dgl. (1857): Mein zweiter Beitrag zur Vogelkunde der canarischen Inseln. - ebd. 5: 258–292; Bollier, E. (1987): Mistelbeeren und Vögel. - Vögel der Heimat 58: 53; Boren, N., u. U. Safriel (1973): Food overlap and competition in temporarily coexisting sylviid bird species. - Israel J. Zool. 22: 219–220; Bourne, W. R. P. (1955): The birds of the Cape Verde Islands. - Ibis 97: 508–556; Braun, B. (1973): Überwinternde Mönchsgrasmücke bei Bruchsal. - Gef. Welt 97: 79; Brensing, D. (1977): Nahrungsökologische Untersuchungen an Zugvögeln in einem südwestdeutschen Durchzugsgebiet während des Wegzuges. - Vogelwarte 29: 44–56; dgl. (1985): Alterskennzeichen bei Sumpf- und Teichrohrsänger *(Acrocephalus palustris, A. scirpaceus)*: Quantitative Untersuchung. - J. Orn. 126: 125–153; dgl. (1988): Ökophysiologische Untersuchungen der Tagesperiodik von Kleinvögeln. Diss. Tübingen; Brickenstein-Stockhammer, C., u. R. Drost (1956): Über den Zug der europäischen Grasmücken *Sylvia a. atricapilla, borin, c. communis* und *c. curruca* nach Beringungsergebnissen. - Vogelwarte 18: 197–210; Brochwitz, H. (1957): Eine leiernde Mönchsgrasmücke aus Berlin. - J. Orn. 98: 468–469; Brown, A. P. (1976): Blackcap singing in February. - Brit. Birds 69: 310; Browne, P. W. P. (1982): Palaearctic birds wintering in southwest Mauritania: species, distributions and population estimates. - Malimbus 4: 69–92; Bucknill, J. A. (1909): On the ornithology of Cyprus. - Ibis 3: 569–613; Bünning, E. (1973): The physiological clock. Circadian rhythms and biological chronometry. 3. Aufl. New York, Heidelberg, Berlin; Busse, P. (1973): Dynamics of numbers in some migrants caught at Polish Baltic Coast 1961–1970. - Notatki Orn. 14: 1–38

Campbell, B., u. J. Ferguson-Lees (1972): A field guide to birds' nests. London; Canobbio, A. (1979): Nidificazione della capinera (*Sylvia atricapilla atricapilla*) nel mese di settembre. - Riv. Ital. Orn. 59: 50; Chance, E. P. (1930): Blackcap laying twice in same nest. - Brit. Birds 24: 76; Christian, J. (1967a): On specific differences in the nests of the Blackcap (*Sylvia atricapilla*) and the Garden Warbler (*Sylvia borin*). - Ool. Rec. 41: 7–8; dgl. (1967b): Differences in the nests and eggs of the Blackcap (*Sylvia atricapilla*) and Garden Warbler (*Sylvia borin*). - ebd. 41: 29–34; Cochet, Ph. (1981): Observation d'un chant particulier de fauvette à tête noire (*Sylvia atricapilla*) en Ardèche. - Bièvre 3: 225; Cody, M. L. (1979): Resource allocation patterns in palaearctic Warblers (Sylviidae). - Fortschr. Zool. 25: 223–234; Conrads, K. (1984): Überwinternde Mönchsgrasmücken (*Sylvia atricapilla*) in Bielefeld. - Charadrius 20: 56–57; Cortés, J. E. (1982): Nectar feeding by European passerines on introduced tropical flowers at Gibraltar. - Alectoris 4: 26–29; Curry-Lindahl, K. (1981): Bird Migration in Africa. Bd. 1. London, New York, Toronto, Sydney, San Francisco;

Cvitanić, A., u. P. Novak (1966–68): Beitrag zur Kenntnis der Vogelnahrung in Mittel-Dalmatien. - Larus 20: 80–100; Czaplinski, V. v. (1877): Der Plattmönch. (*Sylvia atricapilla*). - Gef. Welt 6: 259–260; Czeschlik, D. (1976): Der Einfluß des Wetters auf die Zugunruhe von Garten- und Mönchsgrasmücken (*Sylvia borin* und *S. atricapilla*). Diss. Innsbruck

Dachy, P., u. E. Delmée (1965): L'hivernage de la fauvette à tête noire - *Sylvia atricapilla* (L.) - en Belgique. - Gerfaut 55: 371–383; Davis, P. (1967): Migration-seasons of the *Sylvia* warblers at British Bird Observatories. - Bird Study 14: 65–95; Debussche, M., u. P. Isenmann (1984): Origine et nomadisme des fauvettes à tête noire (*Sylvia atricapilla*) hivérnant en zone méditerranéenne française. - L'Oiseau R.F.O. 54: 101–107; Deckert, G. (1955): Beiträge zur Kenntnis der Nestbau-Technik deutscher Sylviiden. - J. Orn. 96: 186–206; Dement'ev, G. P., u. N. A. Gladkov (1968): Birds of the Soviet Union. Bd. 6. Jerusalem; Diesselhorst, G. (1972): Beeren und Farbenwahl durch Vögel. - J. Orn. 113: 448–449; Dolnik, V. R., u. T. I. Blyumental (1964): The bioenergetics of bird migration. - Succ. Mod. Biol. 58: 280–301; dgl. (1975): Migratsionnoe Sostoyanie Ptits. Moskau; Domke, A. (1892): Aus meinen Vogelhäusern. - Gef. Welt 21: 408–411; Drost, R. (1951): Kennzeichen für Alter und Geschlecht bei Sperlingsvögeln. - Orn. Merkbl. 1; Dupuy, A. (1966): Liste des oiseaux rencontrés en hiver au cours d'une mission dans le Sahara Algérien. - Oiseau R.F.O. 36: 131–144, 256–268; Dybbro, T. (1976): De danske ynglefugles udbredelse. Kopenhagen

Edula, E. (1976): On nest finds in 1975. - Loodusvaatlusi 1, 1975: 141–147; dgl. (1977): On the nest finds in 1976. - ebd. 1, 1976: 113–117; Efremov, V. D., u. V. A. Paevskii (1973): Incubation behavoir and incubation patches of males in five species of genus *Sylvia*. - Z. zhurn. Moskau 52: 721–727; Eibl-Eibesfeldt, I. (1969): Grundriß der vergleichenden Verhaltensforschung. Ethologie. 2. Aufl. München; Elkins, N. (1978): Calls of Blackcap. - Brit. Birds 71: 591; Elst, D. van der (1975): Fauvette à tête noire (*Sylvia atricapilla*) se nourrissant d lard. - Aves 12: 162; Emeis, W. (1907): Notizen aus Flensburg (Schleswig). - Z. Oologie Berlin 17: 78–79; dgl. (1957): Beobachtungen an leiernden Mönchsgrasmücken bei Flensburg. - J. Orn. 98: 467–469; Emmeram-Heindl, P. (1900): Vom Schwarzplättchen. - Gef. Welt 29: 255; dgl. (1910): Vom Gesang der schwarzköpfigen Grasmücke. - Orn. Mschr. 35: 453; Enemar, A. (1959): On the determination of the size and composition of a passerine bird population during the breeding season. - Fågelvärld, Suppl. 2; dgl. (1962): A comparison between the bird census results of different ornithologists. - ebd. 21: 109–120; Erdelen, M. (1978): Quantitative Beziehungen zwischen Avifauna und Vegetationsstruktur. Diss. Köln; Etchécopar, R. D., u. F. Hüe (1964): Les oiseaux du nord de l'Afrique de la Mer Rouge aux Canaries. Paris; Eykman, C., P. A. Hens, F. C. van Heurn, C. G. B. Ten Kate, J. G. van Marle, G. van der Meer, M. J. Tekke u. TSJ. GS. de Vries (1936): De Nederlandsche Vogels. Bd. 1, Wageningen

Ferry, C. (1952): A propos d'une variante de chant de *Sylvia atricapilla*. - Alauda 20: 109–112; dgl., B. Frochot u. Y. Leruth (1981): Territory and home range of the Blackcap (*Sylvia atricapilla*) and some other passerines, assessed and compared by mapping and capture-recapture. - Stud. Avian Biol. 6: 119–120; Filippo, G. de (1986): First data about *Sylvia melanocephala* and *Sylvia atricapilla* wintering populations in a Mediterranean Isle in South-Italy. Proc. Ist. Conf. Birds Wintering Mediterranean Region 1984. - Suppl. Ric. Biol. Selvaggina 10: 379; Finlayson, J. C. (1980): The recurrence in winter quarters at Gibraltar of some scrub passerines. - Ring. Migr. 3: 32–34; dgl. (1981): The morphology of Sardinian Warblers *Sylvia melanocephala* and Blackcaps *S. atricapilla* resident on Gibraltar. - Bull. Brit. Orn. Cl. 101: 299–304; dgl., u. J. E. Cortés (1982): Notes on *Sylvia* Warblers feeding on figs at Gibraltar in autumn. - Alectoris 4: 21–25; Fischer, J. G. (1863): Aus dem Leben der Vögel. Eine naturpsychologische Skizze. Leipzig, S. 21–22; Fischer, K. (1953): Ankunft und Sangesbeginn einiger Vogelarten bei Undingen (SW-Deutschland). - Orn. Mitt. 5: 71–72; Flegg, J. J. M. (1971): Birds in Ireland during 1966–69. - Brit. Birds 64: 4–19; Flint, V. E., R. L. Boehme, Y. V. Kostin u. A. A. Kuznetsov (1984): A Field Guide to Birds of the USSR. Princeton; Ford, H. A. (1985): Nectarivory and pollination by birds in southern Australia and Europe. - Oikos 44: 127–131; Forselius, S. (1984a): Murgrönans *Hedera helix* betydelse för främst trastar på Öland. - Calidris 13: 175–182; dgl. (1984b): Blackcap, *Sylvia atricapilla,* using *Fritillaria imperialis* as foodsource. - ebd. 13: 194–195; Fouarge, J. (1972): La Fauvette à tête noire *(Sylvia atricapilla)* imitatrice. - Aves 9: 197; dgl. (1974): Strophes imitatrices chez la Fauvette à tête noire *(Sylvia atricapilla)* et le Pinson des abres *(Fringilla cœlebs).* - ebd. 11: 127; dgl. (1980): Le point sur les cas d'hivernage de la Fauvette à tête noire *(Sylvia atricapilla)* en Belgique. - ebd. 17: 17–27; dgl. (1981): La Fauvette à tête noire *(Sylvia atricapilla).* Exploitation des données belges de baguage. - Gerfaut 71: 677–716; Fraine, R. de (1978): The increasing number of blackcaps *(Sylvia atricapilla)* in Belgium and its effect on migration in autumn. - Ornis Brabant 2: 1–8; Fry, C. H. (1969): Migration, moult and weights of birds in northern Guinea savanna in Nigeria and Ghana. - Ostrich Suppl. 8: 241–263

Gabl, J. (1900): Vom Schwarzplättchen. - Gef. Welt 29: 292–293; Gärtner, K. (1981): Die Wechselbeziehungen zwischen dem Kuckuck *(Cuculus canorus)* und dem Sumpfrohrsänger *(Acrocephalus palustris)* als Beispiel einer Brutparasit-Wirt-Beziehung. Diss. Hamburg; Gallagher, M., u. M. W. Woodcock (1980): The birds of Oman. London, Melbourne, New York; Garcia, E. F. J. (1983): An experimental test of competition for space between Blackcaps *Sylvia atricapilla* and Garden Warblers *Sylvia borin* in the breeding season. - J. Anim. Ecol. 52: 795–805; Gardiazabal y Pastor, A. (1986): Jahreszeitliches Auftreten, Gewichte und Ernährungsökologie von Garten- und Mönchsgrasmücke *(Sylvia borin, Sylvia atricapilla)* im Rast- und Überwinterungsgebiet ‚Coto de Doñana', Südwestspanien. Staatsexamensarb. Köln (Ü); Garling, B. (1986): Normalablagen, Notablagen und Fehlablagen beim Kuckuck *(Cuculus canorus).* - Vogelwelt 107: 220–221; Gebhardt, L., u. W. Sunkel (1954): Die Vögel Hessens. Frankfurt am Main; Geiger, E. (1974): Zum Käfigalter heimischer Vögel: Mönchsgrasmücke. - Gef. Welt 98: 59; Gengler, J. (1903): Beobachtungen an den von mir im Laufe der letzten 25 Jahre gehaltenen Insektenfressern mit besonderer Berücksichtigung von deren Wasserbedürfnis. - Gef. Welt 32: 338–340; Géroudet, P. (1953): Sur l'alternance finale dans le chant de la Fauvette à tête noire. - Nos Oiseaux 22: 38–41; dgl. (1963): Les Passereaux. II. Des mésanges aux fauvettes. Neuchatel; Gessner, C. (1555): Icones avium omnium quae in historia avium Conradi Gesneri describuntur. Zürich; dgl. (1557): Vogelbuch. Zürich; Ginn, H. B., u. D. S. Melville (1983): Moult in Birds. Tring; Gladwin, T. W. (1969): Weights, foods and survival of Blackcaps and Chiffchaffs in the British Isles in winter. - Bird Study 16: 133; dgl. (1970): Wintering Blackcaps. - B.T.O. News 39: 1–2; Glasewald, K. (1937): Vogelschutz und Vogelhege. Neudamm; Glue, D. (1985): Blackcaps foliage-bathing in gardens. - Brit. Birds 78: 354; Glutz von Blotzheim, U. N. (1980): *Cuculus canorus* Linnaeus 1758 - Kuckuck. In: Handbuch der Vögel Mitteleuropas. Bd. 9. Wiesbaden, S. 181–216; dgl. (1986): Gelegenheitsbeobachtungen an Grasmücken der Gattung *Sylvia* (Aves). - Ann. Mus. Hist. Nat. Wien 88/89: 15–23; Gnielka, R. (1969): Zur Phänologie des Herbstgesanges und der Herbstbalz. - Orn. Mitt. 21: 179–188; dgl. (1987): Daten zur Brutbiologie der Mönchsgrasmücke *(Sylvia atricapilla)* aus dem Bezirk Halle. - Beitr. Vogelk. 33: 103–113; Gressel, J. (1971): Erstmalig im Lande Salzburg die Überwinterung einer Mönchsgrasmücke festgestellt! - Vogelk. Ber. Salzburg 41: 8; Groebbels, F. (1937): Der Vogel. II. Geschlecht und Fortpflanzung. Berlin; dgl. (1941): Langes Brüten einer Mönchsgrasmücke. - Beitr. Fortpfl. Vögel 17: 215; Guitian, J. (1987): *Hedera helix* y los pajaros dispersantes de sus semillas: Tiempo de estancia en la planta y eficiencia de movilizacion. -

Ardeola 34: 25–35; Gwinner, E. (1969): Untersuchungen zur Jahresperiodik von Laubsängern. - J. Orn. 110: 1–21; dgl., u. W. Wiltschko (1978): Endogenously controlled changes in migratory direction of the garden warbler, *Sylvia borin*. - J. comp. Physiol. 125: 267–273; dgl. (1986a): Circannual Rhythms. Endogenous annual clocks in the organization of seasonal processes. Berlin, Heidelberg, New York, London, Paris, Tokyo; dgl. (1986b): Circannual rhythms in the control of avian migrations. - Adv. Stud. Behav. 16: 191–223; dgl., V. Neußer, D. Engl, D. Schmid u. L. Bals (1987): Haltung, Zucht und Eiaufzucht afrikanischer und europäischer Schwarzkehlchen *Saxicola torquata*. - Gef. Welt 111: 118–120

Haartman, L. v. (1969): The nesting habits of Finnish birds, I. Passeriformes. - Comm. Biol. Soc. Su. Fenn. 32: 3–187; dgl. (1973): Changes in the breeding bird fauna of north Europe. Breeding biology of birds. Washington D. C.; dgl. (1978): Changes in the bird fauna in Finland and their causes. - Fennia 150: 25–32; Haftorn, S. (1971): Norges Fugler. Oslo, Bergen, Tromsø, S. 629–631: Hagen, W. (1934): Frühlings-Ankunftstermine der Zugvögel in Lübeck. - Aquila 38–41: 115–121; Haldane, J. B. S. (1955): The calculation of mortality rates from ringing data. - Acta XI Int. Congr. Orn.: 454–458; Halling Sørensen, L. (1977): An analysis of Common Gull (*Larus canus*) recoveries recorded from 1931 to 1972 by the Zoological Museum in Copenhagen. - Gerfaut 67: 133–160; Hampe, H. (1973–1975): Winterbeobachtung der Mönchsgrasmücke. - Apus 3: 289–290; Handke, K., u. P. Petermann (1986): Atlas der Vögel des Saarbrücker Raumes. Aus Natur und Landschaft im Saarland. Sonderbd. 4. Saarbrücken; Harcourt, E. V. (1851): A Sketch of Madeira. - Aves. London, S. 115–123, 165–167; Hardy, E. (1978): Winter foods of Blackcaps in Britain. - Bird Study 25: 60–61; Harper, D. G. C. (1985): Brood division in robins.- Anim. Behav. 33: 466–480; dgl. (1986): Two male Blackcaps at one nest. - Brit. Birds 79: 136–137; Hartert, E. (1901): Die Fauna der Canarischen Inseln. - Novit. Zool. 8: 304–335; dgl. (1910): Die Vögel der paläarctischen Fauna. Bd. 1. Berlin, S. 583–586; Hartwig, W. (1886): Die Vögel Madeiras. - J. Orn. 34: 452–486; dgl. (1887): Die Schleiergrasmücke (*Sylvia Heinekeni* Jard.). - Zool. Garten 28: 279–282; dgl. (1891): Die Vögel der Madeira-Inselgruppe. - Ornis 7: 151–188; Heim, M., P. Berthold, J. Kösters u. H. Gerlach (1987): Die aerobe Darmflora von freilebenden und in Gefangenschaft gehaltenen Mönchsgrasmücken (*Sylvia atricapilla*). - Abstr. Eur. Symp. Vogelziekten 1987. Beerse (Belgien), S. 154–163; dgl. (1988): Die aerobe Darmflora von freilebenden und in Gefangenschaft gehaltenen Mönchsgrasmücken (*Sylvia atricapilla*). Diss. München; Heine, G., G. Lang, D. Kraus u. K.-H. Siebenrock (1983): Die Brutvogelwelt der Adelegg im württembergischen Allgäu. - Jh. Ges. Naturkd. Württ. 138: 213–243; Heineken, C. (1829): Notice of some of the birds of Madeira. - Edinb. J. Sci. 2: 229–233; dgl. (1835): Observations on the *Fringilla canaria, Sylvia atricapilla,* and other birds of Madeira. - Zool. J. 5: 70–79; Heinroth, O., u. M. Heinroth (1926): Die Grasmücken (*Sylvia* Scop.). Bd. 1. Berlin-Lichterfelde, S. 82–87; Helb, H.-W. (1981): Dialekte im Gesang pfälzischer Vögel. Ein bioakustischer Beitrag zur geographischen Variation von Vogelstimmen. Pfälzische Landeskunde. Bd. 2. Landau/Pfalz, S. 272–292; Helbig, A., u. W. Wiltschko (1987): Untersuchung populationsspezifischer Zugrichtungen der Mönchsgrasmücke (*Sylvia atricapilla*) mittels der EMLEN-Methode. - J. Orn. 128: 311–316; Herrera, C. M. (1978): Ecological correlates of residence and non-residence in a Mediterranean passerine bird community. - J. Anim. Ecol. 47: 871–890 (Ü); dgl., u. M. Rodriguez (1979): Year-to-year site constancy among three passerine species wintering at a southern Spanish locality. - Ring. Migr. 2: 160; Hertzog, L. (1946): L'opinion des ornithologues français sur le final à redites de la Fauvette à tête noire *Sylvia atricapilla atricapilla* (L.). - Alauda 24: 62–69; dgl. (1951): L'espèce *Sylvia atricapilla* L. s'apprête-t-elle à troquer le beau »forte« de son chant contre une banale rengaine à redites? - ebd. 19: 185–186; Heuwinkel, H. (1982): Schalldruckpegel und Frequenzspektren der Gesänge von *Acrocephalus arundinaceus, A. scirpaceus, A. schoenobaenus* und *A. palustris* und ihre Beziehung zur Biotopakustik. - Ökol. Vögel 4:

85–174; Heyder, R. (1953): Über abweichende Grasmückengesänge. - Beitr. Vogelk. 3: 134–138; Hilgerloh, G. (1986a): Radar observations of passerine long-distance migrants in the Peninsula Iberica. Proc. Ist Conf. Birds Wintering Mediterranean Region 1984. Suppl. Ric. Biol. Selvaggina 10: 203–205; dgl. (1986b): Migratory behaviour in the southern Iberian Peninsula. - ebd. 10: 189–202; Hirschfeld, K. (1956): Bemerkenswerter Gesang zweier Mönchsgrasmücken. - Falke 3: 170–171; Hirt, H. (1967): Meine Handaufzucht junger Mönchsgrasmücken. - Gef. Welt 91: 218–219; Hoeher, S. (1972): Gelege der Vögel Mitteleuropas und einiger in nördlicheren und südlicheren Breiten brütenden Arten. Melsungen, Berlin, Basel, Wien; Höser, N., u. J. Oeler (1987): Jahreszeitliche Häufigkeitsverteilung der gefangenen Grasmücken *Sylvia communis, S. curruca, S. borin* und *S. atricapilla.* - Mauritiana 12: 183–192; Hoffmann, D. (1980): Winterbeobachtung einer Mönchsgrasmücke (*Sylvia atricapilla*). - Natursch. Orn. Rheinl.-Pfalz 1: 486; Hoffmann, L. (1962): *Sylvia atricapilla* (Linnaeus). In: U. N. Glutz von Blotzheim Die Brutvögel der Schweiz. 3. Aufl. Aarau, S. 472–474; Hogg, P., P. J. Dare u. J. V. Rintoul (1984): Palaearctic migrants in the central Sudan. – Ibis 126: 307–331; Horner, K. O. (1980): Spring migration of *Sylvia* spp. on the north coast of the Arab Republic of Egypt. - Proc. 4th Pan-African Orn. Congr.: 215–226; Horst, F. (1949): Zum Herbstgesang der Mönchsgrasmücke (*Sylvia atricapilla*). - Vogelwelt 70: 57–58; Howard, H. E. (1909): The British Warblers. Bd. 3. London; Hoyt, D. F. (1979): Practical methods of estimating volume and fresh egg weight of bird eggs. - Auk 96: 73–77; Huber, J. (1966): Mönchsgrasmücke und Sumpfrohrsänger nisten im Schilfgürtel. - Orn. Beob. Bern 63: 23–24; Hüe, F. u. R. D. Etchécopar (1970): Les oiseaux du Proche et du Moyen Orient. Paris; Hütten, A. (1971): Eine neue Futtermischung für Weichfresser. - Gef. Welt 95: 169–172; Humboldt, A. v., u. A. Bonpland (1814): Voyage aux régions équinoxiales du nouveau continent fait en 1799–1804. Bd. 1. Paris

Immelmann, K. (1982): Wörterbuch der Verhaltensforschung. Berlin, Hamburg

Järvinen, O., u. R. A. Väisänen (1977): Suomen pesimälinnusto: tiheydet ja kannanmuutokset. - Orn. Fenn. 54: 30–34; Jardine, W. (1830): Observations on a collection of birds lately received from Madeira, with the description of some new species from that Island. - Edinb. J. Nat. Geogr. Sci. 1: 241–245; Jenn, H. (1981): Fauvette à tête noire (*Sylvia atricapilla*). - Lien Orn. d'Alsace 34: 8–14; Jenni, L. (1984): Herbstzugmuster von Vögeln auf dem Col de Bretolet unter besonderer Berücksichtigung nachbrutzeitlicher Bewegungen. - Orn. Beob. Bern 81: 183–213; Jørgensen, O. H. (1970): Munk. - Feltorn. 12: 113–126; Johansen, H. (1954): Die Vogelfauna Westsibiriens. - J. Orn. 95: 319–342; Jong, W. de (1970): Zwartkop, *Sylvia atricapilla* (L.), Nettelkrûper. - Vanellus 23: 39; Jordano, P. (1981): Alimentacion y relaciones tróficas entre los paseriformes en paso otonal por una localidad de Andalucia Central. - Doñana, Acta Vert. 8: 103–124; dgl. (1984): Pelaciones entre plantas y aves frugivoras en el matorral mediterraneo del area de Doñana. Tesis Doctoral. Sevilla; dgl., u. C. M. Herrera (1981): The frugivorous diet of Blackcap populations *Sylvia atricapilla* wintering in southern Spain. - ebd. 123: 502–507; dgl. (1985): El ciclo anual de los paseriformes frugivorus en el matorral mediterreneo del sur de España: Importancia de su invernada y variaciones interanuales. - Ardeola 32: 69–94; dgl. (1987): Frugivory, external morphology and digestive system in Mediterranean sylviid warblers *Sylvia* spp. - Ibis 129: 175–189

Kalela, O. (1954): Populationsökologische Gesichtspunkte zur Entstehung des Vogelzuges. - Ann. Soc. Zool. Bot. Vanamo 16: 1–30; Kayser, C. (1924): Ueber den Gesang des Schwarzkopfes. *Sylvia a. atricapilla* (L.). - Anz. Orn. Ges. Bayern 1: 67; Kepp, K. (1925): Mein Haidijo. - Gef. Welt 54: 489–490, 501–503; Keulemans, J. G. (1866): Opmerkingen over de Vogels van de Kaap-Verdische Eilanden. - N. T. D. 3: 368–374; King, J. R., u.

D. S. Farner (1965): Studies of fat deposition in migratory birds. - Ann. N. York Acad. Sci. 131: 422–440; Kipp, F. A. (1959): Der Handflügel-Index als flugbiologisches Maß. - Vogelwarte 20: 77–86; Klein, H., P. Berthold u. E. Gwinner (1971): Vergleichende Untersuchung tageszeitlicher Aktivitätsmuster und tageszeitlicher Körpergewichtsänderungen gekäfigter und freilebender Grasmücken (*Sylvia*). - Oecologia 8: 218–222; dgl., dgl. u. dgl. (1973): Der Zug europäischer Garten- und Mönchsgrasmücken (*Sylvia borin* und *S. atricapilla*). - Vogelwarte 27: 73–134 (Ü); Klein, J. T. (1760): Verbesserte und vollständige Historie der Vögel (Hrsg. G. Reyger) Danzig; Kleinschmidt, O. (1898): Wissenschaftliche Fragen an beobachtende Vogelwirthe. III. Die Schleiergrasmücke, *Sylvia heinekeni* (Jardine) und der rothköpfige Mönch, *Sylvia rubricapilla* (Landbeck). - Gef. Welt 27: 170; Knecht, S. (1953): Spottende Mönchsgrasmücken (*Sylvia atricapilla*). - Orn. Mitt. 5: 168–169; dgl. (1955): Gesangsformen der Mönchsgrasmücke (*Sylvia atricapilla*). - ebd. 7: 81–84; Knorre, D. v., G. Grün, R. Günther u. K. Schmidt (1986): Die Vogelwelt Thüringens. Jena; Koenig, A. (1890): Ornithologische Forschungsergebnisse einer Reise nach Madeira und den canarischen Inseln. - J. Orn. 38: 257–488; dgl. (1904): Katalog der Nido-Oologischen Sammlung. Mus. A. Koenig, Bonn; dgl. (1924): Die Saenger (Cantores) Aegyptens. - Sonderh. J. Orn. 72: 1–247; Kötter, F. (1979): Mönchsgrasmücke (*Sylvia atricapilla*) überwintert in Dinslaken, Krs. Wesel. - Charadrius 15: 44; Kohler, G. (1975): Sterblichkeit von insektenfressenden Singvögeln aufgrund von Ringfunden. Staatsexamensarb. Bonn; Konietzki, A. (1971): Ökologie und Bestandsdichte einheimischer Grasmücken (Sylviiden). Staatsexamensarb. München; Kopp, F. (1970): Untersuchungen über die Stratifikation von 9 Vogelarten. - Luscinia 41: 21–35; Korelus, J. (1947): Study of bird's plumage with special consideration of number and weight of their feathers. - Act. Soc. Zool. Cech. 11: 218–234; Korodi-Gal, I. (1965): Contributions to the knowledge of feeding the youngs of Blackhead Sylvy (*Sylvia atricapilla*) during the period of their dwelling in nest. - Comun. Zool. Bucuresti 3: 67–82; Kracht, W. (1968): Zuchterfolge bei europäischen Vögeln. - Gef. Welt 92: 18; Kramer, G. (1949): Über Richtungstendenzen bei der nächtlichen Zugunruhe gekäfigter Vögel. In: E. Mayr u. E. Schüz Ornithologie als biologische Wissenschaft. Heidelberg, S. 269–283; Kühne, D. (1986): Winterbeobachtung der Mönchsgrasmücke (*Sylvia atricapilla*) in Berlin. - Orn. Mitt. 38: 141; Küppers, H. (1984): DuMont's Farbcnatlas. 3. Aufl. Köln; Kurganova, T. N. (1986): Besonderheiten der Ökologie der *S. atricapilla* während der Nestbauperiode. Kishinev, S. 14–20

Labhardt, A. (1976): Sommervogelbestand in einem elsässischen Altwassergebiet. Diplomarb. Basel; Labitte, A. (1955): Comparaison entre nos trois fauvettes en Eure-et-Loir. - Oiseau 25: 308–311; Lack, D. (1943/44): The problem of partial migration. - Brit. Birds 37: 122–130, 143–150; dgl. (1951): Population ecology in birds. - Proc. X. Int. Con. Orn. Uppsala: 409–448; Lafferère, M. (1987): La fauvette à tête noire *Sylvia atricapilla*. Un hôte d'hiver dont l'observation est occasionnelle. - Alauda 55: 227–229; Lambrechts, P. (1980): Un cas d'albinisme chez la fauvette à tête noire (*Sylvia atricapilla*). - Aves 17: 42–43; Landbeck, Ch. L. (1834): Systematische Aufzählung der Vögel Württembergs mit Angabe ihrer Aufenthaltsörter und ihrer Strichzeit. Stuttgart u. Tübingen; Landsborough Thomson, A. (1964): A new dictionary of birds. London u. Edinburgh; Langslow, D. R. (1976): Weights of Blackcaps on migration. - Ring. Migr. 1: 78–91; dgl. (1978): Recent increases of Blackcaps at bird observatories. - Brit. Birds 71: 345–354; dgl. (1979): Movements of Blackcaps ringed in Britain and Ireland. - Bird Study 26: 239–252; Lanyon, W. E., u. V. H. Lanyon (1969): A technique for rearing passerine birds from the egg. - Living Bird: 81–93; Lanz, H. (1953): Überwinternde Mönchsgrasmücken. - Orn. Beob. Bern 50: 91; Laursen, K. (1978): Interspecific relationships between some insectivorous passerine species, illustrated by their diet during spring migration. - Orn. Scand. 9: 178–192; Lavee, D., U. N. Safriel u. I. Meilijson (1988): For how long trans-Saharan migrants stopover in an oasis? A statistical model and data from the oasis of St. Catherine's Monastery, Sinai. - Ibis (im Druck); Leach, I. H. (1981): Wintering Blackcaps in Britain and Ireland. - Bird Study 28: 5–14; Leisering, H. (1984): Kontrastive Untersuchung der in der Standardsprache üblichen Vogelnamen im Deutschen, Englischen und Französischen. Frankfurt, Bern, New York, Nancy; Leisler, B., u. H. Winkler (1985): Ecomorphology. - Curr. Orn. 2: 155–186; Lenz, R. (1979): Liebenswerte Mönchsgrasmücke. - Gef. Welt 103: 188–190; Lhoest, S. (1984): A propos des dons d'imitation de la Fauvette à tête noire (*Sylvia atricapilla*). - Aves 21: 109–110; Lindner, A. (1900): Das Schwarzplättchen im Freien und als Stubenvogel. - Gef. Welt 29: 20; Linné, C. v. (1758): Systema Naturae. Stockholm; Linsell, S. E. (1949): Winter feeding habits of Blackcap. - Brit. Bird 42: 294; Lippens, L., u. H. Wille (1972): Atlas des oiseaux de Belgique et d'Europe occidentale. Tielt; Lövei, G. (1979): The autumn migration of the Blackcap (*Sylvia atricapilla* L.) in the Danube-bend. - Tiscia Szeged 14: 197–207; dgl., S. Scebba u. M. Milone (1985): Migration and wintering of the Blackcap *Sylvia atricapilla* on a Mediterranean island. - Ring. Migr. 6: 39–44; dgl., dgl. u. dgl. (1986): Annual activity cycle of the Blackcap (*Sylvia atricapilla*) on a southern Italian island. Proc. 1st Conf. Birds Wintering Mediterranean Region 1984. - Suppl. Ric. Biol. Selvag. Bologna 10: 381; Ludlow, A. R. (1966): Body-weight changes and moult of some palaearctic migrants in southern Nigeria. - Ibis 108: 129–132; Lunau, C. (1936): Mönchsgrasmücke, Tannenmeise und Fitis im Fluge singend. - Beitr. Fortpfl. Vögel 12: 164; Lundborg, A. O. (1943): Svarthättesång. – Fauna och Flora: 255–258

Makatsch, W. (1950): Die Vogelwelt Macedoniens. Leipzig; dgl. (1974): Die Eier der Vögel Europas. Bd. 1. Melsungen, Berlin, Basel, Wien; dgl. (1976): Die Eier der Vögel Europas. Bd. 2. ebd.; Malan, A. (1954): Variantes de chant de *Sylvia atricapilla* (L.) près d'Arles (Bouches du Rhône) et près de Bourgoin (Isère). Alauda 22: 72–73; Marchant, J. (1983): Bird population changes for the years 1981–1982. - Bird Study 30: 127–133; Mason, C. F. (1976): Breeding biology of the *Sylvia* warblers. - ebd. 23: 213–232; Mazzucco, K. (1974): Zum Vorkommen des Karmingimpels (*Carpodacus erythrinus*) in Österreich. - Egretta 17: 53–59; Mead, C. (1983): Bird Migration. Feltham; dgl., u. R. Hudson (1986): Report on bird-ringing for 1985. - Ring. Migr. 7: 139–188; Meersman, L. de (1971): Zwartkopgrasmus (*Sylvia atricapilla*) imiteert andere Soorten. - Orn. Brabant 46: 10; Merikallio, E. (1946): Über regionale Verbreitung und Anzahl der Landvögel in Süd- und Mittelfinnland, besonders in deren östlichen Teilen, im Lichte von quantitativen Untersuchungen. - Ann. Soc. Zool.-Bot. Vanamo 12: 1–143; dgl. (1958): Finnish birds. Their distribution and numbers. - Fauna Fennica 5: 1–181; Merilä, E., u. H. Mikkola (1967): On the autumnal occurence of Blackcaps (*Sylvia atricapilla*) at Oulu. - Lintumies 4: 78–79; Meschini, E., u. M. Lambertini (1986): Winter censuses of avian communities in pine forests (*Pinus pinea*). Proc. 1st Conf. Birds Wintering Mediterranean Region 1984. - Suppl. Ric. Biol. Selvag. Bologna 10: 249–258; Meunier, K. (1960): Grundsätzliches zur Populationsdynamik der Vögel. - Z. wiss. Zool. 163: 397–445; Michelet, J. (1856): L'Oiseau. Paris; Mildenberger, H. (1984): Die Vögel des Rheinlandes. Bd. 2. Düsseldorf; Mittelstaedt, L. (1950): Die Entwicklung von Staren (*Sturnus vulgaris* L.) bei künstlicher Aufzucht vom Ei ab. - Orn. Ber. 3: 113–119; Mittendorfer, F. (1987): Phänologische und quantitative Analysen an Zilpzalp *Phylloscopus collybita*, Mönchsgrasmücke *Sylvia atricapilla* und Gelbspötter *Hippolais icterina*. - Monticola 6: 13–28; Möhring, G. (1957a): Zur Beerennahrung der Mönchsgrasmücke. - Falke 4: 205–208; dgl. (1957b): Mönchsgrasmücke trinkt den Saft „blutender" Kornelkirsche. - ebd. 4: 141; Mönig, R., u. A. Müller (1987): Habitatwahl und Bestandssituation der Grasmücken (Gattung *Sylvia*) in Wuppertal: erste Ergebnisse. - Jber. naturw. Ver. Wuppertal 40: 56–61; Mörike, K. D. (1953): Der Leier-Überschlag der Mönchsgrasmücke. - Orn. Mitt. 5: 90–95; Morbach, J. (1943): Vögel der Heimat. Bd. 3. Esch-Alz; Moreau, R. E. (1969): Comparative weights of some trans-Saharan migrants at intermediate points. – Ibis 111:

621–624; dgl. (1972): The Palaearctic-African bird migration systems. London, New York; Morel, G., u. F. Roux (1966): Les migrateurs palaearctiques au Senegal II. Passereaux et synthèse générale. - Terre Vie 20: 143–176; Mühle, H. v. d. (1856): Monographie der europäischen Sylvien. - Abh. zool.-miner. Ver. Regensb. 7. H.; Müller, K. (1904): Eine Mönchsgrasmücke erhielt infolge von Hanffütterung schwarzes Gefieder. - Gef. Welt 33: 302–303; Müller, S. (1972): Winterbeobachtungen von Mönchsgrasmücken im Norden der DDR. - Falke 19: 422–423; Munoz-Cobo, J., u. F. J. Purroy (1980): Wintering bird communities in the olive tree plantations of Spain. In: H. Oelke, Bird census work and nature conservation. Göttingen, S. 185–189; Murillo, F., u. F. Sancho (1969): Migracion de *Sylvia atricapilla y Erithacus rubecula* en Doñana segun datos de capturas. - Ardeola 13: 129–137

Nankinow, D., N. Ninow u. D. Kjutschukow (1986): Nistbiologie der *Sylvia atricapilla* im Park von Sofia. - Orn. Inf. Bull. Sofia 19–20: 75–84; Naumann, J. A., u. J. F. Naumann (1822): Naturgeschichte der Vögel Deutschlands, Leipzig; Naumann, J. F. (1849): Beleuchtung der Klage: Über Verminderung der Vögel in der Mitte von Deutschland. - Rhea 2: 131–144; dgl. (1897): Die Mönch-Grasmücke, *Sylvia atricapilla* (L.). In: Naturgeschichte der Vögel Mitteleuropas. Bd. 2. Gera; Naurois, R. de (1969): Notes brèves sur l'avifaune de l'archipel du Cap-Vert. Faunistique, endémisme, écologie. - Bull. I.F.A.N. 31: 143–218; dgl., u. P. Bergier (1986): La reproduction des Fauvettes *Sylvia a. atricapilla* (L.) et *Sylvia conspicillata orbitalis* (Wahlberg 1854) dans l'archipel du Cap Vert. - Cyanopica 3: 517–531; Neubauer, A. (1975): Über den Brutverlauf der Mönchsgrasmücke. - Falke 22: 162–163; Neunzig, K. (1922): Dr. Karl Ruß' Handbuch für Vogelliebhaber, -Züchter und -Händler. Bd. 2. 6. Aufl. Magdeburg, S. 150–156; Neusser, V. E. (1987): Richtungsbevorzugungen von Mönchsgrasmücken (*Sylvia atricapilla*) während der Herbstzugunruhe. Vergleich zweier Populationen mit verschiedenen Zugrichtungen. - Ethology 74: 39–51; Nice, M. M. (1957): Nesting success in altricial birds. - Auk 74: 305–321; Nicholson, E. M., u. L. Koch (1937): Songs of wild birds. London; Niehuis, M. (1969): Überwinternde Mönchsgrasmücke - *Sylvia atricapilla* – bei Bad Kreuznach (Nahe). - Emberiza 2: 30; Niethammer, G. (1937): Handbuch der Deutschen Vogelkunde. Bd. 1. Leipzig; dgl. (1938): Handbuch der Deutschen Vogelkunde. Bd. 2, ebd.; dgl. (1971): Zur Taxonomie europäischer, in Neuseeland eingebürgerter Vögel. - J. Orn. 112: 202–226; Nijssen, E., E. Nieboer u. E. L. Holst (1983): Biotoopkeuze van Zwartkop *Sylvia atricapilla* en Tuinfluiter *Sylvia borin* in het Amsterdamse Bos. - Het Vogeljaar 31: 292–297; Nitsche, G., u. H. Plachter (1987): Atlas der Brutvögel Bayerns 1979–1983. München; Noordwijk, A. J. van, J. H. van Balen u. W. Scharloo (1981a): Genetic and environmental variation in clutch size of the Great Tit (*Parus major*). - Netherl. J. Zool. 31: 342–372; dgl., dgl. u. dgl. (1981b): Genetic variation in the timing of reproduction in the Great Tit. - Oecologia 49: 158–166; Nothdurft, W. (1986): Mönchsgrasmücke (*Sylvia atricapilla*) am Futterplatz. - Orn. Mitt. 38; 200; Numme, G. (1982): Imiterende munk. - Vår Fuglefauna 5: 16

Oelke, H. (1974): Siedlungsdichte. In: P. Berthold, E. Bezzel u. G. Thielcke Praktische Vogelkunde. Greven, S. 33–44; Ölschlegel, H. (1978): Mönchsgrasmücke – *Sylvia atricapilla* (L.). - Ber. Avifauna Bez. Gera: 1–16; Olderog, H. (1956): Mönchsgrasmücke (*Sylvia atricapilla*) überwinterte auf Fehmarn. - Orn. Mitt. 8: 51; Oppliger, W. (1953): Überwinternde Mönchsgrasmücken. - Orn. Beob. Bern 50: 91; Orn. Arbeitsgruppe Berlin (West) (1984): Brutvogelatlas Berlin (West). Orn. Ber. Berlin (W) 9. Sonderheft; Owczarek, A. (1974): Winter observations of Blackcap near Koszalin. - Notatki Orn. 15: 131

Paevskii, V. A. (1985): Avian demography. Proc. Zool. Inst. Ac. Sci. USSR 125. Leningrad; Pannach, D. (1986): Ungewöhnlicher Nahrungserwerb der Mönchsgrasmücke, *Sylvia atrica-*

pilla. - Beitr. Vogelk. 32: 124; Paz, U. (1987): The birds of Israel. London; Pearson, D. J. (1978): The genus *Sylvia* in Kenya and Uganda. - Scopus 2: 63–71; dgl., u. D. A. Turner (1986): The less common Palaearctic migrant birds of Uganda. - ebd. 10: 61–82; Pedroli, J.-C., u. R. Gogel (1972): Etude simultanée de la migration printanière dans 18 camps de baguement. Premiers résultats de l'opération Bruants 1972. - Oiseaux 31: 252–267; Pennycuick, C. J. (1969): The mechanics of bird migration. - Ibis 111: 525–556; Pertsch, E., u. E. E. Lange-Kowal (1974): Langenscheidts Schulwörterbuch Lateinisch. Berlin, München, Zürich; Perzina, E. (1888): Zuchtversuche mit einheimischen Vögeln. - Gef. Welt 17: 397; Peters, H. (1958): Singvogelbrutverluste durch Schnecken. - Egretta 1: 12–13; Peterson, R., G. Mountfort u. P. A. D. Hollom (1985): Die Vögel Europas. 14. Aufl. Hamburg u. Berlin; Pfeifer, S. (1950): Nestbau bei der Mönchsgrasmücke. - Vogelwelt 71: 51; dgl., u. W. Keil (1958): Versuche zur Steigerung der Siedlungsdichte höhlen- und freibrütender Vogelarten und ernährungsbiologische Untersuchungen an Nestlingen einiger Singvogelarten in einem Schadgebiet des Eichenwicklers (*Tortrix viridana* L.) im Osten von Frankfurt am Main. - Biol. Abh. H. 15/16: 2–52; dgl. (1973): Taschenbuch für Vogelschutz. 4. Aufl. Stuttgart; Pforr, M., u. A. Limbrunner (1980): Ornithologischer Bildatlas der Brutvögel Europas. Bd. 2. Melsungen, Berlin, Basel, Wien; Pokrowskaja, I. W. (1981): Ctanovlenie gneedoctroitelnowo povedenija slavki-cernogolovki v processe individualnowo razvitija. - Individual razvitie i trofic svjazi zivotnyh L: 3–22; van de Poll, J. (1953): Une Fauvette à tête noire *Sylvia atricapilla* hiverne chez nous. - Oiseaux 22: 137–138; Prinzinger, R. (1972): Nektar als Nahrung der Mönchsgrasmücke (*Sylvia atricapilla*). - Anz. orn. Ges. Bayern 11: 322

Querengässer, A. (1973): Über das Einemsen von Singvögeln und die Reifung dieses Verhaltens. - J. Orn. 114: 96–117

Raines, R. J. (1945): Notes on the territory and breeding behaviour of Blackcap and Garden-Warbler. - Brit. Birds 38: 202–204; Rausch, M. (1899): Die Mönchsgrasmücke oder das Schwarzplättchen (*Sylvia atricapilla*, L.). Gef. Sängerfürsten. Magdeburg; Reitan, O. (1984): Imitasjon av andre fuglearter hos munk *Sylvia atricapilla*. - Vår Fuglefauna 7: 32–33; Rendahl, H. (1959/60): Über den Zug der nordischen Sylviiden. - Vogelwarte 20: 222–232; Rettig, K. (1987): Linientaxierung zur Ermittlung der relativen Häufigkeit der Brutvögel im Gardasee-Gebiet/Norditalien. - Orn. Mitt. 39: 161–162; Rey, E. (1912): Die Eier der Vögel Mitteleuropas. Bd. 1. Lobenstein, Reuss; Rheinwald, G. (1980): Brutvogelatlas der Bundesrepublik Deutschland. Bonn; Rice, C. (1970): Wintering Blackcaps in Wiltshire. - Wiltsh. Arch. Nat. Hist. Mag. 65: 12–15; Richards, E. G. (1952): Song of female blackcap. - Brit. Birds 45: 31; Ricklefs, R. E. (1973): Fecundity, mortality and avian demography. In: D. S. Farner Breeding Biology of Birds. Washington, S. 366–435; Riddiford, N., u. P. Findley (1981): Seasonal movements of summer migrants. BTO Guide 18. Tring; Riesen, E. (1986): Mönchsgrasmücke überwintert in Liestal. - Vögel Heimat 56: 155; Roberts, J. E. (1935/36): Irregular laying of Blackcap. - Brit. Birds 29: 58–59; Robien, P. (1939): Die Brutbüsche der Grasmücken. - Beitr. Fortpfl. Vögel 15: 146–147; Rodriguez, M. (1985): Weights and fat accumulation of Blackcaps *Sylvia atricapilla* during migration through Southern Spain. - Ring. Migr. 6: 33–38; dgl., M. Cuadrado u. S. Arjona (1986): Variation in the abundance of Blackcaps (*Sylvia atricapilla*) wintering in an Olive (*Olea europaea*) orchard in southern Spain. - Bird Study 33: 81–86; Rösler, G. (1986): Dezemberbeobachtung von Mönchsgrasmücken (*Sylvia atricapilla*). - Vogelk. Ber. Nieders. 18: 99; Rosenberger, W. (1953): Spottende Mönchsgrasmücken (*Sylvia atricapilla*). - Orn. Mitt. 5: 169; dgl. (1956): Erste leiernde Mönchsgrasmücke (*Sylvia atricapilla*) in Würzburg. - ebd. 8: 77; Rosenius, P. (1926–1949): Sveriges Fåglar och Fågelbon. Lund; Rost, R. (1987): Entstehung, Fortbestand und funktionelle Bedeutung von Gesangsdialekten bei der Sumpfmeise *Parus palustris*. Ein Test von Modellen. Diss. Konstanz; Ruttledge, R. F. (1983): The breeding range of the Blackcap in western Ireland. - Irish Birds 2: 294–302; Rydzewski, W. (1978): The longevity of ringed birds. - Ring 96–97: 218

Sabel, K. (1973): Überwinterung einzelner Mönchsgrasmücken (*Sylvia atricapilla*) am Mittelrhein. - Gef. Welt 97: 79; Sauer, F. (1955): Über Variationen der Artgesänge bei Grasmücken. Ein Beitrag zur Frage des „Leierns" der Mönchsgrasmücke *Sylvia a. atricapilla* (L.). - J. Orn. 96: 134–146; dgl. (1957): Die Sternorientierung nächtlich ziehender Grasmücken (*Sylvia atricapilla, borin* und *curruca*). - Z. Tierpsychol. 14: 29–70; Saussey, J., u. M. Saussey (1974): La Fauvette à tête noire, le Pouillot véloce et le Pouillot fitis à la Cour de Tollevast (Manche). Données recueillies grâce au baguage. - Cormoran 2: 189–195; Schierholz, H, (1965): Die Grasmücken in Westfalen-Lippe. - Natur Heimat 25: 111–117; Schiermann, G. (1930): Studien über Siedlungsdichte im Brutgebiet. - J. Orn. 78: 137–180; Schifferli, A., P. Géroudet u. R. Winkler (1980): Verbreitungsatlas der Brutvögel der Schweiz. Sempach; dgl. (1984): Mönchsgrasmücken *Sylvia atricapilla* trinken Blutungssaft von Weinreben. - Orn. Beob. Bern 81: 317; Schlenker, R. (1981): Verlagerung der Zugwege von Teilen der südwestdeutschen und österreichischen Mönchsgrasmücken (*Sylvia atricapilla*)-Population. - Ökol. Vögel 3: 314–318; Schling, H. (1969): Über das Altwerden meiner Vögel. - Gef. Welt 93: 34; Schmidt, E. (1964): Untersuchungen an einigen Holunder fressenden Singvögeln in Ungarn. - Zool. Abh. Mus. Tierk. Dresden 27: 11–28; dgl. (1981): Die Sperbergrasmücke *Sylvia nisoria*. - N. Brehm-Büch. 542; dgl. (1984): A barátposzáta. - Legkedvesebb Madaraink 6: 3–19; dgl. u. T. Farkas (1988): Der Steinrötel (*Monticola saxatilis*). - N. Brehm-Büch. 478; Schmidt-Bey, W. (1929): Frühgesang. - Mitt. Vogelwelt 28: 134–136; Schmitz, P. E. (1897): Tagebuch-Notizen aus Madeira (1896). - Orn. Jahrb. 8: 244–248; Schönwetter, M. (1960/79): Handbuch der Oologie. In: W. Meise Handbuch der Oologie. Bd. 1. Berlin; Schüz, E., P. Berthold, E. Gwinner u. H. Oelke (1971): Grundriß der Vogelzugskunde. 2. Aufl. Berlin, Hamburg; Schumann, H. (1952): Zwei norddeutsche Mönchsgrasmücken singen die Leierstrophe. - Beitr. Naturk. Nieders. 5: 9–10; Schuster, L. (1930): Ueber die Beerennahrung der Vögel. - J. Orn. 78: 273–308; Schuster, S., V. Blum, H. Jacoby, G. Knötzsch, H. Leuzinger, M. Schneider, E. Seitz u. P. Willi (1983): Die Vögel des Bodenseegebietes. Orn. AG Bodensee; Schwarz, M. (1953): Das Leiern der Mönchsgrasmücke *Sylvia atricapilla*. - Orn. Beob. Bern 50: 3–9; dgl. (1954): Zum ‚Leiern' der Mönchsgrasmücke. - ebd. 51: 25; Schwenkfeld, C. (1603): Therio-Trophevm Silefiæ. In qvo Animalium, hoc est, Ovadrupedum, Reptilium, Avium, Piscium, Insectorum. Lignicii; Scopoli, J. A. (1768–1772): Historico-Naturalis. Leipzig; Senk, R., u. F. Bairlein (1978): Zum Brutbeginn bei der Mönchsgrasmücke *Sylvia atricapilla*. - J. Orn. 119: 465; Sharrock, J. T. R. (1976): The atlas of breeding birds in Britain and Ireland. Tring; Sibley, C. G., u. J. E. Ahlquist (1985): The phylogeny and classification of the passerine birds, based on comparisons of the genetic material, DNA. Proc. 18th Int. Orn. Congr. Moskau 1982. Bd. 1. Moskau, S. 83–121; Simms, E. (1985): British warblers. London (Ü); Smith, J. A., u. W. D. Ross (1910): The works of Aristotle. Bd. 4. Historia Animalium by d' A. W. Thompson. Oxford; Sommani, E. (1976): Aspetti particolari osservati nella indificazione dei tordi – *Turdus philomelos* Brehm – e Capinere – *Sylvia atricapilla* (L.). - Riv. Ital. Orn. 46: 60–63; Sørensen, A. E. (1981): Interactions between birds and fruit in a temperate woodland. - Oecologia 50: 242–249; Southern, H. N. (1951): Melanic Blackcaps in the Atlantic Islands. - Ibis 93: 100–108; Spina, F., D. Piacentini u. S. Frugis (1985): Vertical distribution of Blackcap (*Sylvia atricapilla*) and Garden Warbler (*Sylvia borin*) within the vegetation. - J. Orn. 126: 431–434; Spinar, Z. (1970): Wintervorkommen der Mönchsgrasmücke (*Sylvia atricapilla*) in Nordböhmen. - Sylvia 18: 235–236; Stadler, H. (1934): Die Vogeluhr. - Kosmos 31: 137–140; dgl. (1956): Die Stimmen der europäischen Grasmücken. - Anz. orn. Ges. Bayern 4: 413–433; Stafford, J. (1956): The wintering of Blackcaps in the British Isles. - Bird Study 3: 251–257; Stein, H. (1974): Ein Beitrag zur Brutbiologie von

Singdrossel, *Turdus philomelos*, Amsel, *Turdus merula*, und Mönchsgrasmücke, *Sylvia atricapilla*, mit besonderer Berücksichtigung der Brutverluste. - Beitr. Vogelk. 20: 467–477; S t e i n f a t t, O. (1942): Brutbeobachtungen bei der Mönchsgrasmücke (*Sylvia a. atricapilla*) im Gebiet der Rominter Heide. - Beitr. Fortpfl. Vögel 18: 158–164; S t o l b o v a , F. S. (1985): Entstehung des jugendlichen Federkleides und postjuvenale Mauser bei der *Sylvia atricapilla* im südlichen Gebiet des Ladogasees. - Vestn. Leningr. gos. univ. 10: 28–35 (russ.); S t r e s e m a n n , E. (1934): Sauropsida: Aves. Handbuch der Zoologie. Bd. 7/2. Berlin u. Leipzig; dgl. (1941): Einiges über deutsche Vogelnamen. - J. Orn. Erg.bd. 3.; dgl. (1943): Ueberblick über die Vögel Kretas und den Vogelzug in der Aegaeis. - J. Orn. 91: 448–514; dgl., u. V. S t r e s e m a n n (1966): Die Mauser der Vögel. - J. Orn. 107. Sonderh.; dgl., L. A. P o r t e n k o u. G. M a u e r s b e r g e r (1971): Atlas der Verbreitung Palaearktischer Vögel. 3. Lfg. Berlin; S u a r e z , F., u. J. M u n o z - C o b o (1984): Comunidades de aves invernantes en cuatro medios diferentes de la provincia de Cordoba. - Doñana Acta Vertebr. 11: 45–63; S u l t a n a , J. (1972): The Blackcap ... was it overlooked? - Merill 7: 13; dgl., u. C. G a u c i (1982): A new guide to the birds of Malta. Valletta; S u o l a h t i , H. (1909): Die deutschen Vogelnamen. Eine wortgeschichtliche Untersuchung. Straßburg; S u p p , S. (1986): Beobachtungen zum Vogelzug in Saudi Arabien, vor allem bei Riad. - Vogelwarte 33: 317–330; S v e n s s o n , L. (1984): Identification guide to European passerines. Rosersberg

T e i x e i r a , R. M. (1979): Atlas van de Nederlandse Broedvogels. Deventer; T e l l e r i a , J. L., u. T. S a n t o s (1986): Bird wintering in Spain. A review. - Proc. 1st Conf. Birds Wint. Medit. Region 1984: Suppl. Ric. Biol. Selvaggina 10: 319–338; T e n f e l d e , H. (1987): Mönchsgrasmücke (*Sylvia atricapilla*) am Futterplatz. - Orn. Mitt. 39: 157; T i m m e r m a n n , G. (1949): Die Vögel Islands. Bd. 1/2 u. 2, Reykjavik; T i s c h l e r , F. (1941): Die Vögel Ostpreußens. Bd. 1. Königsberg; T r e t t a u , W. (1934): Mönchsgrasmücke (*S. atricapilla* L.) zieht 2200 km in 10 Tagen. - Vogelzug 5: 150; T r ü b , J. (1961/62): Plumage anormal d'une Fauvette à tête noire. - Nos Oiseaux 26: 50–51; T s c h e i n e r , D. J. (1821): Fr. A. Mayer's vollständiger Unterricht, wie Nachtigallen, Schwarzplatten, graue und gelbe Spottvögel, Rotkehlchen, Kanarienvögel, Finken, Hänflinge, Lerchen, Gimpel, Zeisige, Stieglitze, Meisen und Tauben zu fangen, zu warten, vor Krankheiten zu bewahren, und von denselben zu heilen sind. Nebst einer kurzen Naturgeschichte dieser Vögel. 4. Aufl. Pesth; T u c k e r , B. W., N. F. T i c e h u r s t , A. W. B o y d u. J. D. W o o d (1949): British Birds. Bd. 42. Warwick Court; T u t m a n , I. (1969): Beobachtungen an olivenfressenden Vögeln. - Vogelwelt 90: 1–8

U t t e n d ö r f e r , O. (1939): Die Ernährung der deutschen Raubvögel und Eulen und ihre Bedeutung in der heimischen Natur. Melsungen, Berlin, Basel, Wien; dgl. (1952): Neue Ergebnisse über die Ernährung der Greifvögel und Eulen. Stuttgart

V a u r i e , C. (1954): On the melanistic variety of the Blackcaps in Madeira, Azores, and Canaries. - Amer. Mus. Nov. 1692; dgl. (1955): On the melanistic variety of the Blackcaps in Madeira, Azores, and Canaries. - ebd. 1753; dgl. (1959): The birds of the Palaearctic fauna. London; V e r h e y e n , R. (1967): Ooligica Belgica. - Inst. Sci. Nat. Belgique, Brüssel; V i e h m a n n , W. (1979): The magnetic compass of blackcaps (*Sylvia atricapilla*). - Behaviour 68: 24–30; dgl. (1982): Orientierungsverhalten von Mönchsgrasmücken (*Sylvia atricapilla*) im Frühjahr in Abhängigkeit der Wetterlage. - Vogelwarte 31: 452–457; V o l s ø e , H. (1951): The breeding birds of the Canary Islands. - Vidensk. Medd. Dansk naturh. Foren. 113: 1–153; V o o u s , K. H. (1960): Atlas of European birds. London

W a h n , R. (1950): Beobachtungen und Gedanken am Nest der Mönchsgrasmücke. - Vogelwelt 71: 33–39; W a l t h e r , F. (1986): Maße, Färbung und Zeichnung der Eier der Mönchsgrasmücke (*Sylvia atricapilla*) - eine Varianzanalyse. Diplomarb. Heidelberg; dgl. (1987): Maße,

Färbung und Zeichnung der Eier von Mönchsgrasmücken (*Sylvia atricapilla*) – Eine Varianzanalyse. - Vogelwarte 34: 51–72; Weber, B. (1950): Rotkehlchen-Flavino und Mönchsgrasmücken-Albino. - Orn. Mitt. 2: 199; Werner, F. C. (1956): Wortelemente lateinisch-griechischer Fachausdrücke in den biologischen Wissenschaften. Halle; Westermann, K., u. F. Saumer (1974): Die Vögel des Landschaftsschutzgebietes „Taubergießen" und einiger angrenzender Gebiete. Landesstelle für Naturschutz u. Landschaftspflege Bad.-Württ. Das Taubergießengebiet. Die Natur- und Landschaftsschutzgebiete Baden-Württembergs Bd. 7. Ludwigsburg, S. 591–628; Wickler, W. (1986): Dialekte im Tierreich. - Schr.R. westf. Wilhelms-Univ. Münster. H. 6; Wilcke, O. (1883): Die Schleiergrasmücke. - Gef. Welt 12: 429–431; Williamson, K. (1964): Identification for ringers. The genus *Sylvia*. Bd. 3, 1. Aufl. Tring; dgl. (1968): Identification for ringers. The genus *Sylvia*. Bd. 3. 2. Aufl. ebd.; Wiltschko, W., R. Wiltschko u. L. Garcia Rodriguez (1986): Migration of insectivorous passerines in southeastern Spain. Proc. 1st Conf. Birds Wintering Mediterranean Region 1984. Suppl.-Ric. Biol. Selvag. Bologna 10: 355–371; dgl. (1987): Die Orientierung nächtlich ziehender Vögel. - Cour. Forsch.-Inst. Senckenb. 97: 31–44; Winkler, R. (1979): Zur Pneumatisation des Schädeldachs der Vögel. - Orn. Beob. Bern 76: 49–118; Wissing, H. (1979): Zur Nahrung überwinternder Mönchsgrasmücken – *Sylvia atricapilla* – in der Pfalz. - Natursch. Orn. Rheinl.-Pfalz 1: 231–233; Witherby, H. F., F. C. R. Jourdain, N. F. Ticehurst u. B. W. Tucker (1938): The handbook of British birds. Bd. 2. London; Wolf, M. E. (1987): Jungvogel- und Mauserstrich bei der Mönchsgrasmücke (*Sylvia atricapilla*) und deren biologische Bedeutung. Diss. Wien; Wolters, H. E. (1975–1982): Die Vogelarten der Erde. Hamburg, Berlin; dgl. (1983): Die Vögel Europas im System der Vögel. Baden-Baden; Wood, B. (1982): Weights and migration strategy of Blackcaps *Sylvia atricapilla* wintering in Tunisia. - Ibis 124: 66–71

Yeatman, L. (1964): Densité de Sylviidés hivernant dans les Maures. - Oiseau R.F.O. 34: 164–165; dgl. (1976): Atlas des oiseaux nicheurs de France de 1970 à 1975. Paris

Zink, G. (1962): Eine Mönchsgrasmücke (*Sylvia atricapilla*) zieht im Herbst von Oberösterreich nach Irland. - Vogelwarte 21: 222–223; dgl. (1969): Ringfunde der Vogelwarte Radolfzell 1947–68: Aufgliederung nach Fundgebieten und Fundmonaten. - Auspicium 3: 195–291; dgl. (1973): Mönchsgrasmücke, *Sylvia atricapilla*. Der Zug europäischer Singvögel, Bd. 1. Konstanz, S. 1–12 (Ü); dgl. (1977): Richtungsänderungen auf dem Zuge bei europäischen Singvögeln. - Vogelwarte 29: 44–54

20. Register